化学反应过程与反应器设计

中国矿业大学化学工程与工艺专业教研室 组织编写

刘建周 主编

中国矿业大学出版社

· 徐州 ·

内 容 提 要

本书内容遵循“三传”基本理论，体现反应与传递的辩证统一，以及化学反应动力学、化学热力学和化学计量学在解决反应工程问题中的关联，从应用的角度阐述反应过程与反应器设计中所遵循的反应与传递模型。

本书内容包括化学反应过程与反应器设计的基本内容。书中化学反应过程的内容阐述了反应动力学基本原理、均相与多相两类动力学模型。反应器设计的内容区分为理想反应器与实际反应器，理想反应器包括全混流反应器和平推流反应器，实际反应器包括气固催化反应器和气液反应器，重点介绍了气液固反应器。以停留时间为基础，建立实际反应器的流动模型。选择贴近工业实际应用的综合性问题，把基本概念、基本原理和解决方法融入其中。

本书可作为高等院校化学工程与工艺、能源化学工程以及相关专业本科生教材，也可以为从事化工及相关行业生产和设计的工程技术人员提供参考。

图书在版编目(CIP)数据

化学反应过程与反应器设计/刘建周主编. —徐州：中国矿业大学出版社，2023.12

ISBN 978-7-5646-5973-8

Ⅰ. ①化… Ⅱ. ①刘… Ⅲ. ①化学反应工程②化工过程—化工设备 Ⅳ. ①TQ03②TQ051

中国国家版本馆 CIP 数据核字(2023)第 182618 号

书　　名　化学反应过程与反应器设计
主　　编　刘建周
责任编辑　周　红
出版发行　中国矿业大学出版社有限责任公司
(江苏省徐州市解放南路　邮编 221008)
营销热线　(0516)83885370　83884103
出版服务　(0516)83995789　83884920
网　　址　http://www.cumtp.com　**E-mail**:cumtpvip@cumtp.com
印　　刷　苏州市古得堡数码印刷有限公司
开　　本　787 mm×1092 mm　1/16　**印张** 15　**字数** 384 千字
版次印次　2023 年 12 月第 1 版　2023 年 12 月第 1 次印刷
定　　价　38.00 元
(图书出现印装质量问题，本社负责调换)

《化学反应过程与反应器设计》编写委员会

主　编　刘建周

副主编　李　望　胡光洲　杨菲菲

编　委　秦志红　周　敏　朱佳媚

孟献梁　苗真勇　薛茹君

龚军龙

前　言

化学反应工程是化学工程学的一个重要分支,《化学反应过程与反应器设计》以“三传一反”基本理论为基础,研究工业反应过程的规律和反应器设计。其内容涉及化学反应动力学、化学热力学和化学计量学。工业反应过程的特点是化学反应过程和传递过程同时进行,独立存在而又相互影响。传递过程不改变化学反应速率方程式,但通过对反应器内温度和浓度分布的影响,而影响到反应速率和反应结果。

反应器类型的选择及反应体积的计算是反应器设计的主要内容。反应速率是影响反应体积、反应过程的转化率、目的产物的选择性和收率的决定因素。物料衡算、热量衡算和动量衡算是建立反应器内浓度分布、温度分布和压力分布数学模型的基本方法。以数学模型表达反应过程的规律和反应器设计,是反应工程解决工业应用问题的基本思路。在基本概念和定义的基础上,建立反应与传递数学模型,继而对数学模型求解得出设计结果,是理解反应过程与反应器设计内容的三个层次。

不同类型的反应器、反应器的操作方式以及生产能力的大小,都会影响到反应器内传递过程,表现在反应器轴向和径向二维空间方向上具有不同的浓度和温度分布及随时间而变化。化学反应速率方程多为复杂的数学关系式,并且反应速率与温度和浓度具有非线性关系,这些决定了数学模型求解的难度,辅助以计算软件求解数学模型很有必要。

化学反应工程是化工类专业的一门核心课程。课程的核心内容以生产规模的化学反应过程与反应器设计为研究对象,阐述化学反应速率及其影响因素,以及反应器内动量、质量和能量的传递现象及其变化规律,结合典型反应器讲述反应器设计的基本原则和设计计算方法。课程教学注重阐述反应工程基本理论,反应与传递模型建立,及应用模型解决工业实际问题的方法。结合工业应用实例培养解决实际问题能力,为反应器开发、设计、放大及优化奠定基础。

《化学反应过程与反应器设计》作为教材,编写中重视基础理论体系,理论联系实际,突出内容的特色与针对性。全书共分 7 章,由中国矿业大学刘建周、胡光洲、周维、杨菲菲、李天泊,河南理工大学李望编写而成。其中绪论、化学反应动力学基础、理想反应器、停留时间分布及非理想流动模型、固定床催化反应器、多相反应过程与反应器的内容由刘建周执笔，李望参与编写。新型反应器一章由胡光洲执笔。多相催化反应与传递一章由刘建周、周维、杨菲菲执笔。全书由刘建周统稿和定稿。本书的编写得到中国矿业大学"十四五"规划教材资助，中国矿业大学秦志红教授、周敏教授、朱佳媚教授、孟献梁教授、苗真勇教授、安徽理工大学薛茹君教授和中国石化扬子石油化工有限公司龚军龙高级工程师对本教材进行了审阅和指导。在此，对参与本教材编写和出版的各位老师、工程技术人员表示感谢。

由于编者水平所限，编写时间仓促，书中难免存在不妥和错误之处，诚恳希望专家和广大读者不吝赐教，批评指正。

编　者

2023 年 3 月

目　录

绪论……………………………………………………………………………………… 1
0.1　化学反应工程学的发展 ……………………………………………………… 1
0.2　化学反应过程 ………………………………………………………………… 1
0.3　化学反应分类 ………………………………………………………………… 2
0.4　工业反应器类型 ……………………………………………………………… 5
0.5　反应器操作方式 ……………………………………………………………… 6
0.6　反应器的设计与放大 ………………………………………………………… 6
0.7　化学反应工程学的研究方法 ………………………………………………… 8

第1章　化学反应动力学基础……………………………………………………… 9
1.1　化学反应计量学 ……………………………………………………………… 9
1.2　化学反应的平衡态…………………………………………………………… 13
1.3　化学反应动力学……………………………………………………………… 14
1.4　均相反应速率方程…………………………………………………………… 25
1.5　变容过程反应速率方程变换………………………………………………… 37
1.6　反应速率方程确立…………………………………………………………… 44
习题一 ………………………………………………………………………………… 49

第2章　理想反应器 ……………………………………………………………… 53
2.1　管式反应器…………………………………………………………………… 53
2.2　釜式反应器…………………………………………………………………… 63
2.3　管式与釜式反应器的比较…………………………………………………… 88
习题二 ………………………………………………………………………………… 95

第3章　停留时间分布及非理想流动模型 ……………………………………… 99
3.1　停留时间分布………………………………………………………………… 99
3.2　停留时间分布的实验测定方法 …………………………………………… 102
3.3　理想流动模型的停留时间分布特征 ……………………………………… 107
3.4　非理想流动模型 …………………………………………………………… 110
习题三………………………………………………………………………………… 122

第4章　多相催化反应与传递…………………………………………………… 125
4.1　多相催化反应动力学 ……………………………………………………… 126
4.2　多相催化外扩散传递 ……………………………………………………… 135

4.3 催化剂内扩散反应与传递 …… 140
4.4 内、外扩散影响有效因子 …… 148
4.5 内、外扩散的影响与判定 …… 150
4.6 内、外扩散对选择性和收率的影响 …… 154
习题四 …… 157

第 5 章 固定床催化反应器 …… 160
5.1 固定床内传递与反应过程分析 …… 161
5.2 固定床反应器的数学模型 …… 166
5.3 绝热式固定床反应器 …… 169
5.4 换热式固定床反应器 …… 175
5.5 自热式固定床反应器 …… 182
习题五 …… 186

第 6 章 多相反应过程与反应器 …… 189
6.1 气液反应 …… 189
6.2 气液固反应 …… 204
6.3 气固非催化反应 …… 207
习题六 …… 210

第 7 章 新型反应器 …… 212
7.1 膜反应器 …… 212
7.2 微反应器 …… 214
7.3 超临界反应器 …… 216
7.4 规整结构反应器 …… 221
7.5 旋转填充床反应器 …… 222
7.6 磁稳流化床反应器 …… 223
7.7 多功能反应器 …… 223
7.8 微波反应器 …… 224
7.9 燃料电池反应器 …… 224
7.10 光化学反应器 …… 225

参考文献 …… 226

参考答案 …… 227

绪　论

0.1　化学反应工程学的发展

化学工程学科是化学工业、冶金工业、石油加工、能源工业等过程工程的核心，这已成为普遍的共识。建立在以化学方法生产加工产品基础上的过程可概括为三个组成部分，即原料的预处理、化学反应、产物的分离与提纯。一个化工过程包含了化学反应和单元操作这两个重要的组成部分，其中化学反应是化工过程的核心，其他部分围绕着化学反应条件的要求进行。

化学反应工程是化学工程学科的一个重要分支，经历了数十年的发展已成为在理论和实践上相对成熟的学科。现代化学反应工程学的发展历程可追溯到20世纪。20世纪40年代以前，化学工程学主要研究以传热、传质和动量传递为基础的化工单元操作。1947年O. A. Hougen和K. M. Waston教授编著出版了《化学过程原理Ⅲ. 动力学和催化》一书，十多年后O. Levenspiel教授的专著《化学反应工程》出版，自此化学反应器分析与设计被称为化学反应工程。20世纪40年代开始，原子能工业的发展提出了反应器高倍率放大的问题，推动了对工业用化学反应器特性及规律的研究。50年代以后，石油化工的迅猛发展要求反应器的处理规模不断增大，化学反应特性与传递特性以及两者的统一性成为研究的主要方面。反应器内流体的流动与混合状态、物料粒子在反应器内的停留时间分布和宏观动力学的研究成果，奠定了现代化学反应工程学的基础。1957年第一届欧洲化学反应工程会议上，正式使用"化学反应工程学"的概念。60年代后，数学模型方法在化学反应工程学领域的研究日益深入。1970年前后相继出现了全面系统地论述化学反应工程学的教科书和专著，标志着化学反应工程学的日臻成熟。70年代中期，化学反应工程学出现了"气液反应器"与"气液固三相反应器设计"，特别是"生物化学反应工程"的发展使化学反应工程学的内涵更加广阔。新时代人们对新产品、新能源和新过程的开发更加重视，促进了对化学反应过程开发方法的研究，进一步丰富了化学反应工程学的研究内容。今天，化学反应工程学已深度融入石油化工、精细化工、生物化学、化工冶金、电化学、核技术、环境科学等诸多行业和领域并发挥着重要作用。

0.2　化学反应过程

化学反应工程学的研究对象是工业规模化学反应过程的特性与规律，以及反应器的模拟与设计。其基本内容包括化学反应过程与反应器设计。实现化学反应过程的优化是其主要目的。化学反应过程优化的着眼点在于控制反应过程的条件，使化学反应速率处于最佳值，进而使化学反应生成目标产物的选择性及收率达到最大值。化学反应过程优化还体现在满足过程的安全、环保和节能的要求。

化学反应过程是化学反应和传递两个过程的统一体，这两个过程同时进行并且互相影响和制约。化工过程的模型模拟综合了化学反应动力学和传递两个方面。化学反应过程的影响因素有反应温度、反应物浓度、反应体系压力、所用的溶剂和催化剂等。在工业生产中温度和浓度是需要调节和控制的两个主要影响因素。反应过程中，温度和浓度的分布及变化可表达为反应空间和时间的函数关系，与反应动力学、反应器结构、反应器内物料的流动状况及混合程度、热量传递与质量传递等相关联。反应器内的质量、热量和动量传递影响着温度和浓度在空间和时间维度上的分布，进而影响到反应速率。化学反应速率是反应过程选择性和收率的基础。

化学反应动力学可分为本征动力学和表观动力学。在消除了传递影响后所表现出来的反应动力学称为本征动力学，常用本征化学反应速率方程表达，本征动力学方程通过实验测定取得。表观动力学或称宏观动力学，是存在传递影响时所取得的动力学方程。

由于传递现象客观存在着，在工业反应器或反应过程模拟计算时，动力学方程应采用宏观动力学方程。工程上，宏观动力学方程是在本征动力学基础上结合传递过程而得出的。传递模型是以动量传递、热量传递和质量传递的基本原理为基础，分别建立“三传”的数学模型方程，进而得出压力分布、温度分布和浓度分布方程。

一个化学反应过程可用“过程-状态-参数”三个层次进行理解和分析。一个“过程”可区分为连续的若干个“状态”，一个“状态”可用空间上的和时间上的若干参数和变量表征。如一个连续操作的反应器内进行某个反应过程，在不同的空间位置可处于不同状态，反应物料的浓度和温度表现为不同的值，但在确定的空间位置处的浓度或温度不随时间变化时，即为稳态反应过程；若浓度或温度既随空间位置变化又随时间变化时，即为非稳态过程。

一个化学反应过程可从反应与传递过程进行的方向和限度，以及反应与传递过程进行的速率两方面进行分析，前者属化工热力学范畴，后者属化学动力学范畴。反应过程或传递过程中，平衡状态是过程进行的极限状态。平衡态可作为过程进行的程度或推动力大小的衡量。反应过程越接近平衡态时，过程进行的推动力越小。达到平衡态时过程的推动力为零。如可逆反应，当达到平衡态时正反应速率与逆反应速率相等。

0.3 化学反应分类

在化学反应过程的工程学描述中，化学动力学、化学热力学和化学反应计量学所表达的关系与化学反应的类型有关。反应过程的转化率、选择性和收率常依反应类型有区别地描述和分析。

(1) 均相反应和非均相反应

按反应体系的相态反应分为均相反应和非均相反应。在反应过程中反应体系各组分处于同一相态的反应为均相反应。严格来说，均相反应体系中各组分的混合应是分子尺度的混合。多数情况下，由于反应物料具有黏度和表面张力等，在搅拌或分散作用不够充分的条件下，反应器内反应物料以分子的团聚或液滴形态存在，尤其是液相反应体系。液滴的存在使液滴表面和内部存在浓度和温度的差异。若反应速率远大于混合速率时，液滴表面与其内部的这种差异表现得较为突出，非均相现象及混合对反应的影响就要引起关注。若反应速率远小于混合速率时，表面与其内部的温差和浓度差造成的非均相现象相对较小，可视为均相体系。反应速率与混合速率的相对性可作为工艺流程安排和反应条件控制的参考。如在反应器前选择安排混合器，若反应速率较快时，应考虑混合器中的反应现象对反应过程的影响。

反应体系中，反应物流可视为是由大量的微观粒子(分子或原子)组成的集合体。若流体是以若干微观粒子所组成的流体微团为单元，各流体微团之间是孤立的或完全离析的状态，称为宏观流体。若宏观流体在混合过程中微团之间不发生物质交换，则微团内部组成均匀且有相同的停留时间。若微团之间发生微观混合以至于分子尺度的混合，则可达到完全微观混合或最大微观混合，此时不存在离析的流体微团，此流体称为微观流体。宏观流体和微观流体是流体凝集态的两种极端的混合状态形式，介于两者之间的为流体称为部分离析流体或部分微观混合流体。不同的流体凝集态对反应结果会有明显的影响。如在气液鼓泡搅拌反应器中，气体以气泡方式通过气液混合层，此时气体是宏观流体，而液体为微观流体。如喷淋塔反应器内液体以细小液滴的方式分散于气相中，此时液体是宏观流体，而气体为微观流体。

反应体系中存在两相或是三相的反应体系为非均相反应，也称多相反应，如气固反应、液固反应、气液反应、气液固反应。多相催化反应是应用较多的一类非均相反应。在非均相反应过程中传递过程与反应过程并存且相互影响。

(2) 单一反应和复合反应

按反应体系中所包含的反应数，反应分为单一反应和复合反应。反应体系中只包含一个反应，或同一反应物只生成一种反应产物的反应为单一反应，也称为简单反应。复合反应是指一种反应物同时参与几个反应的反应体系。复合反应体系包括平行反应、连串反应。有时也将并列反应归为复合反应，并列反应指一个反应体系中同时存在两个及以上独立存在的反应。平行反应指由同一反应物分别参与两个及以上反应的反应体系。连串反应指由一个反应中一个反应物连串生成一个及多个中间产物，中间产物进一步生成最终产物的反应体系。并列反应、平行反应和连串反应组成更复杂的反应网络。

平行反应：

$$A \longrightarrow P$$

$$\nu_A A \longrightarrow Q$$

如银催化剂上乙烯氧化生成环氧乙烷反应：

$$C_2H_4 + \frac{1}{2}O_2 \longrightarrow (CH_2)_2O$$

$$C_2H_4 + 3O_2 \longrightarrow 2CO_2 + 2H_2O$$

连串反应：

$$A \longrightarrow P \longrightarrow Q$$

如在催化剂上进行三甲基苯的氢解反应：

$$C_6H_3(CH_3)_3 + H_2 \longrightarrow C_6H_4(CH_3)_2 + CH_4$$

$$C_6H_4(CH_3)_2 + H_2 \longrightarrow C_6H_5CH_3 + CH_4$$

并列反应：

$$A \longrightarrow P$$
$$B \longrightarrow Q$$

如铜基催化剂上富氢气氛中CO的选择性氧化反应：

$$2CO + O_2 \longrightarrow 2CO_2$$
$$2H_2 + O_2 \longrightarrow 2H_2O$$

如环氧乙烷与水反应网络中，A、B、P、Q、R分别表示环氧乙烷、水、乙二醇、二甘醇、三甘醇。

$$H_2O(B) + (CH_2)_2O(A) \longrightarrow CH_2OHCH_2OH(P) \quad (1)$$

$$CH_2OHCH_2OH(P) + (CH_2)_2O(A) \longrightarrow CH_2OHCH_2OCH_2CH_2OH(Q) \quad (2)$$

$$CH_2OHCH_2OCH_2CH_2OH(Q) + (CH_2)_2O(A) \longrightarrow CH_2OHCH_2OCH_2CH_2OCH_2CH_2OH(R) \quad (3)$$

反应形式列于表0.1。

表0.1 反应形式

	反应	平行反应特征	连串反应特征
(1)	$A+B \longrightarrow P$	$A \xrightarrow{+B} P$	
(2)	$A+P \longrightarrow Q$	$A \xrightarrow{+P} Q$	$B \xrightarrow{+A} P \xrightarrow{+A} Q \xrightarrow{+A} R$
(3)	$A+Q \longrightarrow R$	$A \xrightarrow{+Q} R$	

复合反应体系，尤其是反应网络，包含有较多的反应数目。为简化反应体系的动力学表征，常依反应过程的主要特征对反应网络进行简化。对于原料组成复杂的反应过程，往往包含较多的反应数目，如石油炼制过程，常用集总法将原料中性质相近的组分合并视为一个虚拟组分，然后研究其动力学关系，即集总动力学。

复合反应体系的反应速率、选择性和收率都是反应过程中需要考虑的工程指标。选择性和收率取决于复合反应中相关反应的反应速率。当生成目的产物的主反应速率越快时，可获得较高的产率。工程上，可调控反应浓度和温度等条件以提高复合反应中目的产物的选择性和收率。

(3) 吸热反应和放热反应

按反应的热特性，反应分为吸热反应和放热反应。反应的热效应表示反应的吸热或放热强度。由化学热力学规定吸热反应的热效应取正值，放热反应的热效应取负值。一般地，维持反应的进行都需要一定的能量以克服所需的活化能。对于吸热反应往往需要通过加热来维持反应的进行。而对于放热反应则需要取走热量，以维持适宜的反应温度。

(4) 可逆反应和不可逆反应

按反应的平衡常数，反应分为可逆反应和不可逆反应。平衡常数很大的可逆反应可视为不可逆反应。平衡态是在一定条件下可逆反应的进程所能达到的极限状态。

结合反应的热效应与平衡常数，反应类型进一步区分为可逆吸热反应、不可逆吸热反应、可逆放热反应、不可逆放热反应。尤其是可逆放热反应，在反应器设计中温度的变化应引起关注。如可逆放热反应过程的后期受热力学平衡的制约，高温状态不利于反应速率的提高和得到较高的转化率。

此外，反应类型还可区分为基元反应与非基元反应、催化反应与非催化反应。也有将化学反应按化学反应动力学级数分类，如一级反应、二级反应等。反应级数反映了反应物浓度的变化对反应速率影响的程度，是影响反应速率和选择性的重要因素之一。

在讨论反应过程和反应器设计问题时常以一级反应为例，尽管众多的实际反应过程中符合一级反应的并不太多，但相当多的反应可以视为一级反应处理，即拟一级反应。

通过化学反应的分类，在化学反应过程模拟计算时，可以抓住主要矛盾和需要关注的主要问题。如单一反应，不存在反应选择性问题。在反应器设计时可调节和控制反应浓度和温度以增大反应速率和减小反应器的体积，从而提高设备生产能力。如对于复合反应体系要求较高的目的产物收率，选择反应器类型和调控反应条件时应有利于反应选择性的提高。如均相反应体系可不考虑相间传质问题，在反应器设计时可应用本征反应速率。如非均相反应体系存在相际之间的传递问题，设计反应器时须考虑反应与传递之间的统一。如吸热反应和不可逆放热反应，温度升高有利于提高反应速率。如放热反应升高温度时要考虑对催化剂使用温度和设备耐热性的影响。如可逆放热反应，应考虑温度对化学平衡的影响。

0.4　工业反应器类型

工业应用的化学反应器种类繁多且型式各异。工业反应器的基本类型主要有釜式反应器、管式反应器、固定床反应器、流化床反应器、塔式反应器、移动床反应器、滴流床反应器等。

釜式反应器，又称反应釜或搅拌反应器。反应器内装有搅拌装置，多采用蛇形管或夹套换热。釜式反应器是一类应用较广的反应器，常用于液相均相反应，也可用于气液、液固和气液固多相反应。

管式反应器，是一类长径比较大的和内部中空的反应器，多用于均相反应。

固定床反应器，是多相催化反应常用的一类反应器。反应管内装填固相催化剂或固体反应物，反应管间可通载热体对反应管进行换热，以控制适宜的反应温度序列。对于放热反应可将原料气加热后进入反应管，形成自热式反应器。绝热反应器常用于放热反应过程。

流化床反应器，反应器内固体颗粒处于流化状态。流化状态的颗粒具有较强的传热和传质效果。循环流化床和沸腾流化床是常见的两类流化床反应器。当固体颗粒被流体带出并经分离后循环使用，称为循环流化床反应器。当固体颗粒限于反应器内处于流化状态，称为沸腾床反应器。

塔式反应器，是一类广泛用于液相、放热量大和反应速率较慢的反应器。常见的型式有鼓泡塔、填料塔、板式塔和喷淋塔反应器。鼓泡塔反应器中均匀分布的小气泡自下而上连续不断地通过含气泡的液相床层，床层内具有极高的储液量和气液相际接触面积，因而传质和传热效率较高，该反应器适用于反应缓慢和放热量大的反应体系。在鼓泡塔的内部和外部可安装换热装置。鼓泡塔的直径一般在 2～3 m 以内，以保证气体沿床层截面均匀分布。鼓泡塔反应器内轴向方向液相返混严重，鼓泡通过液相层时压降较大。填料塔反应器用于气、液相反应，填料表面形成液膜与气相接触进行反应，适用于瞬间反应、快速和中速的反应过程。填料的性能是决定填料塔反应器性能的关键因素。板式塔反应器中气相通过塔板与板上液相接触进行反应。板式塔反应器适用于快速及中速反应。塔板类型及结构是决定板式塔反应器性能的关键因素。喷淋塔反应器内液体以细小液滴的方式分散于气相中，相接触面积大,气相压降小。喷淋塔反应器适用于瞬间、界面和快速的反应,也适用于生成固体的反应。

移动床反应器是在反应器顶部连续加入固体反应物或催化剂,固相物料逐渐下移至底部连续卸出,气相或液相物料则自下而上(或自上而下)通过固体床层进行反应的反应器。床层下移过程中固体颗粒之间基本上没有相对运动,移动床反应器可看成一种移动的固定床反应器。

滴流床反应器又称涓流床反应器,属于固定床反应器。液体和气体反应物同时顺流而下流过固定的催化剂床层,气体为连续相,液体在催化剂表面形成液膜,在缓缓流过的同时进行多相催化反应。

0.5 反应器操作方式

反应器的操作方式可采用间歇操作、连续操作和半连续操作。

间歇操作是将一批物料装入反应器中,在一定的条件下反应一段时间后,达到所要求的转化率、收率或其他所设定的反应要求时,停止反应并卸出全部物料。间歇操作的反应器也称间歇反应器或分批反应器。间歇反应器可等温操作或变温操作。间歇反应过程是一个非稳态过程,反应物浓度随反应时间而降低,产物浓度随反应时间而增加,间歇反应过程中反应物料具有相同的反应时间。提高反应温度可弥补因浓度降低而引起的反应速率的降低。采用间歇操作的反应器多为釜式反应器。

连续操作的反应器称为连续反应器或流动反应器。连续操作的特点是原料连续进入反应器和反应产物连续流出反应器,多用于大规模的生产过程。连续操作多为稳态过程,连续反应器内反应过程中的温度、浓度、反应速率等各参数可随空间位置而不同,但某空间位置上的参数不随时间变化。

半连续或半间歇操作方式指在分批加入反应器的物料中连续地加入某种物料或卸出反应后的物料,相应的反应器为半连续反应器或半间歇反应器。半连续操作属于非稳态过程。

工艺设计时可采用反应器的组合,如将反应器以串联、并联、串并联组合的连接方式组成反应系统,不同的反应器组合方式会有不同的反应结果。对于单程转化率较低的反应过程可采用循环反应器。将反应器出口物料的一部分循环到反应器入口,或将出口物料经分离后返回入口,即形成循环操作。

以反应器内物料粒子的停留时间分布为基础,可将反应器区分为理想反应器和非理想反应器。当物料粒子在反应空间内达到最大的返混程度时,可认为该反应器为理想的全混流反应器。若物料粒子沿轴向方向无返混时,可认为是平推流或称活塞流反应器。平推流反应器内所有物料粒子具有相同的停留时间。非理想反应器的返混状况介于全混流和平推流之间。建立在理想反应器基础上的流动模型可用于模拟工业反应器的设计计算。

0.6 反应器的设计与放大

反应器的设计综合了不同领域的信息、知识和经验,涵盖了化学热力学、化学反应动力学、动量传递、热量传递、质量传递,以及经济学方面的内容。化学反应工程以合理设计化学反应器为目标将这些因素综合起来。化学热力学主要确定热容、反应热、压缩因子等各种物性常数，计算平衡常数和平衡转化率，分析反应可能进行的程度。化学反应动力学描述反应速率与浓度、温度等影响因素的关系，是反应器设计和选型的基础。催化剂的有效成分涉及催化反应速率，孔结构影响催化剂内孔的扩散传递速率，外观形貌影响催化剂床层的空隙分布、流速分布及反应组分的外扩散传递速率。反应器的型式与结构、操作方式与传递过程具有相关性，反应器内的浓度和温度分布影响着反应速率和反应的进度。

反应器中有效反应体积的计算是反应器设计的核心内容。反应器设计包括反应器类型的选择、优化操作条件的确定和反应体积的计算。首先，依据反应类型和工艺安排选择合适的反应器类型；并优化反应过程的浓度和温度条件，表达出宏观反应速率方程；再应用合适的传递模型，针对一定的生产任务及转化率指标计算所需要的反应体积。常用的传递模型有平推流模型、多釜串联模型和离析流模型。对于固定床催化反应器，传递模型常以简化的一维轴向模型计算催化剂用量。对于间歇反应器，依反应时间和生产任务计算所需反应体积。

在生产任务和反应过程要达到的指标确定后，反应体积的大小取决于反应速率的快慢。反应速率与反应器内的浓度和温度分布有关，而浓度和温度分布受传递过程的影响。在反应过程中，一方面浓度和温度决定了反应速率，另一方面反应速率又反过来加剧了浓度和温度的分布。反应过程中反应与传递是互相联系的统一体。

动量衡算式、物料衡算式、热量衡算式、反应速率方程是反应器设计的基本关系式。衡算式的一般表达式为：

输入量＝输出量＋消耗量＋累积量

动量衡算式：

输入动量＝输出动量＋消耗动量＋累积动量

物料衡算式：

输入量＝输出量＋转化量＋累积量

热量衡算式：

输入热量＝输出热量＋反应热＋累积热量

对于流动反应器，动量衡算只需考虑压力降。对于压力降不大的反应过程可视为恒压过程，可不作动量衡算。物料衡算的实质是质量守恒，通常物料衡算式是对反应体系中的某组分列出的，如对关键组分列出物料衡算式。物料衡算式中各项可用物质的量或质量表示。热量衡算式中，反应热项吸热反应取正值，放热反应取负值。

物料衡算可推导出浓度的分布及随时间的变化关系，热量衡算可推导出温度分布及随时间的变化关系，动量衡算可推导出压力的分布及随时间的变化关系。结合物料衡算式和热量衡算式可推导出温度随转化率的变化。若将反应速率表示为温度和转化率的函数，可通过温度与转化率的关系将反应速率表示为单一变量转化率的函数，进而参与反应器的计算。

反应器的设计涉及稳态过程和非稳态过程，变量涉及空间维度和时间维度。对于稳态过程可隐去时间变量。反应器内可视为轴向和径向二维空间变量，若径向变量取平均值，反应器内可视为轴向一维变量，这样可合理简化反应器的设计。对于非稳态过程则要考虑空间变量与时间变量，如此将形成复杂的高阶偏微分方程，这也是解决工业规模反应器问题的主要难点之一。运用数学分析方法和计算软件辅助设计，是进行化学反应过程分析和反应器设计的必由之路。

用于工业生产的反应器往往需要进行放大设计。反应器放大一般采用逐级放大的方法，在实验室开发和设计的基础上，经小型规模实验和中间试验，达到工厂生产规模的设计。其中包括了表达反应速率及传递速率的化学模型和物理模型，必要的大型冷模试验以探索传递规律及对反应速率的影响。计算软件的模拟及对模型的修正有助于高效率地完成工业反应器的设计。

工业反应器的设计应服从于整个生产过程的优化。反应器的设计应考虑实现经济效益和社会效益的最大化，符合安全、环保和健康的标准。

0.7 化学反应工程学的研究方法

化学工程学的经典研究方法有以相似论和因次论为基础的经验归纳法。其基本方法是确定研究对象的影响因素，应用因次分析法可将多个影响因素组合为若干个准数，以准数作为变量进行实验和实验数据回归，得出准数关联式。因次分析法的目的是减少变量数。根据相似论可将准数关联式应用于设备规模的放大计算，如传热单元操作中的传热系数准数关联式的取得与应用。

但值得注意的是化学工程学的这种经典研究方法不能套用在化学反应工程学的研究中。由于传递与反应共存于化学反应过程中，反应的非线性特性使得对反应过程的描述不能同时满足几何相似、物理相似和化学相似。化学反应工程学的内容综合了化学反应过程和反应器两个方面，“过程”与“设备”相互联系又相互制约。如小型的实验室反应器内，强烈的搅拌使温度和浓度容易达到空间维度上的一致，物料粒子在反应器内的停留时间分布可通过理论推导加以描述，影响化学反应速率的诸因素表现为相对简单的物理量。然而，在工业规模的反应器内进行化学反应时，影响反应速率的各因素远比实验室小型反应器复杂得多。一般情况下，工业反应器内都存在温度和浓度的分布，连续操作的反应器内存在物料粒子停留时间的分布，因而化学反应速率中的各参数是具有一定分布规律的复杂变量。工业反应器内进行的化学反应过程是化学反应和传递过程统一作用的结果。传递过程与反应器的结构及反应过程的操作条件密切相关。

化学反应过程的复杂性导致难于直接用理论模型对其模拟。在合理假定的前提下得出简化模型并进行数学描述，用以模拟复杂的实际过程的方法称为模型方法。如用幂函数、双曲函数模拟均相反应体系和多相反应体系的反应速率；以双膜理论为基础模拟传热和传质过程；建立热量、质量和动量传递的数学模型关系式；将反应过程和传递过程统一起来模拟整个反应过程。建立模型方法的一般步骤是：① 合理简化研究对象的复杂影响因素，设想或假设一个简化的物理模型；② 建立数学模型，写出模型的数学方程及其初始和边界条件；③ 用模型方程的解讨论研究对象的特性及规律。经验模型应用时不宜外推或只能做有限外推。

第 1 章　化学反应动力学基础

一个复杂的化学工程问题通常被分解为两个方面进行研究，即化学反应动力学及动量、质量和热量的传递，概括为“三传一反”。化学反应动力学的研究内容主要表现在得出反应速率及其影响因素的关系，具体的表达形式是反应速率方程。传递过程以动量传递、质量传递和热量传递为基础建立传递数学模型。工程上，将反应速率方程与传递数学模型结合起来以设计和解决复杂的化学工程问题。

化学反应动力学是化学反应过程分析和反应器设计的基础。反应物料各组分的浓度、反应温度以及催化剂等是反应速率的主要影响因素。化学反应过程中，由于反应空间内存在浓度差和温度差而存在传递现象。影响传递的因素较多，如反应器结构、反应物料流动状态及反应物料的物性等，反应过程的浓度和温度分布影响反应速率。消除了传递影响所得出的反应速率方程称为本征反应速率方程，在传递影响下得出的反应速率方程称为宏观反应速率方程，或称表观反应速率方程。工业反应器的设计或放大模拟中，通过传递数学模型可得出反应过程中的浓度和温度分布，反应速率应采用宏观反应速率。

无论是均相反应体系还是非均相反应体系，本征反应速率方程可结合实验求取。本征反应速率方程的实验求取在实验反应器中进行。本章所涉及的反应速率均指本征反应速率。反应速率方程中以反应速率为因变量，以反应组分的浓度和反应温度为自变量。

多相催化反应过程中，由于催化剂表面流体流动滞流层及催化剂颗粒内孔传递阻力的存在，流体与催化剂表面以及催化剂颗粒孔内存在浓度差和温度差。如果在滞流层和催化剂内孔的传质和传热速率很快，该浓度差及温度差很小。这种情况下可忽略主流区流体与催化剂表面之间的温度差和浓度差，可将多相催化反应简化为均相反应。此时，多相催化反应动力学以及反应器可按均相反应计算。

对一个反应过程的描述，需要分析反应体系中各组分物质的量的变化及其关系，得出相应浓度的变化。对于可逆反应，平衡态是一定条件下反应过程的极限状态，可作为反应进程的参照状态。反应温度、反应热效应以及反应量之间符合物料衡算和热量衡算关系。化学反应计量学、反应热力学和反应动力学在反应过程分析中紧密相关。物料衡算和热量衡算是计算物质量、反应组分浓度和反应温度的基本方法。

1.1　化学反应计量学

1.1.1　化学反应的计量关系

化学反应过程中，参与反应的各组分遵循原子守恒定律。化学反应方程式中各组分的化学计量系数表示参与反应的各组分之间的定量关系。如氨的合成反应：

$$N_2+3H_2 = 2NH_3$$

其中的 N、H 原子守恒，反应物 N_2、H_2 和产物 NH_3 的摩尔比为 1∶3∶2，即 1 mol N_2 和 3 mol H_2 反应生成 2 mol NH_3。氨合成反应方程式可写成方程的形式：$2NH_3-N_2-3H_2=0$，反应中 N_2、H_2、NH_3 的化学计量系数分别为 −1、−3、2。

规定：反应物的化学计量系数取负值，产物的化学计量系数取正值。

如单一反应：

$$\nu_A A+\nu_B B = \nu_R R$$

或

$$\nu_A A+\nu_B B-\nu_R R=0$$

其中，ν_A、ν_B、ν_R 分别为反应组分 A、B、R 的化学计量系数。依规定反应物的化学计量系数取负值，$\nu_A<0$，$\nu_B<0$，产物的化学计量系数取正值，$\nu_R>0$。

复合反应表示为：

$$\begin{aligned}
\nu_{11}A_1+\nu_{21}A_2+\cdots+\nu_{n1}A_n&=0\\
\nu_{12}A_1+\nu_{22}A_2+\cdots+\nu_{n2}A_n&=0\\
&\vdots\\
\nu_{1m}A_1+\nu_{2m}A_2+\cdots+\nu_{nm}A_n&=0
\end{aligned}$$

或

$$\sum_{i=1}^{n}\nu_{ij}A_i=0(i=1,2,\cdots,n;j=1,2,\cdots,m)$$

或

$$\boldsymbol{\nu A}=0$$

$$\boldsymbol{\nu A}=\begin{vmatrix}\nu_{11}&\nu_{21}&\cdots&\nu_{n1}\\ \nu_{12}&\nu_{22}&\cdots&\nu_{n2}\\ \vdots&\vdots&&\vdots\\ \nu_{1m}&\nu_{2m}&\cdots&\nu_{nm}\end{vmatrix}\begin{bmatrix}A_1\\A_2\\ \vdots\\A_n\end{bmatrix}=0$$

式中 $\boldsymbol{\nu}$——系数矩阵；

$\boldsymbol{A}$——组分向量。

1.1.2 复合反应体系独立反应数

复合反应体系中，某个组分可能参与若干个反应，在不同的反应方程式中该组分可能是反应物或是产物。在反应过程中，处于不同反应方程式中的某一组分具有同一浓度，该组分的转化量是其所参与反应的转化量的加和。在反应过程中，若某组分的量随反应进程而减少，该组分视为反应物，若组分的量增加则视为产物。

复合反应体系中包含多个反应时，每个反应方程式在化学计量学上并非都是独立的，即某些反应方程式可由其他的反应方程式线性组合得到。若一个反应方程式不能由其他的反应方程式线性组合得到，则为独立反应。对于反应组分和反应数较多的复杂反应体系，可依化学计量系数矩阵法或原子矩阵法求取独立反应数。

(1) 化学计量系数矩阵法

该法适用于能够写出复合反应体系中可能存在的反应及其化学计量式，即化学计量系数矩阵已知的情况。独立反应数为化学计量系数矩阵中独立行向量(或列向量)数，即矩阵的秩。写出复合反应体系的化学计量系数矩阵，进行初等变换并确定其秩，即该反应体系的独立反应数。关于独立反应方程式的确定，可从复合反应体系中选择一组作为独立反应方程式。选择的独立反应方程式中应包括参与反应的所有组分。

例 1.1　煤气化反应的原料由碳、水蒸气和氧组成，当忽略甲烷的生成量时，煤炭气化反应主要如下。试求独立反应数，并确定一组独立反应。

$$C+\frac{1}{2}O_2 = CO$$

$$C+O_2 = CO_2$$

$$C+H_2O = H_2+CO$$

$$C+CO_2 = 2CO$$

$$H_2+\frac{1}{2}O_2 = H_2O$$

$$CO+\frac{1}{2}O_2 = CO_2$$

$$CO+H_2O = H_2+CO_2$$

解　写出煤气化反应体系的系数矩阵，求出系数矩阵的秩。

$$\begin{array}{cccccc} C & O_2 & CO & CO_2 & H_2O & H_2 \end{array}$$

$$\begin{bmatrix} -1 & -1/2 & 1 & 0 & 0 & 0 \\ -1 & -1 & 0 & 1 & 0 & 0 \\ -1 & 0 & 1 & 0 & -1 & 1 \\ -1 & 0 & 2 & -1 & 0 & 0 \\ 0 & -1/2 & 0 & 0 & 1 & -1 \\ 0 & -1/2 & -1 & 1 & 0 & 0 \\ 0 & 0 & -1 & 1 & -1 & 1 \end{bmatrix}$$

矩阵经初等变换，有

$$\begin{array}{cccccc} C & O_2 & CO & CO_2 & H_2O & H_2 \end{array}$$

$$\begin{bmatrix} -1 & -1/2 & 1 & 0 & 0 & 0 \\ 0 & 1/2 & 1 & -1 & 0 & 0 \\ 0 & 0 & 1 & -1 & 1 & -1 \\ 0 & 0 & 0 & 0 & 0 & 0 \\ 0 & 0 & 0 & 0 & 0 & 0 \\ 0 & 0 & 0 & 0 & 0 & 0 \\ 0 & 0 & 0 & 0 & 0 & 0 \end{bmatrix}$$

系数矩阵的秩为 3，则反应体系的独立反应数为 3。

在反应体系的反应中选取独立反应为，

$$C+\frac{1}{2}O_2 = CO$$

$$CO+\frac{1}{2}O_2 = CO_2$$

$$CO+H_2O = H_2+CO_2$$

独立反应中包括了原料物 C、O_2、H_2O，产物 CO、CO_2、H_2。

(2) 原子矩阵法

若反应体系中发生哪些反应以及这些反应的化学计量式均不清楚时,依据反应前后原子守恒的原则,由原子矩阵法求出独立反应数及一组独立反应。通过对反应物和产物组分的分析,确定出反应体系中存在的各组分,写出各组分的原子矩阵并确定其秩。独立反应数为参与反应的组分数与原子矩阵秩的差值。应用原子衡算的方法确定一组独立反应。

例 1.2 煤气化反应体系的组成有 C、O_2、H_2O、CO、CO_2、H_2,应用原子矩阵法确定该反应体系的独立反应数,并写出一组独立反应。

解 写出煤气化反应体系的原子矩阵,求出原子矩阵的秩。

$$\begin{array}{c} \\ C \\ O \\ H \end{array}\begin{array}{c} \begin{array}{cccccc} CO & CO_2 & H_2 & C & O_2 & H_2O \end{array} \\ \begin{bmatrix} 1 & 1 & 0 & 1 & 0 & 0 \\ 1 & 2 & 0 & 0 & 2 & 1 \\ 0 & 0 & 2 & 0 & 0 & 2 \end{bmatrix} \end{array}$$

经初等变换,有

$$\begin{array}{c} \\ C \\ O \\ H \end{array}\begin{array}{c} \begin{array}{cccccc} CO & CO_2 & H_2 & C & O_2 & H_2O \end{array} \\ \begin{bmatrix} 1 & 0 & 0 & 2 & -2 & -1 \\ 0 & 1 & 0 & -1 & 2 & 1 \\ 0 & 0 & 1 & 0 & 0 & 1 \end{bmatrix} \end{array}$$

显然,矩阵的秩为 3,独立反应数为组分数减去矩阵的秩(6-3=3),反应体系有 3 个独立反应。

选择 C、O_2、H_2O 为关键组分,每个独立反应取一个关键组分。其中ν_{1j}、ν_{2j}、ν_{3j}($j=1,2,3$)分别为 CO、CO_2、H_2 在独立反应中的化学计量系数。各独立反应的化学计量系数向量分别写为:

$$\boldsymbol{\nu}_1 = (\nu_{11} \quad \nu_{21} \quad \nu_{31} \quad 1 \quad 0 \quad 0)^{\mathrm{T}}$$
$$\boldsymbol{\nu}_2 = (\nu_{12} \quad \nu_{22} \quad \nu_{32} \quad 0 \quad 1 \quad 0)^{\mathrm{T}}$$
$$\boldsymbol{\nu}_3 = (\nu_{13} \quad \nu_{23} \quad \nu_{33} \quad 0 \quad 0 \quad 1)^{\mathrm{T}}$$

依原子守恒,有

$$\begin{bmatrix} 1 & 0 & 0 & 2 & -2 & -1 \\ 0 & 1 & 0 & -1 & 2 & 1 \\ 0 & 0 & 1 & 0 & 0 & 1 \end{bmatrix}\begin{bmatrix} \nu_{11} & \nu_{12} & \nu_{13} \\ \nu_{21} & \nu_{22} & \nu_{23} \\ \nu_{31} & \nu_{32} & \nu_{33} \\ 1 & 0 & 0 \\ 0 & 1 & 0 \\ 0 & 0 & 1 \end{bmatrix} = 0$$

$$\begin{bmatrix} (\nu_{11}+2) & (\nu_{12}-2) & (\nu_{13}-1) \\ (\nu_{21}-1) & (\nu_{22}+2) & (\nu_{23}+1) \\ (\nu_{31}) & (\nu_{32}) & (\nu_{33}+1) \end{bmatrix} = 0$$

解得,$\nu_{11}=-2$,$\nu_{21}=1$,$\nu_{31}=0$;$\nu_{12}=2$,$\nu_{22}=-2$,$\nu_{32}=0$;$\nu_{13}=1$,$\nu_{23}=-1$,$\nu_{33}=-1$。

写出一组独立方程为:

$$C + CO_2 = 2CO$$
$$2CO + O_2 = 2CO_2$$
$$CO + H_2O = H_2 + CO_2$$

关键组分的选取不是唯一的，但应使非关键组分所包含的元素数不少于原子矩阵的秩。利用独立反应和独立反应数的概念，可简化复合反应体系的物料衡算和热量衡算。如在反应器设计中可选取与独立反应数相同的关键组分数，列出关键组分的衡算关系式，并求解得出关键组分的反应量或浓度变化，而后依化学计量关系确定非关键组分的反应量或浓度变化，由此不必列出所有组分的衡算关系式以简化求解过程。

独立反应的概念限于在化学计量学上的应用。在利用反应动力学方程计算某关键组分的反应量及表达反应速率时，须包含关键组分参与的每一个实际发生的反应，包括客观存在的未被选作独立的反应，而不仅仅是独立反应。

1.2　化学反应的平衡态

平衡态是一定条件下化学反应进程的极限状态，可逆反应产物的浓度不超过其平衡浓度。当可逆反应达到平衡状态时，正反应速率与逆反应速率相等，此时可逆反应速率为零。平衡状态对应的平衡温度和平衡组成等变量均不随时间变化。平衡常数表示平衡状态下各组分组成之间的关系。平衡常数是温度的函数。

工程应用中，反应过程可趋近平衡状态，但不追求达到平衡状态。平衡态可作为衡量反应进度的参照。在反应的末期或反应接近平衡态时，反应过程推动力的减小使反应速率降低。当要求反应末期达到更高的转化率时，所需要的反应时间会增加很多，反应末期的这种现象值得关注。若反应的转化率已接近平衡转化率，说明已达到较高的转化率，再单独追求更高的转化率无益。

当反应远离平衡态时，如反应初期，动力学是反应过程的控制因素，或称动力学控制。寻求高效的催化剂或调控反应条件可以有效地提高反应速率。若转化率已接近平衡转化率时，过程转变为热力学控制，此时再寻求更高活性的催化剂或反应条件以进一步提高反应速率和转化率就不能得到好的效果。可逆放热反应，当温度升高时平衡转化率降低，则应考虑反应初期采用较高的反应温度，而反应后期采用较低的反应温度。

对于某些反应温度和催化剂活性均很高的快速反应体系，在反应器的出口处反应已接近平衡态，可将反应器出口状态按平衡态以简化计算。

反应器及反应操作条件的确定可借助于对平衡态的分析。依据反应条件（如温度、压力、组成）对平衡转化率及平衡状态下产物组成的影响，为反应器的结构设计和工艺条件调控提供依据和方向。

例 1.3　乙苯脱氢制苯乙烯气相反应：

$$C_6H_5C_2H_5(E) = C_6H_5C_2H_3(S) + H_2(H)$$

工业上，进料中用水蒸气对反应物乙苯进行稀释，水蒸气和乙苯的质量比称为水烃比SOR。平衡常数和温度的关系 $\lg K_p = 19.67 - 0.1537 \times 10^5 / T - 0.5223 \ln T$。试求：反应总压、水烃比、反应温度与乙苯平衡转化率的关系。

解　进料中水蒸气与乙苯的摩尔比：

$$\alpha = \frac{106}{18} \mathrm{SOR}$$

以 1 mol 乙苯为基准进行物料衡算，设乙苯的平衡转化率为 x_e，反应总压为 p。平衡状态下，反应体系中各组分的平衡分压与平衡转化率的关系见表 1.1。

表 1.1　物料衡算表

组分	初始量/mol	平衡态/mol	平衡分压
乙苯(E)	1	$1-x_e$	$p_e=p(1-x_e)/n_t$
苯乙烯(S)	0	x_e	$p_s=px_e/n_t$
氢气(H)	0	x_e	$p_H=px_e/n_t$
水	α	α	
总量/mol	$n_{t0}=1+\alpha$	$n_t=1+\alpha+x_e$	

平衡常数

$$K_p=\frac{p_s p_H}{p_e}=\frac{x_e^2}{(1-x_e)(1+\alpha+x_e)}p$$

解得乙苯平衡转化率：

$$x_e=\frac{-\alpha+\sqrt{\alpha^2+4(p/K_p+1)(\alpha+1)}}{2(p/K_p+1)}$$

由计算分析可知，降低反应体系总压，升高反应温度，增大水烃比，均可使平衡转化率提高。实际操作中，采用负压操作、较高的水烃比和较高的反应温度，可得到较高的乙苯转化率。但是水烃比增加一方面增加能耗，另一方面使乙苯浓度降低，导致反应速率减小。综合考虑复杂反应体系的副反应，温度提高会使苯乙烯的选择性降低。

1.3　化学反应动力学

1.3.1　化学反应速率定义

单位时间、单位反应体积内反应物系中某反应组分的转化量或生成量，表示该组分的反应速率。转化量或生成量以摩尔数表示。

如单一反应

$$\nu_A A+\nu_B B = \nu_R R$$

分别以组分 A、B、R 表示的反应速率为：

$$r_A=-\frac{dn_A}{Vdt} \tag{1.1}$$

$$r_B=-\frac{dn_B}{Vdt} \tag{1.2}$$

$$r_R=\frac{dn_R}{Vdt} \tag{1.3}$$

反应过程中，反应物组分 A、B 转化为产物 R，$\frac{dn_A}{dt}<0$，$\frac{dn_B}{dt}<0$，为使反应速率r_A、r_B取正值，则在反应速率表达中引入负号。反应速率的单位为 $mol/(m^3 \cdot s)$。

反应过程中，反应物各组分的转化量与产物各组分的生成量和其化学计量系数成比例。

$$dn_A : dn_B : dn_R=\nu_A : \nu_B : \nu_R \tag{1.4}$$

反应体系中，以不同组分表示的反应速率值不同。只有当不同组分的化学计量系数相同时，其反应速率才具有相等的值。

各组分表示的反应速率与其化学计量系数之比相等。

$$\frac{-r_A}{\nu_A}=\frac{-r_B}{\nu_B}=\frac{r_R}{\nu_R}=r \tag{1.5}$$

因此，各组分表示的反应速率可写为：

$$(-r_A)=\nu_A r \tag{1.6}$$

$$(-r_B)=\nu_B r \tag{1.7}$$

$$r_R=\nu_R r \tag{1.8}$$

多相催化反应体系中反应速率的表示可以固相催化剂的质量 W、催化剂床层的堆体积 V_b、催化剂的表面积 S 为基准。以反应物组分 A 表示的反应速率为：

$$r_{AV}=-\frac{dn_A}{V_b dt}\quad \text{mol/(m}^3\cdot\text{s)} \tag{1.9}$$

$$r_{AW}=-\frac{dn_A}{W dt}\quad \text{mol/(kg}\cdot\text{s)} \tag{1.10}$$

$$r_{AS}=-\frac{dn_A}{S dt}\quad \text{mol/(m}^2\cdot\text{s)} \tag{1.11}$$

质量 W、堆密度ρ_b和比表面积 α 之间有关系：

$$W=\rho_b V_b \tag{1.12}$$

$$S=\alpha W \tag{1.13}$$

基于不同反应空间表示的反应速率之间有关系：

$$r_{AV}=\rho_b r_{AW} \tag{1.14}$$

$$r_{AW}=\alpha r_{AS} \tag{1.15}$$

催化剂固相密度可分为堆密度、颗粒密度和真密度，分别以床层体积、颗粒体积和固相体积为基准。

比表面积可表示为单位质量催化剂所具有的表面积，单位颗粒体积所具有的表面积，单位床层体积所具有的表面积。式(1.13)和式(1.15)的比表面积 α 均指单位质量的催化剂所具有的表面积。

固相催化剂的反应面积应包括催化剂的内表面积和外表面积，多孔催化剂颗粒的内表面积占有较大的比例。

对于连续的反应过程，可以反应物组分 A 的摩尔流量表示反应速率。

$$r_{AV}=-\frac{dF_A}{V_b}\quad \text{mol/(m}^3\cdot\text{s)} \tag{1.16}$$

$$r_{AW}=-\frac{dF_A}{W}\quad \text{mol/(kg}\cdot\text{s)} \tag{1.17}$$

$$r_{AS}=-\frac{dF_A}{S}\quad \text{mol/(m}^2\cdot\text{s)} \tag{1.18}$$

复合反应体系中，单位时间和单位体积中组分 i 的转化量：

$$dn_i=\left(\sum_{j=1}^{m}\nu_{ij}r_j\right)V dt \tag{1.19}$$

复合反应的反应速率记为R_i，则

$$R_i = \sum_{j=1}^{m} \nu_{ij} r_j \tag{1.20}$$

其中，r_j表示复合反应体系中第j个反应的反应速率。

若反应速率计算值$R_i<0$，说明组分i在反应过程中被消耗，组分i可视为反应物，其反应速率称为转化速率。若反应速率计算值$R_i>0$，说明在反应过程中组分i的量增加，组分i可视为产物，其速率称为生成速率。

对于恒容反应，反应过程中体积V为一定值，反应速率可以体积摩尔浓度表示。反应物组分A的反应速率表示为

$$r_A = -\frac{dc_A}{dt} \tag{1.21}$$

对于气相反应体系，反应速率可以某组分的分压表示。反应物组分A的反应速率表示为：

$$r_A = -\frac{1}{RT} \cdot \frac{dp_A}{dt} \tag{1.22}$$

若反应过程中总摩尔数发生变化，或反应温度和总压变化，会引起反应过程中体积的变化，即变容反应过程。变容反应过程应考虑反应体积的变化对浓度和反应速率的影响。可通过物料衡算求出各组分量随反应进程的变化量，再结合气体状态方程得出反应体积随转化率的变化关系。

例1.4 在350 ℃等温条件下，在恒定体积的反应器中进行丁二烯的二聚气相反应：$2A \longrightarrow R$。测出反应总压与反应时间的对应数据如表1.2所示。试求：依反应速率的定义计算12 min和38 min时的反应速率值。

表1.2 反应总压与反应时间

t/min	0	6	12	26	38	60
p/kPa	66.7	62.3	58.9	53.5	50.4	46.7

解 丁二烯二聚反应属变摩尔反应，随反应进程总摩尔数减少。等温和恒容条件下，反应总压随反应时间逐渐降低。

反应初始总压 $p_o=66.7$ kPa

初始浓度 $c_{Ao} = \frac{n_{Ao}}{V} = \frac{p_o}{RT} = \frac{66.7\times 10^3}{8.314\times(350+273)} = 12.88(\text{mol/m}^3)$

以丁二烯进料量n_{Ao}为基准，对反应过程物料进行衡算，见表1.3。

表1.3 物料衡算

组分	初始各组分量n_{io}/mol	过程中各组分量n_i/mol
A	n_{Ao}	n_A
R	0	n_R
合计	$n_{to}=n_{Ao}$	$n_t=n_A+n_R$

依理想气体状态方程，有

$$\frac{n_t}{n_{to}} = \frac{p}{p_o}$$

恒容条件下，$c_i = n_i/V$，则有

$$\frac{n_A + n_R}{n_{Ao}} = \frac{c_A + c_R}{c_{Ao}} = \frac{p}{p_o} \tag{1}$$

依反应化学计量系数，有

$$\frac{n_A - n_{Ao}}{n_R - n_{Ro}} = \frac{-2}{1}$$

整理得出

$$n_R = \frac{n_{Ao} - n_A}{2}$$

恒容条件下，产物 R 的浓度表示为：

$$c_R = \frac{c_{Ao} - c_A}{2} \tag{2}$$

联立式(1)和式(2)，得出反应过程中丁二烯浓度与总压关系为

$$c_A = c_{Ao}\left(2\frac{p}{p_o} - 1\right)$$

以总压 p 表示的反应速率表达式为：

$$r_A = -\frac{dc_A}{dt} = -\frac{2\,c_{Ao}}{p_o}\frac{dp}{dt}$$

绘制反应系统总压与反应时间的曲线，见图 1.1。

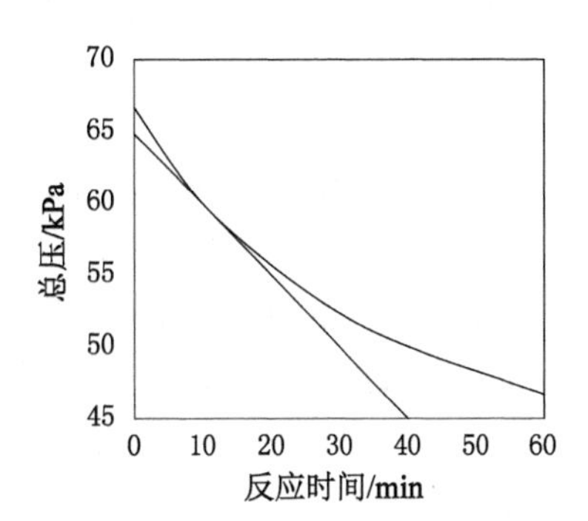

图 1.1　总压与反应时间的关系

反应时间为 12 min 时，切线斜率值为

$$\left(\frac{dp}{dt}\right)_{t=12\ \text{min}} = -0.5(\text{kPa/min})$$

反应时间为 12 min 时，反应速率值为，

$$(r_A)_{t=12\ \text{min}} = -\frac{2\times 12.88}{66.7}\times(-0.5) = 0.193\ [\text{mol/(m}^3\cdot\text{min)}]$$

同理，反应时间为 38 min 时，切线斜率值为

$$\left(\frac{dp}{dt}\right)_{t=38\ \text{min}} = -0.22(\text{kPa/min})$$

反应时间为 38 min 时，反应速率值为

$$(r_A)_{t=38\ \text{min}} = -\frac{2\times 12.88}{66.7}\times(-0.22) = 8.496\times 10^{-2}[\text{mol/(m}^3\cdot\text{min)}]$$

比较反应时间为 12 min 和 38 min 的反应速率，随着反应的进程反应物浓度降低，相应的反应速率值减小。

1.3.2　反应进度

化学反应过程中，反应体系各组分的变化量与其化学计量系数之比为反应进度，用 ξ 表示。

如单一反应

$$\nu_A A + \nu_B B = \nu_R R$$

反应进度表示为：

$$\xi = \frac{n_A - n_{Ao}}{\nu_A} = \frac{n_B - n_{Bo}}{\nu_B} = \frac{n_R - n_{Ro}}{\nu_R} \tag{1.23}$$

或

$$\xi = \frac{n_i - n_{io}}{\nu_i} \tag{1.24}$$

由反应进度可求出反应组分的转化量或生成量：

$$n_i - n_{io} = \nu_i \xi \tag{1.25}$$

或复合反应各组分的转化量或生成量：

$$n_i - n_{io} = \sum_{j=1}^{m} \nu_{ij} \xi_j \tag{1.26}$$

式中，ξ_j为复合反应中第j个反应的反应进度。

例 1.5 甲烷水蒸气转化制合成气两个独立反应如下。

$$CH_4 + H_2O = 3H_2 + CO \tag{R1}$$

$$CO + H_2O = H_2 + CO_2 \tag{R2}$$

进料中水蒸气与甲烷的摩尔比为 6，在 1 000 K 时反应(R1)和反应(R2)的平衡常数分别为 0.267 22 MPa^2和 1.368。试求：

(1) 1 000 K，1.2 MPa条件下，该反应体系的平衡组成；

(2) 若将进料中水蒸气与甲烷的摩尔比调整为 4，平衡组成有何变化。

解 (1) 两个独立反应需要设两个变量，分别设反应(R1)和反应(R2)达到平衡态时的反应进度为ξ_1、ξ_2。

取 1 mol CH_4为基准，对反应过程进行物料衡算(表 1.4)。

表 1.4 物料衡算

组分	起始量n_{io}/mol	平衡态量n_i/mol	平衡组成y_i	平衡分压p_i/MPa
CH_4	1	$1-\xi_1$	$(1-\xi_1)/(7+2\xi_1)$	$p(1-\xi_1)/(7+2\xi_1)$
H_2O	6	$6-\xi_1-\xi_2$	$(6-\xi_1-\xi_2)/(7+2\xi_1)$	$p(6-\xi_1-\xi_2)/(7+2\xi_1)$
H_2	0	$3\xi_1+\xi_2$	$(3\xi_1+\xi_2)/(7+2\xi_1)$	$p(3\xi_1+\xi_2)/(7+2\xi_1)$
CO	0	$\xi_1-\xi_2$	$(\xi_1-\xi_2)/(7+2\xi_1)$	$p(\xi_1-\xi_2)/(7+2\xi_1)$
CO_2	0	ξ_2	$\xi_2/(7+2\xi_1)$	$p(\xi_2)/(7+2\xi_1)$
合计	$n_o=7$	$n_t=7+2\xi_1$		

反应(R1)的平衡常数：

$$K_{p_1} = \frac{p_{H_2}^3 p_{CO}}{p_{CH_4} p_{H_2O}} = \frac{(3\xi_1+\xi_2)^3(\xi_1-\xi_2)\,p^2}{(1-\xi_1)(6-\xi_1-\xi_2)\,(7+2\xi_1)^2} = 0.267\,2 \tag{1}$$

反应(R2)的平衡常数：

$$K_{p_2} = \frac{p_{H_2} p_{CO_2}}{p_{CO} p_{H_2O}} = \frac{(3\xi_1+\xi_2)\xi_2}{(\xi_1-\xi_2)(6-\xi_1-\xi_2)} = 1.368 \tag{2}$$

联立式(1)和式(2)，解得

$$\xi_1 = 0.859\,9$$

$$\xi_2 = 0.571\,7$$

代入平衡组成表达式，求得

CH_4：1.61%

H_2O：52.39%

$$H_2:36.14\%$$
$$CO:3.31\%$$
$$CO_2:6.56\%$$

同理,若取 $n_{H_2O}/n_{CH_4}=4$,解得:

$$\xi_1=0.7409$$
$$\xi_2=0.4385$$

平衡组成:

$$CH_4:4.0\%$$
$$H_2O:43.52\%$$
$$H_2:41.06\%$$
$$CO:4.67\%$$
$$CO_2:6.77\%$$

由计算结果可见,减小水蒸气与甲烷的进料比可提高合成气($CO+H_2$)的平衡浓度,但甲烷的剩余量将增加。

1.3.3　转化率

转化率表示一个化学反应进行的程度,定义为反应过程中某一反应物的转化量与其初始加入量的比率。转化率表示反应过程中反应物组分物质的量的关系,转化量和初始量常用 mol 计量。

$$x=\frac{\text{某一反应物组分的转化量}}{\text{该反应物组分的初始量}} \tag{1.27}$$

$$x_i=\frac{n_{io}-n_i}{n_{io}} \tag{1.28}$$

反应过程中,反应物组分 i 的剩余量为

$$n_i = n_{io}(1-x_i) \tag{1.29}$$

以反应进度表示的转化率:

$$x_i=-\frac{\nu_i\xi}{n_{io}} \tag{1.30}$$

依转化率的定义,复合反应体系中反应物组分 i 的转化率为

$$x_i=\frac{\left|\sum_{j=1}^{m}\nu_{ij}\,\xi_j\right|}{n_{io}} \tag{1.31}$$

单一反应 $\nu_A A+\nu_B B=\!=\!=\nu_R R$,各组分初始加入量 n_{io}、转化率 x_i、组分剩余量 n_i 计算式列于表 1.5 中。

表 1.5　转化量、剩余量和转化率

初始量 n_{io}/mol	转化量/mol	剩余量 n_i/mol	转化率 x_i
n_{Ao}	$n_{Ao}-n_A=n_{Ao}x_A$	$n_A=n_{Ao}(1-x_A)$	$x_A=\frac{n_{Ao}-n_A}{n_{Ao}}$
n_{Bo}	$n_{Bo}-n_B=n_{Bo}x_B$	$n_B=n_{Bo}(1-x_B)$	$x_B=\frac{n_{Bo}-n_B}{n_{Bo}}$

各组分的转化量与其化学计量系数之比相等，则

$$\frac{n_{Ao}-n_A}{\nu_A}=\frac{n_{Bo}-n_B}{\nu_B} \tag{1.32}$$

B组分转化率 x_B 用关键组分转化率 x_A 表示为

$$x_B=\frac{\nu_B\,n_{Ao}}{\nu_A n_{Bo}}x_A \tag{1.33}$$

实际操作中，原料中各组分的初始加入量的比例可以符合其化学计量系数之比，但也有不按化学计量系数比投料的情况。价格较高或在产物中难以分离的组分需要给予关注，该组分被认定为关键组分。往往采用加大非关键组分的加料量来提高关键组分的转化率。当各组分的初始加入量符合反应的化学计量系数之比时，由各组分表示的转化率相等。常以关键组分的转化率表示反应的进程，或作为反应进程的指标。

当反应过程的转化率较低时，可采用循环反应器的工艺设计。将反应器出口产物以一定的循环比返回反应器入口，或将产物分离出的原料组分返回反应器入口。循环反应器入口状态是新鲜原料与循环物料混合后形成的结果。以反应器入口为基准计算的转化率为单程转化率，以新鲜原料为基准计算的转化率为全程转化率。

例 1.6 在高温变换反应器中进行变换反应 $CO+H_2O \longrightarrow CO_2+H_2$。反应器入口原料组成(体积分率%)为 CO:13.53%；H_2:53.10%；CO_2:6.85%；CH_4:0.85%；Ar:0.30%；N_2:25.37%，水蒸气与干基原料气之比为 0.45，反应器出口温度 440 ℃时的平衡常数 $K_p=7.986$，要求反应器出口 CO 干基组成为 4%。试求：

(1) 反应器出口温度下 CO 的平衡转化率；

(2) 反应器出口 CO 的转化率。

解 (1) CO 的平衡转化率的计算

以 100 mol 干基原料气为基准，CO 平衡转化率记为 x_e，反应体系总压记为 p，对反应器进出口物料衡算，具体见表 1.6。

表 1.6 物料衡算

组分	入口组分量/mol	平衡态组分量/mol	组分平衡分压 p_i/MPa
CO	13.53	$13.53(1-x_e)$	$[13.53(1-x_e)/145]p$
H_2	53.1	$53.1+13.53x_e$	$[(53.1+13.53x_e)/145]p$
CO_2	6.85	$6.85+13.53x_e$	$[(6.85+13.53x_e)/145]p$
CH_4	0.85	0.85	$(0.85/145)p$
Ar	0.30	0.30	$(0.30/145)p$
N_2	25.37	25.37	$(25.37/145)p$
H_2O	45	$45-13.53x_e$	$[(45-13.53x_e)/145]p$
合计	145	145	

变换反应平衡常数表达式，有

$$K_p=\frac{p_{CO_2}p_{H_2}}{p_{CO}p_{H_2O}}$$

$$K_p=\frac{(6.85+13.53x_e)(53.1+13.53x_e)}{13.53(1-x_e)(45-13.53x_e)}=7.986$$

解得平衡转化率 $x_e=72.45\%$。

(2) 反应器出口 CO 的转化率计算

以 100 mol 干基原料气为基准，CO 出口转化率记为 x_{CO}，反应体系总压记为 p，对反应器进出口物料衡算，具体见表 1.7。

表 1.7　物料衡算

组分	入口组分量/mol	平衡态组分量/mol	出口组分分压 p_i/MPa
CO	13.53	$13.53(1-x_{CO})$	$[13.53(1-x_{CO})/145]p$
H_2	53.1	$53.1+13.53x_{CO}$	$[(53.1+13.53x_{CO})/145]p$
CO_2	6.85	$6.85+13.53x_{CO}$	$[(6.85+13.53x_{CO})/145]p$
CH_4	0.85	0.85	$(0.85/145)p$
Ar	0.30	0.30	$(0.30/145)p$
N_2	25.37	25.37	$(25.37/145)p$
H_2O	45	$45-13.53x_{CO}$	$[(45-13.53x_{CO})/145]p$
合计	145	145	

由于反应器出口 CO 干基组成为 4%，有

$$\frac{13.53(1-x_{CO})}{100}=0.04$$

解得 $x_{CO}=70.44\%$。

可逆反应的极限转化率为平衡转化率。一般情况下，工业生产中虽然不能达到平衡转化率，但可依据平衡转化率的值确定反应转化率的设计值。

1.3.4　选择性

复合反应体系中存在多个反应，反应物可转化为多个产物。明确目的产物(或称目标产物)，以及关键组分后，选择性是指在已转化的关键组分中得到的目标产物的量。

$$S=\frac{\text{生成目标产物所消耗的关键组分量}}{\text{关键组分的转化量}} \tag{1.34}$$

生成目标产物的选择性取决于生成目标产物的主反应的反应速率，以及关键组分的转化速率。引入瞬时选择性的概念，以反应速率表示选择性，便于考察浓度和温度对选择性的影响。通过分析瞬时选择性随反应进程的变化，指导反应器类型和操作方式的选择以及反应条件的调控，使反应过程中选择性处于最佳的值，以达到整个反应过程的选择性最大化。瞬时选择性表示为：

$$S_R=|\mu_{RA}|\frac{\text{目标产物的生成速率}}{\text{关键组分的转化速率}} \tag{1.35}$$

式中，$|\mu_{RA}|=\left|\frac{\nu_A}{\nu_R}\right|$，指生成目标产物的主反应中目标产物 R 与关键组分 A 的化学计量系数比值，取正值。

1.3.5　收率

目标产物的收率可表示为生成目的产物所消耗的关键组分量与关键组分的初始量之比。

$$Y=\frac{\text{生成目标产物所消耗的关键组分量}}{\text{关键组分的初始量}} \tag{1.36}$$

$$Y=|\mu_{RA}|\frac{\text{目标产物生成量}}{\text{关键组分的初始量}} \tag{1.37}$$

对于单一反应,生成各产物组分所消耗的关键组分量一致,所计算的各产物组分的收率值相同,都等于关键组分转化率的值。但对于复合反应体系,关键组分的转化率和各产物组分的收率值不一定相同。无论是单一反应还是复合反应,依收率定义其最大值是100%。

若组分的量以质量计算,称为质量收率。质量收率的计算值可能大于100%。

对于循环反应器,以反应器入口为基准计算的收率为单程收率,以新鲜物料加入量为基准计算的收率为全程收率。单程收率可理解为反应物料一次通过反应器所得到的结果,全程收率是反应物料循环多次经过反应器所得到的结果,全程收率的值大于单程收率。

转化率、收率和选择性的关系为

$$Y=S\cdot X \tag{1.38}$$

若以瞬时选择性计算,反应过程的总收率可表示为瞬时选择性与转化率的积分结果。

$$Y=\frac{1}{X_{Af}}\int_{X_{Ao}}^{X_{Af}} S_R\,dX_A \tag{1.39}$$

例 1.7 银催化剂上进行甲醇氧化制甲醛的反应。原料气中甲醇∶空气∶水蒸气的摩尔比为2∶4∶1.3,反应器出口气体组成摩尔分数见表1.8。

表 1.8 气体组成(摩尔分数) 单位:%

CH_3OH	HCHO	H_2O	CO_2	O_2	N_2
6.983	17.26	34.87	0.689 3	0.799 9	39.39

$$2CH_3OH+O_2=\!=\!=2HCHO+2H_2O \tag{R1}$$

$$2CH_3OH+3O_2=\!=\!=2CO_2+4H_2O \tag{R2}$$

试计算甲醇的转化率、反应的选择性及甲醛的收率。

解 两个独立反应,设甲醇的转化率为 x 和甲醛的收率为 y。以100 mol进料为基准,对反应器进出口的物料衡算如表1.9所示。

表 1.9 物料衡算

组分	入口组分量 n_{io}/mol	出口组分量 n_i/mol
CH_3OH	100×2/7.3=27.4	$27.4-27.4x$
HCHO	0	$27.4y$
H_2O	100×1.3/7.3=17.81	$17.81+27.4y+(27.4x-27.4y)\times 2$
CO_2	0	$27.4x-27.4y$
O_2	100×4×0.21/7.3=11.51	$11.51-27.4y/2-(27.4x-27.4y)\times 3/2$
N_2	100×4×0.79/7.3=43.29	43.29
合计	$n_o=100$	$n_t=100+13.7x$

依 CH_3OH 的出口组成,有

$$\frac{27.4-27.4x}{100+13.7x}=0.06983$$

解得甲醇的转化率 $x=72.0\%$。

依 HCHO 的出口组成，有

$$\frac{27.4y}{100+13.7x}=0.1726$$

解得甲醛的收率 $y=69.21\%$。

生成目的产物甲醛的选择性

$$S=\frac{y}{x}=\frac{0.6921}{0.720}=96.12$$

例 1.8　铜锌铝催化剂上一氧化碳和氢气合成甲醇反应。为了提高原料的利用率，生产中采用循环操作，生产流程如图 1.2 所示。将反应后的气体冷却，可凝组分变为液体粗甲醇，氢气和一氧化碳等不凝气体组分大部分经压缩机循环与原料气混合返回合成塔中，少部分放空。

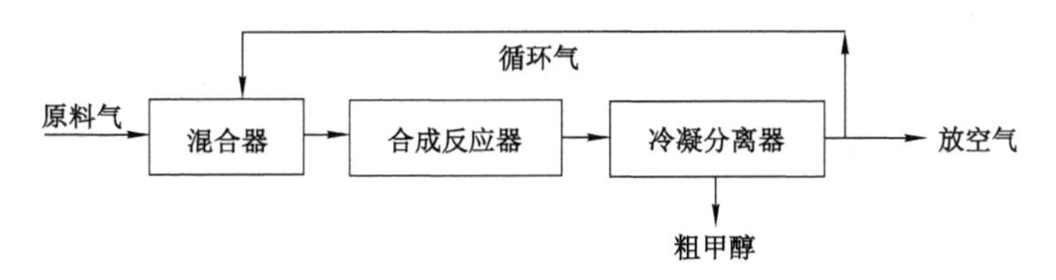

图 1.2　生产流程图

$$CO+2H_2 = CH_3OH \tag{R1}$$

$$2CO+4H_2 = (CH_3)_2O+H_2O \tag{R2}$$

$$CO+3H_2 = CH_4+H_2O \tag{R3}$$

$$4CO+8H_2 = C_4H_9OH+3H_2O \tag{R4}$$

$$CO+H_2O = CO_2+H_2 \tag{R5}$$

原料气和冷凝分离后的气体组成(摩尔分数)如表 1.10 所示。

表 1.10　气体组成(摩尔分数)

组分	CO	H_2	CO_2	CH_4	N_2
原料气/%	26.82	68.25	1.46	0.55	2.92
冷凝分离气/%	15.49	69.78	0.82	3.62	10.29

粗甲醇的组成(质量分数)如表 1.11 所示。

表 1.11　粗甲醇组成

组分	CH_3OH	$(CH_3)_2O$	C_4H_9OH	H_2O
粗甲醇组成/%	89.15	3.55	1.10	6.20

不凝气组分在 1 kg 粗甲醇中的溶解量如表 1.12 所示。

表 1.12 不凝气组分在粗甲醇中的溶解量

组分	CO	H_2	CO_2	CH_4	N_2
溶解量/g	9.38	1.76	9.82	2.14	5.38

循环气与原料气摩尔比为 7.2。

试计算:(1) 一氧化碳的全程转化率和甲醇的全程收率;

(2) 一氧化碳的单程转化率和甲醇的单程收率。

解 (1) 一氧化碳的全程转化率和甲醇的全程收率的计算

以 100 kmol 原料气为基准,计算原料气组成的质量分数,具体见表 1.13。

表 1.13 原料气组成

组分	CO	H_2	CO_2	CH_4	N_2
摩尔质量M_i/(kg/kmol)	28	2	44	16	28
原料气摩尔分数y_{io}/%	26.82	68.25	1.46	0.55	2.92
平均摩尔质量M_m/(kg/kmol)	$M_m=(28\times26.82+2\times68.25+44\times1.46+16\times0.55+28\times2.92)/100=10.42$(kg/kmol)				
100 kmol 原料气质量/kg	$100\times10.42=1\,042$ (kg)				
原料气质量分数w_{io}/%	72.07	13.10	6.17	0.84	7.85

冷凝分离后的放空气体组成见表 1.14。

表 1.14 放空气组成

组分	CO	H_2	CO_2	CH_4	N_2
摩尔质量M_i/(kg/kmol)	28	2	44	16	28
放空气摩尔分数y_i/%	15.49	69.78	0.82	3.62	10.29
平均摩尔质量M_m/(kg/kmol)	$M_m=\sum(M_iy_i/100)=9.554$ (kg/kmol)				
放空气质量分数w_{io}/%	45.40	14.61	3.78	6.06	30.16

对整个系统物料进行衡算,设放空气体为 A kg,粗甲醇为 B kg,输入和输出系统总质量守恒,有

$$A+B=1\,042 \tag{a}$$

输入和输出系统的惰性组分 N_2 质量守恒,有

$$7.85\times10^{-2}\times1\,042=30.16\times10^{-2}A+5.38\times10^{-3}B \tag{b}$$

解(a)和(b)联立方程得,$A=257.2$ kg;$B=784.8$ kg。

CO 的全程转化率,为

$$X_{CO全}=\frac{26.8-257.2\times0.454\,0/28-784.8\times0.009\,38/28}{26.82}\times100\%=83.40\%$$

粗甲醇中甲醇的量为

$$(784.8-0.028\,48\times784.8)\times\frac{0.891\,5}{32}=21.24\ (\text{kmol})$$

CH_3OH 的全程收率为

$$Y_{全}=\frac{21.24}{26.82}\times100\%=79.2\%$$

(2) 一氧化碳的单程转化率和甲醇的单程收率的计算

反应器入口和出口处,CO的物质的量计算结果见表1.15。

表1.15　入口和出口处CO的物质的量

物流	n_{CO}/kmol
新鲜原料气	26.82
循环气	7.2×15.49=111.53
反应器入口	26.82+111.53=138.35
反应器出口	0.154 9A/9.554+111.53+0.009 38B/28=115.96

CO的单程转化率为

$$X_{CO单}=\frac{138.35-115.96}{138.34}\times 100\%=16.18\%$$

CH_3OH的单程收率为

$$Y_{单}=\frac{21.24}{138.34}\times 100\%=15.35\%$$

1.4　均相反应速率方程

1.4.1　均相反应体系

以反应体系所处的相态反应可分为均相反应和非均相反应。均相体系(或称均相系统)是指反应系统内只存在单一相态。均相体系内的物料可由单一组分构成,也可由几个组分构成。均相体系内物料的物理化学性质均匀。气相均相反应和液相均相反应是常见的两类均相反应体系。如低碳烃的热裂解反应属于气相均相反应,无机酸碱中和反应属于液相均相反应。均相反应的特征是所有参加反应的物质均处于同一相内,反应过程中不存在相际之间的传质。但在均相反应体系内不同空间位置处物料的浓度可能存在差异,以及某空间位置处的浓度可随反应时间而变化。严格来说,反应体系内的各组分处于分子尺度的均匀混合才能形成均相反应体系。

工业生产过程中,影响形成均相反应体系的因素包括反应物料的黏度、表面张力等物性、反应物料的组成,以及反应器结构和操作条件等。如搅拌有利于反应物料充分分散和混合,有助于液滴分散成更细小微团乃至分子尺度的混合。

实际反应过程中应考虑反应物料的混合速度与反应速率的相对性对均相体系形成的影响。若混合速率远大于反应速率,预混合时间相对于反应时间很短,可忽略混合过程对反应的影响。反之,若反应进行得极快,则混合过程中伴随有反应的进行。

1.4.2　幂函数型反应速率方程

温度、浓度或压力、溶剂和催化剂等是影响反应速率的主要因素。其中溶剂和催化剂是反应体系的组成部分,在工业生产前已经确定。工业生产过程中,温度和浓度是两个可调控的因素,也是影响反应速率的两个变量。

反应速率方程也称反应动力学方程,表达了反应速率与反应物料的浓度和反应温度之间的定量关系。均相反应体系常用幂函数表达反应速率与浓度和温度之间的函数关系，即反应速率的幂函数模型。

如基元反应：

$$\nu_A A + \nu_B B = \nu_R R$$

由质量作用定律写出幂函数速率方程，表示为：

$$r_A = k c_A^{\nu_A} c_B^{\nu_B} \tag{1.40}$$

其中，ν_A、ν_B分别为反应物组分 A 和 B 的反应级数。基元反应中，反应级数是各反应物组分的化学计量系数。基元反应速率表达式中ν_A、ν_B作为反应级数取正值。

k 为反应速率常数，是温度的函数，以阿伦尼乌斯方程（Arrhenius equation）表示：

$$k = A\exp\left(-\frac{E}{RT}\right) \tag{1.41}$$

式中，A 和 E 分别为指前因子和活化能。

大多数的反应方程式为非基元反应。若已知反应机理，可由基元反应推导出反应的速率方程。

如反应，$A \longrightarrow R + P$，反应机理表示为：

$$A \rightleftharpoons A^* + R \tag{R1}$$

$$A^* \xrightarrow{k_2} P \tag{R2}$$

反应机理中各反应为基元反应，假设中间产物A^*生成 P 的反应（R2）为速率控制步骤，即在所有反应步骤中速率最慢的一步。因此，将控制步骤的反应速率作为整个反应的反应速率，其他各步快速反应，可逆反应可视为达到平衡。由质量作用定律得出反应速率及平衡常数表达式为：

$$r_A = r_{A^*} = k_2 c_{A^*}$$

$$\frac{c_{A^*} c_R}{c_A} = K_1$$

推导并整理得出反应速率表达式为：

$$r_A = k_2 K_1 \frac{c_A}{c_R} = k \frac{c_A}{c_R}$$

式中，K_1为机理反应（R1）的平衡常数；k_2为机理反应（R2）的速率常数；k 为合并得出的反应速率常数，均是温度的函数。

在工业应用中，大多数反应的机理尚不清楚，需要通过建立动力学模型并结合实验以求取反应动力学方程。幂函数型反应速率方程可表示为反应温度和反应组分浓度的函数。反应速率、反应温度和反应组分浓度之间的变量关系可表达为：

$$r = f(c, T) \tag{1.42}$$

温度和浓度变量可视为互相独立的两个变量，反应速率可对变量进行变量分离：

$$r = f_1(c) f_2(T) \tag{1.43}$$

如不可逆反应，$\nu_A A + \nu_B B \longrightarrow \nu_R R$，幂函数型反应速率方程可表示为：

$$r_A = k c_A^{\alpha_A} c_B^{\alpha_B} \tag{1.44}$$

如可逆反应，$\nu_A A + \nu_B B \rightleftharpoons \nu_R R$，幂函数型反应速率方程可表示为：

$$r_A = \vec{k} c_A^{\alpha_A} c_B^{\alpha_B} c_R^{\alpha_R} - \overleftarrow{k} c_A^{\beta_A} c_B^{\beta_B} c_R^{\beta_R} \tag{1.45}$$

式中　α_i,β_i ——组分 A、B、R 的正反应和逆反应级数；

$\vec{k},\overleftarrow{k}$——正反应和逆反应的速率常数。

可逆反应进程的极限是达到平衡状态。平衡态时正反应速率与逆反应速率相等，可逆反应的反应速率为零。

$$r_A = \vec{k} c_A^{\alpha_A} c_B^{\alpha_B} c_R^{\alpha_R} - \overleftarrow{k} c_A^{\beta_A} c_B^{\beta_B} c_R^{\beta_R} = 0 \tag{1.46}$$

$$c_A^{\beta_A-\alpha_A} c_B^{\beta_B-\alpha_B} c_R^{\beta_R-\alpha_R} = \frac{\vec{k}}{\overleftarrow{k}} \tag{1.47}$$

若反应处于理想系统，A、B、R 分别为理想气体，平衡状态下可逆反应的平衡常数表示为：

$$c_A^{\nu_A} c_B^{\nu_B} c_R^{\nu_R} = K_c \tag{1.48}$$

平衡常数与正反应和逆反应速率常数之间有关系：

$$\frac{\vec{k}}{\overleftarrow{k}} = K_c^n \tag{1.49}$$

式中，n 称为化学计量数。

由此，反应级数与平衡常数之间的关系可写为：

$$c_A^{\beta_A-\alpha_A} c_B^{\beta_B-\alpha_B} c_R^{\beta_R-\alpha_R} = c_A^{n\nu_A} c_B^{n\nu_B} c_R^{n\nu_R} \tag{1.50}$$

逆反应与正反应的反应级数差与可逆反应的化学计量系数之间有关系为：

$$\beta_A - \alpha_A = n\nu_A$$

$$\beta_B - \alpha_B = n\nu_B$$

$$\beta_R - \alpha_R = n\nu_R$$

各组分反应级数之差与其化学计量系数之比相等。

$$\frac{\beta_A - \alpha_A}{\nu_A} = \frac{\beta_B - \alpha_B}{\nu_B} = \frac{\beta_R - \alpha_R}{\nu_0} = n \tag{1.51}$$

这一结论可以简化实验过程中反应级数作为变量的数目，并可以检验所得速率方程是否正确。

化学计量数 n 的值与反应机理有关。

如反应：$2A + B \rightleftharpoons R$，反应机理为：

$$A \rightleftharpoons A^* \tag{R1}$$

$$A^* + B \rightleftharpoons X \tag{R2}$$

$$A^* + X \rightleftharpoons R \tag{R3}$$

机理反应式中，A^*、X 分别为中间产物，反应(R1)为速率控制步骤。反应(R2)和反应(R3)可视为处于平衡态。

反应(R1)的速率：

$$r_1 = \vec{r}_1 - \overleftarrow{r}_1 = \vec{k}_1 c_A - \overleftarrow{k}'_1 c_A^*$$

反应(R2)达到平衡态：

$$r_2 = \vec{r}_2 - \overleftarrow{r}_2 = \vec{k}_2 c_A^* c_B - \overleftarrow{k}_2 c_X = 0$$

平衡常数为：

$$K_2 = \frac{c_X}{c_A^* c_B}$$

中间产物 c_A^* 的浓度为：

$$c_A^* = \frac{c_X}{K_2 c_B}$$

同理，反应(R3)的平衡常数 K_3 与 c_A^* 的关系表达为：

$$c_A^* = \frac{c_R}{K_3 c_X}$$

整理出平衡常数 K_2、K_3 与 c_A^* 的关系为：

$$(c_A^*)^2 = \frac{c_R}{K_2 K_3 c_B}$$

代入反应(R1)的速率式中，有

$$r_1 = \vec{k}_1 c_A - \frac{\overleftarrow{k}'_1}{(K_2 K_3)^{\frac{1}{2}}} \left(\frac{c_R}{c_B}\right)^{\frac{1}{2}} = \vec{k}_1 c_A - \overleftarrow{k}_1 \left(\frac{c_R}{c_B}\right)^{\frac{1}{2}}$$

当可逆反应达到平衡时，平衡常数表达为：

$$K_c = \frac{c_R}{c_A^2 c_B}$$

反应(R1)也处于平衡态，可得出：

$$r_1 = \vec{k}_1 c_A - \overleftarrow{k}_1 \left(\frac{c_R}{c_B}\right)^{\frac{1}{2}} = 0$$

$$\frac{\vec{k}_1}{\overleftarrow{k}_1} = \left(\frac{c_R}{c_A^2 c_B}\right)^{\frac{1}{2}}$$

$$\frac{\vec{k}_1}{\overleftarrow{k}_1} = K_c^{1/2}$$

从上述推导过程以及反应机理对比可以看出，n 的值与速率控制步骤出现的次数有关。反应机理中控制步骤出现的次数，称为化学计量数。显然，n 的值取化学计量数的倒数。上述可逆反应机理中，完成反应需要控制步骤(R1)出现 2 次，此反应的化学计量数为 2，n 的值取 1/2。

如非均相反应，$\frac{1}{2}N_2 + \frac{3}{2}H_2 \xlongequal{} NH_3$，在 α-Fe 催化剂上吸附反应机理见表 1.16。

表 1.16 反应机理

反应步骤	机理反应式	生成 1 mol NH_3 该反应步骤出现的次数
(R1)	$N_2 + 2\sigma \rightleftharpoons 2N\sigma$	1/2
(R2)	$H_2 + 2\sigma \rightleftharpoons 2H\sigma$	3/2
(R3)	$N\sigma + H\sigma \rightleftharpoons NH\sigma$	1
(R4)	$NH\sigma + H\sigma \rightleftharpoons NH_2\sigma + \sigma$	1
(R5)	$NH_2\sigma + H\sigma \rightleftharpoons NH_3 + 2\sigma$	1
反应式	$\frac{1}{2}N_2 + \frac{3}{2}H_2 \xlongequal{} NH_3$	

由于 N_2 解离吸附需要更高的活化能，在反应各步中 N_2 的解离吸附(R1)为反应的控制步骤。依反应式生成产物 NH_3 需要反应步骤(R1)出现 1/2 次。即该反应的化学计量数为 1/2。

1.4.3　浓度对反应速率的影响

正常动力学的反应级数为正数，反应速率随反应物浓度的减小而降低，反应级数越高时反应速率随浓度减小而下降的幅度更大。反应级数反映了反应速率对浓度的敏感程度。反应级数越高，浓度的变化对反应速率影响越大。

反应初期，较高的反应物浓度使反应速率较大。反应末期，反应速率减小导致达到一定的转化率时所花费的反应时间较长。关注反应末期的反应动力学，调节原料配比及转化率或剩余浓度指标，可以合理调控反应时间。

如反应：

$$\nu_A A + \nu_B B = \nu_R R$$

初始浓度为 c_{Ao} 和 c_{Bo}，记初始配料比或配料比为：

$$m = \frac{c_{Bo}}{c_{Ao}} \tag{1.52}$$

依反应各组分的化学计量比，B 组分的浓度为：

$$c_B = c_{Bo} - \frac{\nu_B}{\nu_A} c_{Ao} + \frac{\nu_B}{\nu_A} c_A = \left(m - \frac{\nu_B}{\nu_A}\right) c_{Ao} + \frac{\nu_B}{\nu_A} c_A \tag{1.53}$$

$$\frac{c_B}{c_A} = \frac{\nu_B}{\nu_A} + \left(m - \frac{\nu_B}{\nu_A}\right) \frac{1}{1 - x_A} \tag{1.54}$$

反应过程中，组分 B 的剩余浓度与配料比有关。若选择较高的配料比($m > \nu_B/\nu_A$)时，随着转化率 x_A 的提高，关键组分的浓度 c_A 降低，c_B/c_A 的值相应地增加。这种情况下，在反应末期可视为组分 B 过量。

工业生产中，配料比往往不符合各组分的化学计量之比。采用高的配料比有利于减小关键组分的剩余浓度。当配料比很大或 B 组分的浓度基本保持不变时，反应过程中 c_B 可视为定值。由此，在反应速率表达式中 $c_B^{\alpha_B}$ 作为定值合并到速率常数 k 中。

如反应速率为：

$$r_A = k c_A^{\alpha_A} c_B^{\alpha_B} \tag{1.55}$$

反应速率方程的反应级数为 $\alpha_A + \alpha_B$。

反应速率随各组分浓度的变化表示为

$$\left(\frac{\partial r_A}{\partial c_A}\right)_{c_B} = k c_B^{\alpha_B} \tag{1.56}$$

$$\left(\frac{\partial r_A}{\partial c_B}\right)_{c_A} = k c_A^{\alpha_A} \tag{1.57}$$

反应末期，由于 c_A 值已降低到较低的水平，反应速率随 A 组分浓度 c_A 的减小具有更大的变化率。若 B 组分过量或浓度 c_B 视为定值，速率方程可整理为

$$r_A = (k c_B^{\alpha_B}) c_A^{\alpha_A} = k' c_A^{\alpha_A} \tag{1.58}$$

此时，反应速率中的反应级数可视为 α_A。

例 1.9　在等温操作的间歇反应器中进行反应，A ⟶ R。反应级数分别按一级反应 $r_A = k c_A$，$k = 0.019\,3\ \mathrm{min}^{-1}$ 和二级反应 $r_A = k c_A^2$，$k = 0.019\,3\ \mathrm{m^3/(kmol \cdot min)}$ 计，试求：

(1) 若初始浓度$c_{Ao}=0.5\ kmol/m^3$，最终转化率为30%、50%、70%、90%，分别按一级反应和二级反应计算所需要的反应时间；

(2) 若初始浓度分别为$c_{Ao}=0.1\ kmol/m^3$和$c_{Ao}=0.5\ kmol/m^3$，要求剩余浓度为0.05 $kmol/m^3$，分别按一级反应和二级反应计算所需要的反应时间。

解 (1) 对反应速率方程变换并积分得出反应时间计算式如下。

一级反应所需反应时间：

$$t=\frac{1}{k}\ln\frac{1}{1-x_A} \tag{t1}$$

二级反应所需反应时间：

$$t=\frac{1}{kc_{Ao}}\left(\frac{x_A}{1-x_A}\right) \tag{t2}$$

(2) 对反应速率方程积分得出反应时间计算式如下。

一级反应所需反应时间：

$$t=\frac{1}{k}\ln\frac{c_{Ao}}{c_A} \tag{t3}$$

二级反应所需反应时间：

$$t=\frac{1}{k}\left(\frac{1}{c_A}-\frac{1}{c_{Ao}}\right) \tag{t4}$$

达到不同的转化率所需反应时间的计算结果列于表1.17中。

表1.17　反应时间

	转化率 x_A /%	30	50	70	90
(t1)	一级反应 t/min	18.48	35.91	62.38	119.30
(t2)	二级反应 t/min	43.73	102.04	238.10	918.37

初始浓度不同，达到同一剩余浓度时所需反应时间计算结果列于表1.18中。

表1.18　反应时间

	初始浓度c_{Ao}/($kmol/m^3$)	0.1	0.5
(t3)	一级反应 t/min	119.30	518.13
(t4)	二级反应 t/min	202.70	932.64

比较计算结果，要求达到较高的转化率时，反应末期所需反应时间的增加值更大。反应级数越高时，达到同一转化率时所需要的反应时间越长。一级反应达到同一转化率时所需时间与初始浓度无关。

对反应速率方程进行变换与积分，反应级数、剩余浓度及转化率与反应时间对应的计算式列于表1.19中。

表 1.19 不同级数反应的反应时间及剩余浓度计算式

反应级数	反应速率方程式	反应时间	剩余浓度
零级反应	$-\dfrac{dc_A}{dt}=k$	$t=\dfrac{c_{Ao}x_A}{k}$	$c_A=c_{Ao}-kt$
一级反应	$-\dfrac{dc_A}{dt}=kc_A$	$t=\dfrac{1}{k}\ln\dfrac{1}{1-x_A}$	$c_A=c_{Ao}e^{-kt}$
二级反应	$-\dfrac{dc_A}{dt}=kc_A^2$	$t=\dfrac{1}{kc_{Ao}}\left(\dfrac{x_A}{1-x_A}\right)$	$c_A=\dfrac{c_{Ao}}{1+c_{Ao}kt}$
n级反应	$-\dfrac{dc_A}{dt}=kc_A^n$	$t=\dfrac{1-(1-x_A)^{1-n}}{k(n-1)c_{Ao}^{n-1}}$	$c_A^{1-n}=c_{Ao}^{1-n}+kt(n-1)$

例 1.10 如图 1.3 所示，在管式反应器中进行反应：A+B⟶R，气相 B 与反应管底部的液相呈平衡态，B 的饱和蒸汽压 $p_B=2.532\times10^4$ Pa，反应器常压操作压力 $p=1.013\times10^5$ Pa，反应温度 340 ℃，反应速率 $r_A=kc_Ac_B$，速率常数为 $k=1\ m^3/(mol\cdot min)$。试求：

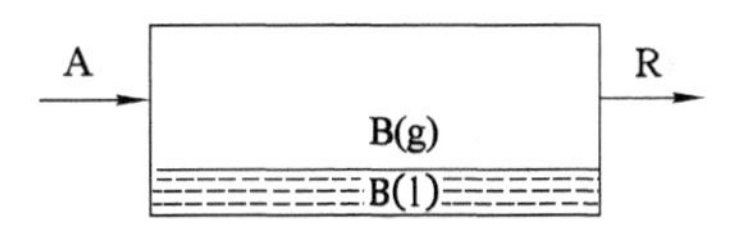

图 1.3 例 1.10 题图

(1) A 的转化率达 50%时，反应速率 r_A 的值；

(2) 计算转化率为 10%、30%、50%、70%、90%、99%时对应的反应速率和反应时间。

解 (1) 气相 B 的分压 p_B 为定值，反应体系可视为恒容过程。依理想气体状态方程，反应组分 A 的初始浓度为：

$$c_{Ao}=\frac{p_{Ao}}{RT}=\frac{(1.013-0.2532)\times10^5}{8.314\times613}=14.9(mol/m^3)$$

$$c_A=c_{Ao}(1-x_A)=14.9(1-x_A)$$

$$c_B=\frac{p_B}{RT}=\frac{2.532\times10^4}{8.314\times613}=4.968\ (mol/m^3)$$

当 $x_A=50\%$时，A 的反应速率值为：

$$r_A=kc_Ac_B=1\times14.91\times(1-0.5)\times4.968=37.04\ [mol/(m^3\cdot min)]$$

(2) 由于反应过程中 B 的分压 p_B 为定值，反应速率可表达为：

$$r_A=k'c_A=(kc_B)c_{Ao}(1-x_A)$$

$$r_A=1\times4.968\times14.91\times(1-x_A)=74.07(1-x_A)[mol/(m^3\cdot min)]$$

按一级反应，对反应速率方程变换与积分得出反应时间计算式为：

$$t=\frac{1}{k'}\ln\frac{1}{1-x_A}=0.2013\times\ln\frac{1}{1-x_A}(min)$$

反应速率和反应时间与转化率的对应值，计算结果见表 1.20。

表 1.20 计算结果

x_A/%	10	30	50	70	90	99
r_A/[kmol/(m³·min)]	66.66	51.85	37.04	22.22	7.407	0.740 7
t/s	1.27	4.31	8.37	14.54	27.81	55.62

1.4.4 温度对反应速率的影响

化学反应的进行往往伴随有热效应，表现为吸热反应和放热反应。工程上，依据工艺的要求往往向反应体系加热或取走热量进行热交换，以维持反应的等温操作或变温操作。大多数反应在反应开始时往往要首先提供能量，如升高温度以克服反应的活化能。反应的热效应和反应体系与外界环境的热交换是维持反应温度的两个主要方面。如果反应体系与外界没有热交换，则反应体系为绝热反应。反应过程中反应体系与外界有热交换时为换热反应。吸热反应要不断地向反应体系补充热量，以维持反应所需要的温度。

升高反应温度使反应速率加快。工程上，可以通过升高温度的方法弥补由于反应物浓度降低而引起的反应速度下降。反应体系的最高使用温度受到设备的材料和催化剂使用温度的限制。

可逆放热反应的反应速率和转化率都会受到反应温度的制约。反应速率随温度升高出现极值，平衡转化率是反应的最大转化率。

阿伦尼乌斯方程较好地吻合了温度对反应速率的影响。阿伦尼乌斯方程表达式为：

$$k = A\exp\left(-\frac{E}{RT}\right) \tag{1.59}$$

阿伦尼乌斯方程中，指前因子 A 和活化能 E 可视为定值。

$$\ln k = -\frac{E}{RT} + \ln A \tag{1.60}$$

$\ln k$ 与 $1/T$ 呈线性关系，直线的斜率为 $-E/R$，截距为 $\ln A$。基于该式可实验求取速率常数中的活化能 E 和指前因子 A。

$$\frac{\mathrm{d}\ln k}{\mathrm{d}T} = \frac{E}{RT^2} \tag{1.61}$$

活化能反映了反应速率对温度的敏感程度。活化能越大，温度的变化对反应速率影响越大，反之亦然。

当正反应的活化能大于逆反应的活化能 $\vec{E} > \overleftarrow{E}$，反应体系表现为吸热反应。当正反应的活化能小于逆反应的活化能 $\vec{E} < \overleftarrow{E}$，反应体系表现为放热反应。正反应的活化能与逆反应的活化能之差为反应热，或称反应热效应。

$$\vec{E} - \overleftarrow{E} = \Delta H_r \tag{1.62}$$

吸热反应的反应热效应取正值，放热反应的反应热效应取负值。

反应速率可表达为温度和转化率的函数关系：

$$r_A = \vec{k} f(x_A) - \overleftarrow{k} g(x_A) \tag{1.63}$$

反应进程中，$r_A \geqslant 0$，反应达到平衡时，$r_A = 0$，有

$$\vec{k} f(x_A) \geqslant \overleftarrow{k} g(x_A) \tag{1.64}$$

速率常数随温度的变化梯度为：

$$\frac{\mathrm{d}\vec{k}}{\mathrm{d}T} = \frac{\vec{k}\vec{E}}{RT^2} \tag{1.65}$$

$$\frac{\mathrm{d}\overleftarrow{k}}{\mathrm{d}T} = \frac{\overleftarrow{k}\overleftarrow{E}}{RT^2} \tag{1.66}$$

反应速率随温度变化的梯度为：

$$\left(\frac{\partial r_A}{\partial T}\right)_{x_A}=f(x_A)\frac{d\vec{k}}{dT}-g(x_A)\frac{d\overleftarrow{k}}{dT} \tag{1.67}$$

$$\left(\frac{\partial r_A}{\partial T}\right)_{x_A}=\frac{\vec{E}}{RT^2}\vec{k}f(x_A)-\frac{\overleftarrow{E}}{RT^2}\overleftarrow{k}g(x_A) \tag{1.68}$$

对于吸热反应，$\frac{\vec{E}}{RT^2}\vec{k}f(x_A)>\frac{\overleftarrow{E}}{RT^2}\overleftarrow{k}g(x_A)$，即$\left(\frac{\partial r_A}{\partial T}\right)_{x_A}>0$。这说明吸热反应体系反应速率随温度的升高而增加，反之亦然。

对于可逆放热反应

$$\frac{\vec{E}}{RT^2}\vec{k}f(x_A)-\frac{\overleftarrow{E}}{RT^2}\overleftarrow{k}g(x_A)>=<0 \tag{1.69}$$

即

$$\left(\frac{\partial r_A}{\partial T}\right)_{x_A}>=<0 \tag{1.70}$$

由式(1.70)分析，可逆放热反应初期，转化率 x_A 较低时，$\left(\frac{\partial r_A}{\partial T}\right)_{x_A}>0$，说明反应速率随温度的升高而加快。反应后期，转化率 x_A 较高时，$\left(\frac{\partial r_A}{\partial T}\right)_{x_A}<0$，说明反应速率随温度的升高而降低。当$\left(\frac{\partial r_A}{\partial T}\right)_{x_A}=0$时，反应速率随温度变化达到最大值。此时的反应温度称为最佳操作温度，记为T_{op}。

由此可知，若确定某一转化率，在最佳操作温度下反应速率达到最大值。随着反应进程及转化率的变化，最佳操作温度相应表现出一系列的值。最佳操作温度随转化率变化的曲线称为最佳操作温度曲线。

以 CO 变换反应为例

$$CO+H_2O=\!=\!=CO_2+H_2$$

反应速率方程表达式为：

$$r_{CO}=k(y_{CO}y_{H_2O}-y_{CO_2}y_{H_2}/K_p)$$

反应速率常数与温度关系表达式为：

$$\ln k=19.15-6\ 630/T$$

平衡常数与温度的关系表达式为：

$$\lg K_p=1\ 914/T-1.782$$

平衡常数表达式为：

$$K_p=\frac{p_{CO_2}p_{H_2}}{p_{CO}p_{H_2O}}$$

式中，反应速率r_{CO}的单位为$m^3/(m^3$催化剂·h)；反应速率常数 k 单位为h^{-1}。

在 CO 转化率 $x_{CO}=30\%$时，反应速率r_{CO}随反应温度 T 变化的曲线见图 1.4。当温度达到 866 K 时，反应速率达最大值，此时$\left(\frac{\partial r_A}{\partial T}\right)_{x_{A=0.3}}=0$，即 $T_{op}=866$ K。

随反应进程 CO 转化率增大，最佳操作温度 T_{op} 降低，相应的最大速率值也减小，见图 1.5。

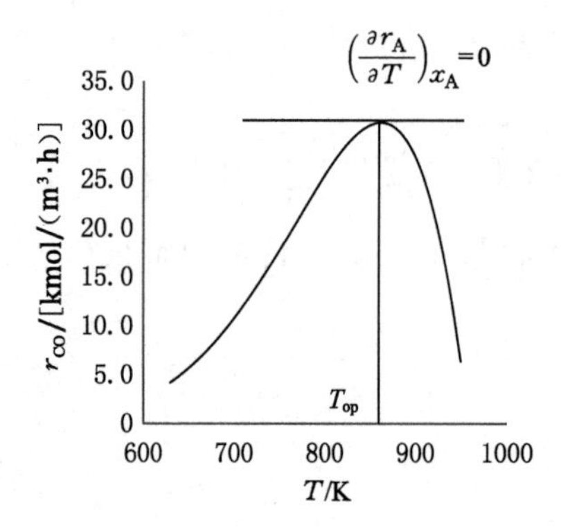

图 1.4　可逆放热反应速率随温度变化曲线

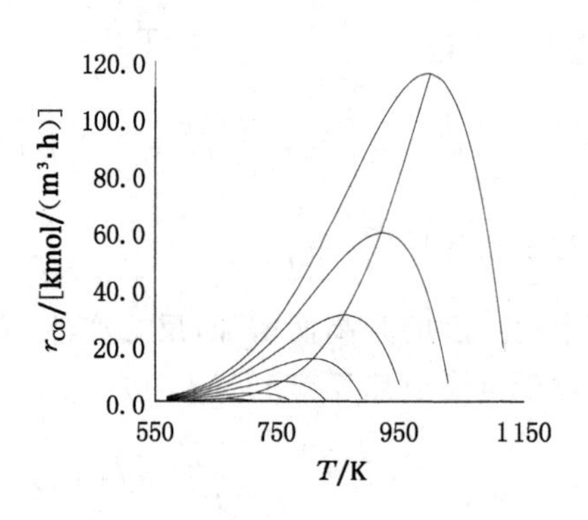

图 1.5　不同转化率下的反应速率随温度变化曲线

图 1.6 中虚线表示 CO 变换反应平衡转化率与平衡温度曲线(T_e-x_e)。图 1.6 中实线表示 CO 变换反应最佳操作温度与转化率曲线(T_{op}-x)。

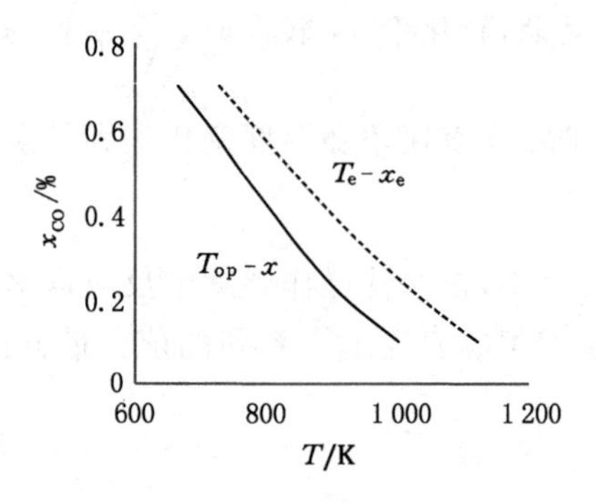

图 1.6　CO 转化率与温度曲线

若反应进程中按照最佳操作温度曲线进行，则反应速率始终处在最大值。对于一定的生产任务，所需的反应器体积最小，或需要的反应时间最短。平衡曲线和最佳操作温度曲线是反应过程和反应器优化设计的常见参考曲线。

当反应达到平衡时

$$r_A=\vec{k}f(x_A)-\overleftarrow{k}g(x_A)=0 \tag{1.71}$$

$$\frac{g(x_A)}{f(x_A)}=\frac{\vec{k}}{\overleftarrow{k}}=\frac{\vec{A}\exp(-\vec{E}/RT_e)}{\overleftarrow{A}\exp(-\overleftarrow{E}/RT_e)} \tag{1.72}$$

最佳操作温度下

$$\left(\frac{\partial r_A}{\partial T}\right)_{x_A}=\frac{\vec{E}}{RT^2}\vec{k}f(x_A)-\frac{\overleftarrow{E}}{RT^2}\overleftarrow{k}g(x_A)=0 \tag{1.73}$$

$$\frac{g(x_A)}{f(x_A)}=\frac{\vec{E}\vec{k}}{\overleftarrow{E}\overleftarrow{k}}=\frac{\vec{E}\vec{A}\exp(-\vec{E}/RT_{op})}{\overleftarrow{E}\overleftarrow{A}\exp(-\overleftarrow{E}/RT_{op})} \tag{1.74}$$

由式(1.72)和式(1.74)得出：

$$T_{op}=\frac{T_e}{1+\frac{RT_e}{\overleftarrow{E}-\overrightarrow{E}}\ln\frac{\overleftarrow{E}}{\overrightarrow{E}}} \tag{1.75}$$

式(1.75)表示可逆放热反应体系最佳操作温度与平衡温度的关系。

例 1.11　一级可逆反应 A$\rightleftharpoons$R，反应速率方程 $r_A=\overrightarrow{k}c_A-\overleftarrow{k}c_R$，速率常数 $\overrightarrow{k}=3.5\times 10^9\exp(-9\ 000/T)$，$\overleftarrow{k}=2\times10^6\exp(-5\ 000/T)$。试求：转化率 $x_A=90\%$时，对应的平衡温度 T_e 和最佳操作温度 T_{op}。

解　此反应为可逆吸热反应，则

$$\overrightarrow{A}=3.5\times10^9$$

$$\overleftarrow{A}=2\times10^6$$

$$\overrightarrow{E}=7.483\times10^4$$

$$\overleftarrow{E}=4.157\times10^4$$

平衡状态下，正逆反应速率相等，有

$$r_A=\overrightarrow{k}c_A-\overleftarrow{k}c_R=0$$

$$\frac{\overrightarrow{k}}{\overleftarrow{k}}=\frac{c_R}{c_A}$$

其中

$$\frac{\overrightarrow{k}}{\overleftarrow{k}}=\frac{\overrightarrow{A}\exp(-\overrightarrow{E}/(RT_e))}{\overleftarrow{A}\exp(-\overleftarrow{E}/(RT_e))}=\frac{\overrightarrow{A}}{\overleftarrow{A}}\exp\left(\frac{\overleftarrow{E}-\overrightarrow{E}}{RT_e}\right)$$

$$\frac{c_R}{c_A}=\frac{c_{Ao}x_A}{c_{Ao}(1-x_A)}=\frac{x_A}{(1-x_A)}$$

整理得出平衡温度与转化率关系：

$$T_e=\frac{\overleftarrow{E}-\overrightarrow{E}}{R\ln\left[\left(\frac{x_A}{1-x_A}\right)\frac{\overleftarrow{A}}{\overrightarrow{A}}\right]}$$

当 $x_A=90\%$时，对应的平衡温度 T_e：

$$T_e=\frac{(4.157-7.483)\times10^4}{8.314\ \ln\left[\left(\frac{0.9}{1-0.9}\right)\times\frac{2\times10^6}{3.5\times10^9}\right]}=759\ (\mathrm{K})$$

依式(1.75)最佳操作温度 T_{op} 为：

$$T_{op}=\frac{759}{1+\frac{8.314\times759}{(4.157-7.483)\times10^4}\ln\frac{4.157\times10^4}{7.483\times10^4}}=682.8\ (\mathrm{K})$$

依例 1.11 题设条件计算，随转化率 x_A 的变化，平衡温度与转化率曲线 T_e-x_A（虚线）和最佳操作温度与转化率曲线 T_{op}-x_A（实线），绘于图 1.7 中。

例 1.12　常压操作条件下，五氧化二钒催化剂上进行 SO_2 氧化反应，$SO_2+\frac{1}{2}O_2 = SO_3$。

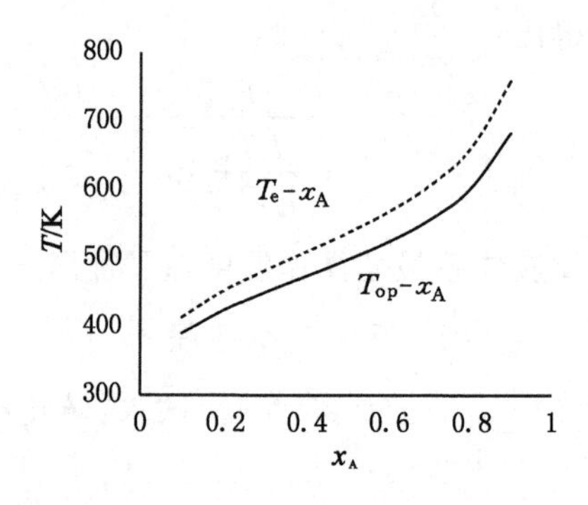

图 1.7　T_e-x_A、T_{op}-x_A 曲线

原料气的组成为：7%SO_2，11%O_2，82%N_2。正反应活化能$\vec{E}$=9.211×10^4 J/mol，化学计量数等于 2。平衡常数 $\lg K_p = 4\ 905.5/T - 4.645\ 5$，反应的热效应 $\Delta H_r = -9.629\times10^4$ J/mol。试计算：SO_2 转化率为 80%时的最佳温度 T_{op}。

解　以 100 mol 原料气为基准，求出转化率为 80%时各组分的分压，见表 1.21。

表 1.21　各组分分压

组分	组分量/mol ($x_{SO_2}=0$)	组分量/mol ($x_{SO_2}=80\%$)	各组分分压 p_i/MPa
SO_2	7	7×(1−0.8)=1.4	0.101 3×1.4/97.2=1.46×10^{-3}
O_2	11	11−(7×0.8)/2=8.2	0.101 3×8.2/97.2=8.55×10^{-3}
SO_3	0	5.6	0.101 3×5.6/97.2=5.84×10^{-3}
N_2	82	82	0.101 3×82/97.2=8.55×10^{-2}
合计	100	97.2	

平衡常数：

$$K_p = \frac{p_{SO_3}}{p_{SO_2}\,p_{O_2}^{0.5}} = \frac{5.84\times10^{-3}}{1.46\times10^{-3}\times(8.55\times10^{-3})^{0.5}} = 43.26$$

平衡温度：

$$T_e = 780.9\ \text{K}$$

逆反应活化能：

$$\overleftarrow{E} = \vec{E} - \frac{\Delta H_r}{\nu} = 9.211\times10^4 - \frac{(-9.629\times10^4)}{2} = 1.403\times10^5\,(\text{J/mol})$$

最佳温度：

$$T_{op} = \frac{T_e}{1+\dfrac{RT_e}{\overleftarrow{E}-\vec{E}}\ln\dfrac{\overleftarrow{E}}{\vec{E}}} = \frac{780.9}{1+\dfrac{8.314\times780.9}{(14.03-9.211)\times10^4}\ln\dfrac{14.03}{9.211}} = 739.0\ (\text{K})$$

对于可逆放热反应体系，可由平衡温度求出最佳操作温度。由于平衡温度和最佳操作温度均与某一转化率对应，所以当转化率取值不同时，T_e 和 T_{op} 也表现出不同的值。

在不同 SO_2 转化率状态下，计算出相应的平衡温度 T_e 和最佳操作温度 T_{op}，绘出平衡温度与 SO_2 转化率曲线（虚线），及最佳操作温度与 SO_2 转化率曲线（实线），如图 1.8 所示。

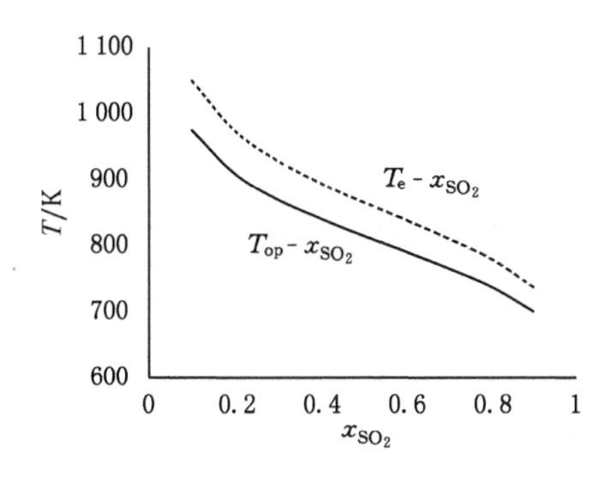

图 1.8　T_e-x_{SO_2}、T_{op}-x_{SO_2} 曲线

1.5　变容过程反应速率方程变换

1.5.1　变容反应过程反应速率方程表达

反应过程中，参与反应的各组分的变化量符合化学计量比例关系。某些气相反应体系，当反应方程式中各组分的化学计量系数的代数和不为零时，$\sum \nu_i \neq 0$，等温等压条件下随反应进程反应体积发生变化，即变容反应。当 $\sum \nu_i < 0$ 时，随反应进程反应体积减小。当 $\sum \nu_i > 0$ 时，随反应进程反应体积增加。当 $\sum \nu_i = 0$ 时，反应过程属等容或恒容过程。同理，等温和等容条件下，当反应各组分的化学计量系数的代数和不为零时，随反应进程反应体系的压强产生变化。当反应过程为变温过程，在一定的系统总压下，也需要考虑温度对反应体积的影响。

变容反应过程中，由于反应体积随反应进程而变化，如反应体积随转化率而变化。因此，反应体系中与反应体积有关的各组分的浓度和反应速率应是转化率的函数。可通过物料衡算的方法，求出各组分物质的量及总物质的量与转化率的关系，再结合理想气体状态方程可得出反应体积随转化率的变化关系，即可得出变容反应过程中反应组分浓度和反应速率的表达式。

工业反应器的体积确定后，在一定的反应温度和操作压力下，体积的膨胀或收缩往往会造成反应器内气体流速的变化，从而影响物料在反应器内的停留时间或反应时间。

如单一气相反应：

$$\nu_A A + \nu_B B = \nu_R R$$

反应过程维持在等温和等压条件下进行，反应初始状态原料加入量分别为 n_{A0}(mol)和 n_{B0}(mol)。对关键组分 A 进行物料衡算，具体见表 1.22。

表 1.22 物料衡算

组分	初始输入量/mol	转化率 x_A 时各组分量/mol
A	n_{Ao}	$n_{Ao}-n_{Ao}x_A$
B	n_{Bo}	$n_{Bo}-(\nu_B/\nu_A)n_{Ao}x_A$
R	n_{Ro}	$n_{Ro}+(\nu_R/\vert\nu_A\vert)n_{Ao}x_A$
总量 /mol	$n_{to}=n_{Ao}+n_{Bo}+n_{Ro}$	$n_t=n_{to}+n_{Ao}x_A\delta_A$

其中

$$\delta_A=\sum\nu_i/|\nu_A| \tag{1.76}$$

δ_A 的意义是反应过程中转化 1 mol 的 A 时反应体系总摩尔数的变化。对于单一反应，$\sum\nu_i$ 为反应产物和反应物的化学计量系数的代数和。δ_A 也称膨胀因子。当 $\delta_A>0$ 时，表示随反应进程或反应物 A 转化率的增加，反应体系总摩尔数增加，即 $n_t>n_{to}$。反之，当 $\delta_A<0$ 时，$n_t<n_{to}$。当 $\delta_A=0$ 时，反应体系摩尔数不变。

当反应体系总压不高时，可视反应混合物为理想气体。若反应过程维持在等温等压条件下，依理想气体状态方程，有：

$$\frac{V}{V_o}=\frac{n_t}{n_{to}} \tag{1.77}$$

则反应体积随转化率的变化关系为：

$$V=V_o(1+y_{Ao}x_A\delta_A) \tag{1.78}$$

其中，$y_{Ao}=\frac{n_{Ao}}{n_{to}}$，即初始状态下组分 A 在混合物中的摩尔分数。

综上，等温等压反应过程中，当反应体系的总摩尔数增加时，反应体积膨胀。反之，当反应体系的总摩尔数减小时，反应体积收缩。等摩尔反应的反应体积不变。反应体积不仅决定于摩尔数变化，还与初始状态下关键组分的摩尔分数有关。

液相反应过程可视为恒容过程。反应器采用间歇操作方式时，无论液相反应还是气相反应均可视为恒容过程。但是，对于间歇操作的气相反应过程，若反应体系总摩尔数不等于零时，反应体系的压强随反应过程变化。

等温和等容条件下，依理想气体状态方程，有

$$\frac{p}{p_o}=\frac{n_t}{n_{to}} \tag{1.79}$$

或反应体系压强随转化率的变化关系为：

$$p=p_o(1+y_{Ao}x_A\delta_A) \tag{1.80}$$

变容反应过程中，浓度表达为：

$$c_A=\frac{n_A}{V}=\frac{n_{Ao}-n_{Ao}x_A}{V_o(1+y_{Ao}x_A\delta_A)}=\frac{c_{Ao}-c_{Ao}x_A}{1+y_{Ao}x_A\delta_A} \tag{1.81}$$

$$c_B=\frac{c_{Bo}-(\nu_B/\nu_A)c_{Ao}x_A}{1+y_{Ao}x_A\delta_A} \tag{1.82}$$

变容反应过程中，浓度的一般表达式为：

$$c_i=\frac{c_{io}-(\nu_i/\nu_A)c_{Ao}x_A}{1+y_{Ao}x_A\delta_A} \tag{1.83}$$

同理，若以分压表示反应气体的组成时，分压表示为：

$$p_i = \frac{p_{io} - (\nu_i / \nu_A) p_{Ao} x_A}{1 + y_{Ao} x_A \delta_A} \tag{1.84}$$

若以摩尔分数表示反应气体的组成时，摩尔分数表示为：

$$y_i = \frac{y_{io} - (\nu_i / \nu_A) y_{Ao} x_A}{1 + y_{Ao} x_A \delta_A} \tag{1.85}$$

变容反应过程中，反应速率定义式表达为：

$$r_A = -\frac{dn_A}{V dt} = \frac{n_{Ao}}{V_o (1 + y_{Ao} x_A \delta_A)} \frac{dx_A}{dt} = \frac{c_{Ao}}{(1 + y_{Ao} x_A \delta_A)} \frac{dx_A}{dt} \tag{1.86}$$

若反应速率方程为：

$$r_A = k c_A^{\alpha} c_B^{\beta}$$

则变容过程中，反应速率方程表示为：

$$r_A = k \frac{c_{Ao}^{\alpha} (1 - x_A)^{\alpha} [c_{Bo} - (\nu_B / \nu_A] c_{Ao} x_A)^{\beta}}{(1 + y_{Ao} x_A \delta_A)^{\alpha+\beta}}$$

若反应为等容过程，如液相反应、等摩尔气相反应，反应速率方程表示为：

$$r_A = -\frac{dn_A}{V dt} = c_{Ao} \frac{dx_A}{dt}$$

$$r_A = k c_A^{\alpha} c_B^{\beta} = k c_{Ao}^{\alpha} (1 - x_A)^{\alpha} (c_{Bo} - [\nu_B / \nu_A) c_{Ao} x_A]^{\beta}$$

对比等容反应过程和变容反应过程的反应速率方程表达式，变容反应过程多了一项体积校正因子。变容过程在特定条件下可表示为等容过程，等容过程可理解为变容过程的特例，两者具有统一性。

1.5.2　复合反应浓度变换

若反应器采用连续操作方式，气相反应为变容过程时，选择摩尔流量作为反应变量较为方便，摩尔流量以F_i表示。通常反应速率方程表示为浓度的函数，其中体积摩尔浓度与摩尔流量之间的变换关系式为：

$$c_i = \frac{p_i}{RT} = \frac{p y_i}{RT} = \frac{p}{RT} \frac{F_i}{\sum_{i=1}^{N} F_i} \tag{1.87}$$

其中，N 为反应物系中的反应组分数。

特别地，根据反应方程式中的化学计量系数，若反应前后化学计量系数和为零，则反应过程中物系的总摩尔数不变。

$$\sum_{i=1}^{N} F_i = F_{to} \tag{1.88}$$

即反应过程中反应物系的摩尔流量为定值，等于反应进口处物料的总流量F_{to}。此时如果反应在等温等压条件下进行，反应是等容过程。

复合反应中，可选取几个关键组分，非关键组分的摩尔流量可用关键组分摩尔流量表示。关键组分的个数与复合反应的独立反应数相同。

例 1.13　在连续操作的反应器中，恒温恒压条件下进行下列气相反应。原料气由A_1和A_2组成，反应器入口处的流量则为 F_{1o} 和 F_{2o}，$F_{3o} = F_{4o} = F_{5o} = 0$。

$$2A_1 + A_2 \longrightarrow A_3 \qquad \bar{r}_1 = k_1 c_1^2 c_2$$

$$A_2 + A_3 \longrightarrow A_4 \qquad \bar{r}_2 = k_2 c_2 c_3$$

$$2A_4 \longrightarrow A_5 \qquad \bar{r}_3 = k_3 c_4^2$$

试求：以F_i为变量表示反应速率方程。

解　复合反应体系的独立反应数为3，选取3个关键组分。在三个反应中选取A_1、A_2、A_5为关键组分，设其摩尔流量分别为F_1、F_2和F_5。以ξ_j表示复合反应体系第j个反应的反应进度。

非关键组分A_3和A_4的摩尔流量F_3和F_4表示成关键组分摩尔流量的函数，有

$$F_i = F_{io} + \sum_{j=1}^{M} \nu_{ij} \xi_j$$

因此有：

$$F_1 = F_{1o} - 2\xi_1$$

$$F_2 = F_{2o} - \xi_1 - \xi_2$$

$$F_5 = \xi_3$$

解得：

$$\xi_1 = \frac{1}{2}F_{1o} - \frac{1}{2}F_1$$

$$\xi_2 = F_{2o} - \frac{1}{2}F_{1o} - F_2 + \frac{1}{2}F_1$$

$$\xi_3 = F_5$$

所以

$$F_3 = \xi_1 - \xi_2 = F_{1o} - F_{2o} - F_1 + F_2$$

$$F_4 = \xi_2 - 2\xi_3 = F_{2o} - \frac{1}{2}F_{1o} - F_2 + \frac{1}{2}F_1 - 2F_5$$

反应体系总摩尔数：

$$\sum_{i=1}^{5} F_i = \frac{1}{2}F_{1o} + \frac{1}{2}F_1 + F_2 - F_5$$

体积摩尔浓度表示为摩尔流量的函数：

$$c_i = \frac{p_i}{RT} = \frac{py_i}{RT} = \frac{p}{RT}\frac{F_i}{\sum_{i=1}^{N} F_i} = \psi F_i$$

其中，$\psi = p/\left(RT\sum_{i=1}^{5} F_i\right)$，$p$为反应系统总压。

$$c_1 = \psi F_1$$

$$c_2 = \psi F_2$$

$$c_3 = \psi F_3 = \psi(F_{1o} - F_{2o} - F_1 + F_2)$$

$$c_4 = \psi F_4 = \psi\left(F_{2o} - \frac{1}{2}F_{1o} - F_2 + \frac{1}{2}F_1 - 2F_5\right)$$

$$c_5 = \psi F_5$$

以F_i为变量表示的反应速率方程如下：

$$\bar{r}_1 = k_1 c_1^2 c_2 = \psi^3 k_1 F_1^2 F_2$$

$$\bar{r}_2 = k_2 c_2 c_3 = \psi^2 k_2 F_2 (F_{1o} - F_{2o} - F_1 + F_2)$$

$$\bar{r}_3 = k_3 c_4^2 = \psi^2 k_3 \left(F_{2o} - \frac{1}{2}F_{1o} - F_2 + \frac{1}{2}F_1 - 2F_5\right)^2$$

1.5.3 复合反应变容过程表达

复合反应体系是否为变容过程，不仅取决于各反应的化学计量系数代数和，还取决于各反应的反应速率。随反应进程或关键组分转化率的增加，复合反应体系各组分总摩尔数的变化可通过物料衡算得出。

例1.14 等温及常压下，气相平行反应如下。原料由反应物A和惰性气体组成，A的体积分数占50%，惰性组分不参与反应。试求：

(1) 反应体积与A的转化率的关系式；

(2) 当A的转化率达85%时，反应体积与初始体积之比V/V_o。

$$A \longrightarrow 3R \quad r_R = 1.2c_A \text{ mol/(L·min)} \tag{1}$$

$$A \longrightarrow 2S \quad r_S = 0.5c_A \text{ mol/(L·min)} \tag{2}$$

$$A \longrightarrow T \quad r_T = 2.1c_A \text{ mol/(L·min)} \tag{3}$$

式中　c_A——反应物A的浓度，mol/L。

解　(1) 复合反应体系中各反应速率转换为：

$$r_{A1} = \frac{|\nu_{A1}|}{\nu_R} r_R = \frac{1}{3} r_R = 0.4c_A$$

$$r_{A2} = \frac{|\nu_{A2}|}{\nu_S} r_S = \frac{1}{2} r_S = 0.25c_A$$

$$r_{A3} = \frac{|\nu_{A3}|}{\nu_T} r_T = r_T = 2.1c_A$$

复合反应中反应物A的转化速率：

$$(-R_A) = r_{A1} + r_{A2} + r_{A3} = 2.75c_A$$

以反应物A的进料量为n_{Ao}，转化率为x_A，对反应体系进行物料衡算见表1.23。

表1.23　物料衡算

组分	进料量/mol	转化率x_A时各组分量/mol
A	n_{Ao}	$n_{Ao} - n_{Ao}x_A$
R	0	$[3r_{A1}/(-R_A)]n_{Ao}x_A$
S	0	$[2r_{A2}/(-R_A)]n_{Ao}x_A$
T	0	$[r_{A3}/(-R_A)]n_{Ao}x_A$
惰性组分	n_{Ao}	n_{Ao}
总量/mol	$n_{to}=2n_{Ao}$	$n_t = n_{to} + n_{Ao}x_A\delta_A$

其中　$$\delta_A = (3r_{A1} + 2r_{A2} + r_{A3})/(-R_A) - 1$$

以1 mol反应物A为基准，总摩尔变化数为：

$$\delta_A = \frac{3\times0.4 + 2\times0.25 + 2.1}{2.75} - 1 = 0.382$$

依理想气体状态方程　$$\frac{V}{V_o} = \frac{n_t}{n_{to}}$$

反应体积 V 与 x_A 的关系式表示为：

$$V=V_o(1+y_{Ao}x_A\delta_A)$$

其中 $$y_{Ao}=n_{Ao}/n_{to}$$

(2) 当 A 的转化率达 85%时，有

$$\frac{V}{V_o}=1+y_{Ao}x_A\delta_A=1+0.5\times0.85\times0.382=1.162$$

该复合反应体系 $\delta_A>0$。随反应进程，反应体积增加。

1.5.4 变温变压与变容过程

若气相反应过程中温度随反应进程变化，则反应体积不仅与反应体系总摩尔数有关，还受到温度的影响。依理想气体状态方程，反应体积与摩尔数、温度和压强的关系为：

$$\frac{V}{V_o}=\frac{n_t}{n_{to}}\frac{T}{T_o}\frac{p_o}{p} \tag{1.89}$$

其中，n_{to}、T_o、p_o、V_o 为气相反应体系初始状态对应的总摩尔数、温度、压强和体积。

若反应过程维持恒压，反应体积与温度关系表示为：

$$\frac{V}{V_o}=\frac{n_t}{n_{to}}\frac{T}{T_o} \tag{1.90}$$

若反应过程维持恒容，反应体系压强与温度关系表示为：

$$\frac{p}{p_o}=\frac{n_t}{n_{to}}\frac{T}{T_o} \tag{1.91}$$

例 1.15 恒压和绝热操作条件下，进行丁二烯和乙烯合成环乙烯气相反应：

$$C_4H_6(A)+C_2H_4(B)\longrightarrow C_6H_{10}(R)$$

进料为等摩尔丁二烯(A) 与乙烯(B) 的混合物，进料温度 T_o 为 440 ℃。绝热反应温度与转化率关系为：

$$T-T_o=522x_A$$

试求：(1) 绝热条件下反应体积 V/V_o 与转化率 x_A 的关系式；

(2) 当 $x_A=50\%$ 时，对比 440 ℃等温操作与绝热操作条件下的体积比。

解 (1) 进料混合物中，关键组分 A 的摩尔分率：

$$y_{Ao}=n_{Ao}/n_{to}=0.5$$

转化 1 mol A 时反应式化学计量系数的代数和：

$$\delta_A=\sum\nu_i/|\nu_A|=-1$$

反应体积 V 与转化率 x_A 的关系：

$$V_{绝热}=V_o(1+y_{Ao}x_A\delta_A)\frac{T}{T_o}$$

代入数据得出：

$$\frac{V_{绝热}}{V_o}=(1-0.5x_A)\frac{713+522x_A}{713}=1+0.232x_A-0.366x_A^2$$

(2) 等温操作条件下

$$\frac{V_{恒温}}{V_o}=(1-0.5x_A)$$

当 $x_A=50\%$ 时，两种操作条件下的体积比：

$$\frac{V_{绝热}}{V_{恒温}} = \frac{713 + 522x_A}{713} = 1.366$$

放热反应在绝热操作条件下，随反应转化率的增加，反应温度升高。与等温操作相比，绝热操作过程受温度升高的影响，反应体积增加更多。

各类型的工业反应器的体积确定后，反应器的体积在反应过程中恒定。在稳态过程中，反应体系的压强可能在不同的空间位置处不同，但不随时间变化。当反应过程中反应体系的总摩尔数变化或反应温度变化，引起反应体积或反应压强变化时，会使反应器内气体的体积流量或流速变化，从而影响到反应物料在反应器内的停留时间或反应时间。若将变容过程按等容过程处理，将会使反应器出口处的计算结果产生误差。

1.5.5　反应速率方程的积分

对于一定的反应体系，反应速率为反应温度和反应组分浓度的函数。反应过程中各组分的实时浓度，即反应组分的剩余浓度，因初始加料量和化学计量系数的不同而具有不同的值。但各组分的浓度不都是独立的变量，可以通过变换并相互表达。对于单一反应，可以关键组分的浓度为变量，依据初始浓度和化学计量系数表达其他组分的浓度。对于复合反应体系，可依独立反应数选定关键组分或设定相同个数的变量，以关键组分表达非关键组分的量。

工业生产过程中，常以关键组分的转化率表示反应进行的程度。在反应过程计算和反应器设计中，常用关键组分的转化率作为变量和反应过程的指标。为此，在反应速率方程的应用中，通常要将反应速率方程中的浓度变量变换为转化率，然后进行积分计算。

例 1.16　恒温 800 ℃和常压条件下，乙烷裂解制乙烯反应：$C_2H_6 \longrightarrow C_2H_4 + H_2$，反应速率方程 $r_A = kc_A$。试求：转化率 $x_A = 75\%$时所需反应时间。

解　反应速率变换式

$$r_A = -\frac{dn_A}{Vdt} = k\frac{n_A}{V}$$

$$\frac{dx_A}{dt} = k(1 - x_A)$$

积分得：

$$t = \frac{1}{k}\ln\frac{1}{1 - x_A}$$

当 $x_A = 75\%$时，代入上式得所需时间：$t = 0.404$ s。

比较等容反应过程与变容反应过程的计算结果，对于一级反应而言达到同一转化率时所需时间一致，并且与初始浓度无关。但在实际反应器体积确定后，变容反应过程体积变化使气相物料在反应器内的流速变化。对于恒温恒压条件下的气相反应，若变容反应过程 $\delta_A > 0$ 时，在处理量及最终转化率一致的情况下，所需的反应器体积更大。

例 1.17　在恒温 326 ℃、恒定总压 84.3 kPa 的条件下，以丁二烯为原料，丁二烯二聚气相反应 $2C_4H_6 \longrightarrow (C_4H_6)_2$，反应速率方程 $r_A = kc_A^2$，反应速率常数 $k = 0.866\ 5\ m^3/(mol \cdot min)$。试求：

(1) 丁二烯转化率 $x_A = 75\%$时，所需反应时间；

(2) 若按等容反应过程计算，达到同一转化率时所需时间。

解 (1) 变容反应体系，$\delta_A = -1$。

反应初始状态下，$y_{Ao} = 1$

$$c_{Ao} = \frac{n_{Ao}}{V_o} = \frac{p}{RT} = \frac{84.3 \times 10^3}{8.314 \times (326 + 273)} = 16.93\ (\mathrm{mol/m^3})$$

变容过程体积为：

$$V = V_o(1 + y_{Ao} x_A \delta_A) = V_o(1 - x_A)$$

反应速率变换得：

$$\frac{\mathrm{d}x_A}{\mathrm{d}t} = kc_{Ao}(1 - x_A)$$

积分得：

$$t = \frac{1}{kc_{Ao}} \ln \frac{1}{1 - x_A}$$

当 $x_A = 75\%$时，$t = 9.45 \times 10^{-2}$ min。

(2) 若按等容过程计算，对反应速率方程进行变换和积分得：

$$t = \frac{x_A}{kc_{Ao}(1 - x_A)}$$

当 $x_A = 75\%$时，$t = 0.204$ min。

对例 1.17 作进一步分析，变容过程浓度表示为：

$$c_A = \frac{n_A}{V} = \frac{n_{Ao}(1 - x_A)}{V_o(1 - x_A)} = c_{Ao}$$

按等容过程计算时，浓度表示为：

$$c_A = \frac{n_A}{V} = \frac{n_{Ao}(1 - x_A)}{V_o} = c_{Ao}(1 - x_A)$$

显然，反应体积收缩的变容过程，达到相同转化率时变容过程表现出较大的反应物浓度，具有较快的反应速率。因而，与等容过程相比，在达到同一转化率时所需反应时间更短。

1.6 反应速率方程确立

在反应速率方程的模型选定后，如选择幂函数型速率方程，通过实验求取速率方程中所包含的参数即可确立速率方程。幂函数型速率方程中包含的动力学参数有反应级数和反应速率常数。依据阿伦尼乌斯方程，反应速率常数中包含有活化能和指前因子。双曲线型速率方程中所包含的动力学参数有反应速率常数和吸附平衡常数。实验求取动力学参数的方法主要有积分法和微分法。

1.6.1 积分法

(1) 幂函数型反应速率方程

在等温和恒容条件下进行反应，如幂函数型反应速率方程为：

$$r_A = -\frac{\mathrm{d}c_A}{\mathrm{d}t} = kc_A^{\alpha} \tag{1.92}$$

对反应速率方程积分，使幂函数型方程线性化，线性表达式为：

$$\frac{1}{c_A^{\alpha-1}} - \frac{1}{c_{Ao}^{\alpha-1}} = (\alpha - 1)kt\ (\alpha \neq 1) \tag{1.93}$$

$\frac{1}{c_A^{\alpha-1}}$-t 呈线性关系，其斜率为：$k(\alpha-1)$，截距为：$\frac{1}{c_{A0}^{\alpha-1}}$。由斜率和截距的值可求出反应速率常数 k 和反应级数 α。

c_{A0}为初始浓度，由实验获得时间 t 和剩余浓度 c_A。首先假定 α 的值，整理实验数据绘图。若$\frac{1}{c_A^{\alpha-1}}$-t 成直线，则假设的 α 正确。

(2) 双曲线型反应速率方程

在等温和恒容条件下进行反应，如双曲线型速率方程为：

$$r_A=-\frac{dF_A}{dW}=\frac{kK_Ap_A}{1+K_Ap_A} \tag{1.94}$$

组分 A 的摩尔流量，$F_A=F_{A0}(1-x_A)$；

组分 A 的分压以总压 p 和摩尔分率y_A表示，$p_A=py_{A0}(1-x_A)$；

反应速率方程变换为转化率 x_A的函数：

$$F_{A0}\frac{dx_A}{dW}=\frac{kK_Apy_{A0}(1-x_A)}{1+K_Apy_{A0}(1-x_A)} \tag{1.95}$$

对反应速率方程积分，使双曲线型方程线性化，线性表达式为：

$$\frac{W}{F_{A0}x_A}=\frac{1}{k}-\frac{\ln(1-x_A)}{kK_Apy_{A0}x_A} \tag{1.96}$$

$\frac{W}{F_{A0}x_A}$-$\frac{\ln(1-x_A)}{x_A}$ 呈直线关系，其斜率为：$-\frac{1}{kK_Apy_{A0}}$，截距为：$\frac{1}{k}$。

在总压 p、反应温度 T、原料气初始组成 y_{A0}及催化剂用量 W 一定时，通过改变进料摩尔流量 F_{A0}，测出反应器出口转化率 x_A。整理数据绘图，由直线的斜率和截距的值得出反应速率常数 k 和吸附平衡常数 K_A。

1.6.2　微分法

(1) 幂函数型反应速率方程

对反应速率方程式取对数，使幂函数型方程线性化，线性表达式为：

$$\ln r_A=\alpha\ln c_A+\ln k \tag{1.97}$$

$\ln r_A$-$\ln c_A$ 呈线性关系，其斜率为 α，截距为 $\ln k$。由斜率和截距的值可求出反应级数 α 和反应速率常数 k。

等温条件下，实验求取浓度与反应时间(c_A-t)的对应数据，依反应速率定义式 $r_A=-\frac{dc_A}{dt}$ 求出r_A-t 的对应值，整理数据绘图，求出直线的斜率和截距值，得出动力学参数 α 和 k。

当待求参数多于两个时，如 $r_A=kc_A^{\alpha}c_B^{\beta}$，待求参数有 k、α、β。可调整进料比，使其中一个组分过量，如 c_B过量，反应速率表达式为 $r_A=(kc_B^{\beta})c_A^{\alpha}=k'c_A^{\alpha}$。安排实验，求出 α、k'。同理，使 c_A过量，求出 β 和 k。

(2) 双曲线型反应速率方程

将反应速率方程线性化表达，有

$$\frac{p_A}{r_A}=\frac{p_A}{k}+\frac{1}{kp_A} \tag{1.98}$$

$\frac{p_A}{r_A}$-p_A 呈线性关系，其斜率为$\frac{1}{k}$，截距为$\frac{1}{kp_A}$。

1.6.3 活化能和吸附热的确定

(1) 活化能和指前因子的确定

依据阿伦尼乌斯方程

$$k = A\exp\left(-\frac{E}{RT}\right) \tag{1.99}$$

取对数，线性化表达式为：

$$\ln k = -\frac{E}{RT} + \ln A \tag{1.100}$$

$\ln k$-$1/T$ 呈线性关系，其斜率为$-E/R$，截距为 $\ln A$。由斜率和截距的值可求出活化能 E 和指前因子 A。

在不同温度下，实验求取对应的反应速率常数。整理数据绘图，求出直线的斜率和截距值，进而求出活化能 E 和指前因子 A。

(2) 吸附热的确定

以吸附平衡常数与吸附热关系式

$$K = K_\circ\exp\left(\frac{q}{RT}\right) \tag{1.101}$$

取对数，线性化表达式为：

$$\ln K = \frac{q}{RT} + \ln K_\circ \tag{1.102}$$

$\ln k$-1/T 呈线性关系，其斜率为 q/R，截距为 $\ln K_\circ$。由斜率和截距的值可求出活化能 q 和指前因子$K_\circ$。

1.6.4 数据处理

在上述实验原理中，需通过求出直线的斜率和截距值，以求取相应的动力学参数。直线斜率和截距的值可通过作图得到。为减少误差使残差平方和最小，常用的方法是应用最小二乘法求取斜率和截距值。

假设实验数据点记为 $(x_1, y_1), (x_2, y_2), \cdots, (x_n, y_n)$ 线性关系式记为 $y=ax+b$，实验数据的残差平方和记为

$$z = (ax_1 + b - y_1)^2 + (ax_2 + b - y_2)^2 + \cdots + (ax_n + b - y_n)^2 = f(a,b)$$

求导，$\frac{\partial z}{\partial a} = 0$，$\frac{\partial z}{\partial b} = 0$，得出直线的斜率 a，截距 b。

例 1.18 在等温常压间歇釜式反应器中进行 A 的水解反应，A 的初始浓度为1.4 mol/L，测得 A 的转化率与反应时间的数据如表 1.24 所示。

表 1.24 转化率与反应时间

t/h	1.0	2.0	3.0	4.0	5.0	6.0	7.0	8.0	9.0
x_A/%	35.7	56.4	70.0	80.0	87.9	91.4	94.3	96.8	97.9

试求：应用积分法和微分法求出 A 的幂函数型反应速率方程式。

解　幂函数型反应速率方程为：

$$r_A = -\frac{dc_A}{dt} = kc_A^{\alpha}$$

(1) 积分法

对反应速率方程积分，线性表达式为：

$$\frac{1}{c_A^{\alpha-1}} - \frac{1}{c_{Ao}^{\alpha-1}} = (\alpha - 1)kt \quad (\alpha \neq 1)$$

$$k = \frac{1}{(\alpha-1)t}\left(\frac{1}{c_A^{\alpha-1}} - \frac{1}{c_{Ao}^{\alpha-1}}\right) \quad (\alpha \neq 1)$$

$$k = \frac{1}{t}\ln\frac{c_{Ao}}{c_A} \quad (\alpha = 1)$$

依据实验数据，计算结果整理如表 1.25 所示。

表 1.25　计算结果

t/h	1.0	2.0	3.0	4.0	5.0	6.0	7.0	8.0	9.0
c_A/(mol/L)	0.9	0.61	0.42	0.28	0.17	0.12	0.08	0.045	0.03
$K(\alpha=1)$	0.442	0.415	0.401	0.402	0.422	0.409	0.409	0.430	0.427
$K(\alpha=0.9)$	0.447	0.412	0.391	0.384	0.393	0.375	0.368	0.376	0.367
$K(\alpha=1.1)$	0.437	0.419	0.412	0.422	0.454	0.449	0.458	0.496	0.503

由计算结果分析，反应级数 $\alpha=1$ 时，反应速率常数 k 围绕平均值 $k=0.417$ 波动，较为合理。

(2) 微分法

对反应速率方程式取对数，线性表达式为：

$$\ln r_A = \alpha \ln c_A + \ln k$$

依据实验数据，计算结果整理如表 1.26 所示。

表 1.26　计算结果

(x), $\ln c_A$	−0.11	−0.49	−0.87	−1.27	−1.77	−2.12	−2.53	−3.10
(y), $\ln r_A$	−0.93	−1.43	−1.80	−2.08	−2.53	−3.10	−3.28	−3.69

线性关系式记为：　$y=ax+b$

实验数据的残差平方和记为：

$$z = (ax_1 + b - y_1)^2 + (ax_2 + b - y_2)^2 + \cdots + (ax_9 + b - y_9)^2$$

代入数据整理得：

$$z = 26.28a^2 - 24.52ab + 8b^2 - 71.59a - 37.67b + 50.85$$

$$\frac{\partial z}{\partial a} = 52.56a - 24.52b - 71.59 = 0 \qquad (1)$$

$$\frac{\partial z}{\partial b} = -24.52 + 16b + 37.67 = 0 \qquad (2)$$

得出直线的斜率 $a=0.93$，截距 $b=-0.93$。

反应级数 $\alpha=0.93$，反应速率常数 $k=0.395$。

1.6.5 反应速率方程建立的步骤

反应动力学模型可分为三类：机理的动力学模型，半经验的动力学模型，经验的动力学模型。可根据反应过程的复杂程度和应用目的，选择适宜的反应动力学模型。

利用实验反应器测得的动力学数据，经过模型筛选、实验数据拟合和模型的显著性检验三个步骤建立反应动力学方程。在实验基础上建立反应速率方程包括这几方面的工作：

① 依据反应的类型选择适当的反应速率模型。均相反应常选用幂函数模型，多相反应可选用幂函数模型和双曲线型速率模型。若采用幂函数模型，写出反应速率方程式。对于可逆反应，速率方程中应体现出产物的因素。若采用双曲线型速率模型，在机理假定与分析的基础上导出相应的速率方程表达式。

② 拟定实验原理，进行实验获取实验数据。

③ 对实验数据进行误差检验。对于幂函数模型，求出动力学参数，确定反应速率方程。对于双曲线型速率模型，结合实验结果筛选出符合反应体系动力学的速率方程。

模型模拟计算结果和实验结果的偏差来自两个方面，一是实验本身的误差，二是模型的欠缺。常用的统计检验方法有方差分析和残差分析。方差分析是从整体上对模型的适用性作出判断。模型对实验数据的符合程度，一般以模型计算值和实验值的残差平方和作为衡量指标，残差平方和越小的模型越好。模型的显著性检验是利用数理统计的方法，对模型表达实验数据的能力给出判断。

建立反应速率方程的三部分工作相互关联，常需要反复进行才能获得预期的结果。一般情况下，将动力学实验研究过程区分为预实验和系统实验两个阶段，预实验的目的是对反应体系有一个定性的和全面的认识。在对预实验结果分析的基础上，制定系统实验的规划。

对单一反应体系反应速率方程的实验建立可遵循以下步骤：① 首先选择速率模型并假定速率方程表达式；② 利用微分法或积分法使反应速率方程线性化表达；③ 在实验反应器中实验得到浓度和反应时间的对应值；④ 利用反应速率和浓度的某种函数关系进行线性标绘，根据直线的斜率和截距确定模型参数，如反应级数和反应速率常数，或反应速率常数和吸附平衡常数。

对复杂反应体系，或采用双曲线型动力学方程时，线性化方法往往不能奏效。需采用在数理统计基础上发展起来的参数估值方法来进行数据拟合。通过参数估计得到的模型参数，如双曲线型速率模型中的吸附平衡常数应为正值，反应活化能也应为正值。结合计算机的辅助计算和对模型的筛选，序贯实验设计方法提高了动力学模型建立的工作效率。

选择实验反应器型式，确定实验操作条件和实验布点的范围。根据实验原理规划实验，通过实验获取实验数据。实验求取反应速率方程中，不论是组成分析还是温度测量都存在误差，导致由实验数据得出的反应速率值存在偏差。实验中精确控制反应区域的温度是减小实验误差的重要措施。本征动力学方程需要消除传质和传热的影响。对强放热反应，需要在催化剂床层中掺入惰性物质以减小单位体积的放热量，避免引起过大的温度梯度。

习 题 一

1.1　等温常压条件下，在反应体积为 4 L 的釜式反应器中进行水解反应。反应物 A 的初始浓度 c_{A0}为 1.4 mol/L，反应混合物的密度为 1 kg/L，A 的摩尔质量 M_A为 88。实验测得 c_A与反应时间 t 的对应数据如表 1.27 所示。试求反应时间为 3.5 h 时 A 的水解速率。

表 1.27　反应时间与浓度的关系

t/h	0	1	2	3	4	5	6	7	8	9
c_A/(mol/L)	1.4	0.9	0.61	0.42	0.28	0.17	0.12	0.08	0.045	0.03

1.2　常压和 300 ℃条件下操作的管式反应器中，Ni 催化剂上进行反应

$$CO+3H_2 \longrightarrow CH_4+H_2O$$

催化剂体积为 10 mL，原料气中 CO 的摩尔分数为 3%。测得进口原料气流量 Q_0与相应的反应器出口 CO 转化率的对应值如表 1.28 所示。若视反应为等容过程，试求：

(1) 当进口原料气体积流量为 50 cm^3/min 时，基于催化剂体积的 CO 转化速率为多少[mol/(L · min)]；

(2) 若反应管内 Ni 催化剂的堆密度 ρ_b为 1.14 g/cm^3，基于催化剂质量的 CO 转化速率为多少[mol/(kg · min)]。

表 1.28　进口原料气流量与 CO 转化率对应值

Q_0/(cm^3/min)	83.3	67.6	50.0	38.5	29.4	22.2
X_{CO}/%	20	30	40	50	60	70

1.3　丁烷气相热分解反应

$$C_4H_{10}(A) \longrightarrow 2C_2H_4(R)+H_2(S)$$

反应速率方程 $r_A = kc_A$ [kmol/(m^3 · s)]。反应系统恒温 700 ℃，总压 0.3 MPa，反应起始丁烷的量为 116 kg。当丁烷转化率为 50%时，$-\frac{dp_A}{dt}=0.24$ MPa/s。试求：

(1) 反应速率常数；

(2) 丁烷转化率为 50%时$\frac{dp_R}{dt}$、$\frac{dn_S}{dt}$、$-\frac{dy_A}{dt}$的值。

1.4　恒温 473 K 下，某气相反应速率方程为：$-\frac{dp_A}{dt}=3.2p_A^2$(MPa/h)。试求：

(1) 该反应速率常数的单位；

(2) 若该反应速率方程表达为$-\frac{dc_A}{dt}=kc_A^2$(mol/(L · h))，求速率常数 k。

1.5　恒温 916 ℃下，醋酸分解生成乙烯酮的反应如下，乙烯酮为目的产物。

$$CH_3COOH \longrightarrow CH_2{=}CO+H_2O \qquad k_1=4.65\ s^{-1}$$

$$CH_3COOH \longrightarrow CH_4+CO_2 \qquad k_2=3.74\ s^{-1}$$

试求:(1) 醋酸转化率为99%时,所需反应时间;

(2) 反应生成乙烯酮的选择性;

(3) 乙烯酮的收率。

1.6 等温间歇反应器中进行液相反应

$$A+B=C+D$$

反应速率方程 $r_A = 0.8c_A^{1.5}c_B^{0.5}$ mol/(L·min),初始浓度 $c_{Ao}=c_{Bo}=1.5$ mol/m³。试求反应时间为5 min时A的转化率。

1.7 在间歇釜式反应器中进行蔗糖水解反应,当 H_2O 过量时按一级反应计算。48 ℃恒温条件下,反应速率常数 $k=0.0193\ \mathrm{min^{-1}}$。蔗糖初始浓度为0.1 kmol/m³,试求蔗糖转化率达到50%、70%、90%、99%所需反应时间。

1.8 在间歇釜式反应器中进行乙酸(A)和丁醇(B)的酯化反应,当丁醇过量时的反应速率方程 $r_A = kc_A^2$。反应温度为100 ℃,速率常数 $k=17.4\ \mathrm{cm^3/(mol\cdot min)}$。试求丁醇与乙酸的摩尔比 m 分别为(a) $m=5$,(b) $m=10$ 时,乙酸转化率达到50%、70%、90%时所需反应时间。丁醇过量时反应混合物密度视为恒定0.75 g/cm³。

1.9 常压、473 K等温条件下气相反应如下:

$$A \longrightarrow 3R \quad r_R=1.2c_A\ \mathrm{mol/(L\cdot min)}$$

$$A \longrightarrow 2S \quad r_S=0.5c_A\ \mathrm{mol/(L\cdot min)}$$

$$A \longrightarrow T \quad r_T=2.1c_A\ \mathrm{mol/(L\cdot min)}$$

原料气由等体积的A和惰性气体组成。当A的转化率达85%时,试求:A的转化速率是多少[mol/(L·min)]?

1.10 等温间歇釜式反应器中进行液相反应,$2A \longrightarrow R$,$r_A=kc_A^2$[mol/(L·min)],在初始浓度相同的条件下,达到相同的转化率,反应温度在100 ℃时反应时间需要10 min,120 ℃时需要2 min,试求:

(1) 反应的活化能 E (J/mol);

(2) 温度分别为150 ℃和100 ℃,达到同一转化率时反应速率的比值 r_{A150}/r_{A100}。

1.11 Fe催化剂上氨合成反应

$$\frac{1}{2}N_2+\frac{3}{2}H_2 \rightleftharpoons NH_3$$

平衡常数 $K_p\ (\mathrm{MPa})^{-1}$ 与反应温度 T 的关系为 $\lg K_p = 2\,047.8/T - 2.494\,3\lg T - 1.256\times10^{-4}T + 1.856\,4\times10^{-7}T^2 + 3.206$。化学计量数为2,$K_p^2=\vec{k}/\overleftarrow{k}$。催化剂床层某处的温度为450 ℃时,逆反应速率常数 $\overleftarrow{k}=2.277\times10^3\ \mathrm{m^3\cdot(MPa)^{0.5}/(m^3\cdot h)}$。逆反应的活化能 $\overleftarrow{E}=1.758\times10^5$ J/mol。试求:催化剂床层温度为490 ℃时,逆反应速率常数与正反应速率常数。

1.12 氨合成反应

$$\frac{1}{2}N_2+\frac{3}{2}H_2 \rightleftharpoons NH_3$$

30 MPa操作压力合成塔入口原料气体组成(摩尔分数)为3.5% NH_3,20.8% N_2,62.6% H_2,7.08% Ar及5.89% CH_4。Fe催化剂上氨合成反应速率方程为:

$$r=\vec{k}\frac{p_{N_2}p_{H_2}^{1.5}}{p_{NH_3}}-\overleftarrow{k}\frac{p_{NH_3}}{p_{H_2}^{1.5}},\text{kmol/(m}^3\text{催化剂}\cdot\text{h)}$$

其中床层温度 490 ℃时，正反应速率常数 $\vec{k}=1.473\ \text{kmol}\cdot(\text{MPa})^{-1.5}/(\text{m}^3$催化剂$\cdot\text{h})$，逆反应速率常数$\overleftarrow{k}=4.71\times10^2\ \text{kmol}\cdot(\text{MPa})^{0.5}/(\text{m}^3$催化剂$\cdot\text{h})$。试求：

(1) 催化剂床层某处的温度为 490 ℃，氨含量为 10%时，N_2的转化率；

(2) 此床层处的反应速率。

1.13　气相可逆反应 $A+B \rightleftharpoons R$，反应速率方程 $r_A=k(p_Ap_B-p_R/K_p)\text{mol/(m}^3\cdot\text{h)}$，反应速率常数 $k=1.26\times10^{-4}\exp\left(-\dfrac{91\ 211}{RT}\right)\text{mol/(MPa}^2\cdot\text{m}^3\cdot\text{h)}$，平衡常数为$K_p=7.18\times10^{-7}\exp\left(\dfrac{123\ 846}{RT}\right)(\text{MPa})^{-1}$。反应系统总压恒定在 1 MPa，原料组成$p_{A0}=p_{B0}=0.5$ MPa，$p_{R0}=0$。试求：(1) 最佳操作温度T_{opt}与转化率 x_A的关系式；(2) 平衡温度 T_e与转化率 x_A的关系式。

1.14　常压和 30 ℃条件下，气相基元反应 $A+2B \longrightarrow 2P$ 的反应速率常数$k_c=2.65\times10^{-2}\text{m}^6/(\text{mol}^2\cdot\text{s})$。若以气相分压来表示反应速率方程 $r_A=k_pp_A\,p_B^2$ (Pa/s)。试求：反应速率常数k_p。

1.15　在一恒容反应器中进行下列液相反应，其中 R 为目的产物。原料液为 A 与 B 的混合物，其中 A 的初始浓度为 2 kmol/m³。当 A 的转化率达 95%时，试求：

(1) 所需要的反应时间；

(2) 目的产物 R 的瞬时选择性；

(3) 若将 A 的初始浓度降为 1 kmol/m³，所需反应时间和 R 的瞬时选择性如何变化。

$$A+B = R,r_R=1.6c_A[\text{kmol/(m}^3\cdot\text{h)}]$$

$$2A = D,r_D=8.2c_A^2[\text{kmol/(m}^3\cdot\text{h)}]$$

1.16　常压、603 K 条件下，丁二烯(A) 和丙烯醛(B) 气相反应如下，

$2CH_2=CH-CH=CH_2(A) \longrightarrow (C_6H_9)-CH=CH_2(C)$　$r_C=k_1c_A^2$

$CH_2=CH-CH=CH_2(A)+CH_2=CH-CHO(B) \longrightarrow (C_6H_9)-CHO(D)$

$r_D=k_2c_Ac_B$

环己烯甲醛(D)为目的产物，原料气由等摩尔的丁二烯和丙烯醛组成。实验测得反应时间 $t=40$ min 时，丁二烯转化率 $x_A=78.7\%$，丙烯醛转化率 $x_B=64.9\%$。试求：(1) 反应速率常数比k_1/k_2；

(2) 反应时间 $t=40$ min 时，反应速率比r_C/r_D。

(3) 反应时间 $t=40$ min 时，目的产物(D)的瞬时选择性；

(4) 若提高目的产物的瞬时选择性，原料气丁二烯和丙烯醛组成应如何调整。

1.17　恒温 777 K、恒容条件下，二甲醚气相分解反应：$CH_3OCH_3 \longrightarrow CH_4+H_2+CO$。测得反应时间 t 和系统总压 p 对应数据如表 1.29 所示。

表 1.29　反应时间和系统总压

t/min	0	6.5	13	20	52.6
p/kPa	41.6	54.4	65.1	74.9	103.9

试求:二甲醚气相分解反应级数和反应速率常数。

1.18　乙烯催化燃烧反应

$$CH_2{=\!=}CH_2(A)+O_2(B) {=\!=\!=} CO_2(C)+H_2O(D)$$

反应动力学方程 $r=\dfrac{kp_Ap_B}{(1+K_Ap_B)^2}$,$p_A$、$p_B$ 分别为乙烯及氧的分压。473 K 等温下的实验数据如表 1.30 所示。试求:反应速率常数 k 和吸附平衡常数K_B。

表 1.30　等温下各组分分压

序号	$p_A\times10^3$ /MPa	$p_B\times10^3$ /MPa	$r\times10^4$ /[mol/(g·min)]	序号	$p_A\times10^3$ /MPa	$p_B\times10^3$ /MPa	$r\times10^4$ /[mol/(g·min)]
1	8.99	3.23	0.672	7	7.75	1.82	0.828
2	14.22	3.00	1.072	8	6.17	1.73	0.656
3	8.86	4.08	0.598	9	6.13	1.73	0.694
4	8.32	2.03	0.713	10	6.98	1.56	0.791
5	4.37	0.89	0.610	11	2.87	1.06	0.418
6	7.75	1.74	0.834				

1.19　醋酐液相水合反应

$$(CH_3)_2O(A)+H_2O(B) {=\!=\!=} 2CH_3COOH(C)$$

水过量时,视反应为一级反应,$r_A=kc_A$。实验得出反应速率常数 k 与反应温度 T 的对应数据如表 1.31 所示。试求:反应活化能 E 和指前因子 A。

表 1.31　反应速率常数 k 与反应温度 T 的对应数据

T/K	283	288	298	313
k/min^{-1}	0.056 7	0.080 6	0.158 0	0.380

第 2 章　理想反应器

2.1　管式反应器

管式反应器是指反应器长度远大于直径的一类反应器。反应器结构分为单管和多管并联两种。反应管有空管和填充管等，如管式裂解炉采用空管，多相固定床催化反应器的管内装填催化剂。管式反应器内返混小，单位反应体积的生产能力高，是常用的一类反应器型式。若要求转化率较高，或有串联副反应的复杂反应体系多采用管式反应器。管式反应器多用于连续操作的气相反应。

2.1.1　平推流假设

流体流动形态分为滞流和湍流。在空管结构的反应管内，流体多呈湍流流动。管内流速分布可用径向和轴向两个维度描述，在管轴心线表现出最大流速，管壁附近出现较大速度梯度。由于管内流体存在流速分布，因而物料粒子通过反应管时具有不同的停留时间。物料粒子在反应管内的停留时间即反应时间。反应时间的差异使反应进行的程度不同。

实际反应器中，在反应管的径向和轴向均存在浓度和温度梯度。严格来说，在反应管内不同的空间位置表现出不同的反应速率。流体流动的复杂性加上传递过程与反应过程互相制约和促进，给反应器的设计计算带来困难。对反应管内流动状况合理简化，以此建立流动模型，可使复杂问题得以简化。

平推流或称活塞流模型的基本假定是径向流速分布均匀，所有流体粒子沿轴向以相同的速度从进口向出口运动，如图 2.1 所示。平推流假定流体在轴向不存在流体的混合或轴向返混。平推流反应器中径向浓度和温度分布均匀一致。由于反应管内反应物料在流动过程中同时发生化学反应，因此反应管内各截面上的浓度和温度各不相同。

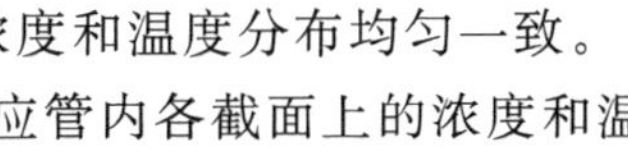

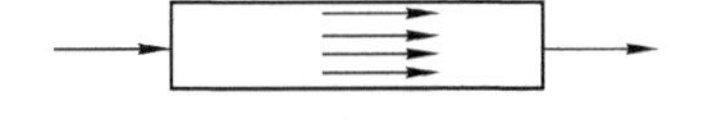

图 2.1　平推流反应器

平推流属于理想流动模型。从返混程度看平推流模型轴向无返混。以平推流模型来描述其流动状况的反应器，称为平推流反应器。

完全符合理想流动模型的实际反应器几乎是没有的，但在某些条件下可以用理想的平推流反应器进行模拟计算。如空管的长径比大于 50，固定床长度与催化剂粒径之比大于 100（气体）或 200（液体）时，管内流体的流动可视为平推流。

2.1.2 管式反应器物料衡算

如图 2.2 所示的管式反应器，反应器入口原料体积流量Q_o，浓度c_{io}，摩尔流量F_{io}，反应器出口转化率 x_{if}。

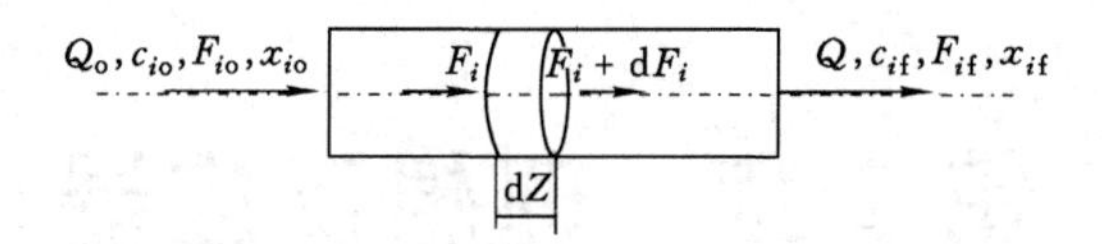

图 2.2 管式反应器物料衡算

取微元管长 dZ、体积dV_r作为控制体积。定态条件下，依据质量守恒定律，对微元体积作反应组分 i 的物料衡算：

$$F_i + dF_i - F_i = R_i dV_r \tag{2.1}$$

整理得出基于平推流模型的管式反应器的设计方程式(2.2)：

$$\frac{dF_i}{dV_r} = R_i \tag{2.2}$$

若反应体系为单一反应，以关键组分 A 的转化率 x_A为变量，有

$$F_A = F_{Ao}(1 - x_A)$$

反应器的设计方程表达为：

$$F_{Ao}\frac{dx_A}{dV_r} = -R_A(x_A) \tag{2.3}$$

式(2.3)中，$F_{Ao} = Q_o c_{Ao}$，则有：

$$Q_o c_{Ao}\frac{dx_A}{dV_r} = -R_A(x_A) \tag{2.4}$$

设u_o为反应器入口反应物料的流速，式(2.4)可改写成转化率与反应器轴向距离 Z 的关系式：

$$u_o c_{Ao}\frac{dx_A}{dZ} = -R_A(x_A) \tag{2.5}$$

若为等容过程，式(2.5)可表示为轴向浓度分布方程：

$$u_o\frac{dc_A}{dZ} = R_A(c_A) \tag{2.6}$$

式(2.6)可变换为浓度随反应物料流过反应管所经历时间的关系：

$$\frac{dc_A}{dt} = R_A(c_A) \tag{2.7}$$

由式(2.4)积分得出管式反应器的反应体积计算式：

$$V_r = Q_o c_{Ao}\int_0^{x_{Af}} \frac{dx_A}{[-R_A(x_A)]} \tag{2.8}$$

基于反应器进口流量的空时定义为：

$$\tau = \frac{V_r}{Q_o} \tag{2.9}$$

管式反应器的空时为：

$$\tau = c_{Ao}\int_0^{x_{Af}} \frac{dx_A}{[-R_A(x_A)]} \tag{2.10}$$

对于定态操作的平推流反应器，在反应物料流经反应器入口到出口的过程中，反应器的轴向距离 Z、反应体积V_r、转化率 x_A、浓度c_A、轴向流动所经历的时间 t 具有一一对应的值。确定反应器中任一参数后，其他各参数都有确定的值与之对应。

当反应体系进行复合反应时，需要分别对所选定的关键组分作物料衡算，得出管式反应器的设计方程组。关键组分数与独立反应数一致。平推流反应器的设计方程写成：

$$\frac{\mathrm{d}F_i}{\mathrm{d}V_r} = \sum_{j=1}^{M} \nu_{ij} \bar{r}_j (i = 1,2,\cdots,K) \tag{2.11}$$

式中　K——关键组分数；

M——反应体系中反应式的总数。

求解式(2.11)，常微分方程组的初值条件为：

$$V_r = 0, F_i = F_{io}(i = 1,2,\cdots,K)$$

求解常微分方程组时，可选择关键组分的转化率或收率作为变量，然后将F_i和$\bar{r}_j$变换为所选定变量的函数。

变容反应过程以F_i作为变量较为方便。若选F_i作为变量，可由理想气体定律将浓度 c_i 变换为摩尔流量$F_i(i=1,2,\cdots,N)$的函数，其中 N 为反应体系中的反应组分数。

$$c_i = \frac{p_i}{RT} = \frac{py_i}{RT} = \frac{F_i p}{RT\sum_{i=1}^{N} F_i} \tag{2.12}$$

根据反应式中各组分的化学计量关系，非关键组分的摩尔流量可用关键组分摩尔流量表示。

若反应物系的总摩尔数不发生变化，则反应过程中任何状态下反应混合物的摩尔流量为定值，都等于反应进口处物料的总流量。如果反应器又在等温等压下操作，则反应过程为等容过程。

若以浓度为变量，因$F_i=Qc_i$，式(2.11)可改写为：

$$\frac{\mathrm{d}(Qc_i)}{\mathrm{d}V_r} = \sum_{j=1}^{M} \nu_{ij} \bar{r}_j (i = 1,2,\cdots,K) \tag{2.13}$$

又因$\mathrm{d}V_r=A_r\mathrm{d}Z$，反应组分浓度的轴向分布为：

$$\frac{\mathrm{d}(uc_i)}{\mathrm{d}Z} = \sum_{j=1}^{M} \nu_{ij} \bar{r}_j (i = 1,2,\cdots,K) \tag{2.14}$$

若为等容过程，则 $Q=Q_o$，$u=u_o$，式(2.13)、式(2.14)表示为：

$$Q_o \frac{\mathrm{d}c_i}{\mathrm{d}V_r} = \sum_{j=1}^{M} \nu_{ij} \bar{r}_j (i = 1,2,\cdots,K) \tag{2.15}$$

或

$$u_o \frac{\mathrm{d}c_i}{\mathrm{d}Z} = \sum_{j=1}^{M} \nu_{ij} \bar{r}_j (i = 1,2,\cdots,K) \tag{2.16}$$

例 2.1　常压、800 ℃等温管式反应器中进行气相反应：

$$C_6H_5CH_3(A) + H_2(B) \xlongequal{\quad} C_6H_6(C) + CH_4(D)$$

反应速率方程为

$$r=1.5c_A c_B^{0.5}\ \mathrm{mol/(L \cdot s)}$$

原料由甲苯和氢气组成，c_A、c_B(mol/L)分别表示甲苯、氢气的浓度，原料处理量Q_o为

49 L/s。甲苯与氢气等摩尔进料，将管式反应器视为平推流反应器，试计算甲苯最终转化率为 95%时的反应器体积。

解 等摩尔气相反应，在等温等压条件下视为恒容过程。

甲苯与氢等摩尔进料：$c_{Ao}=c_{Bo}, c_A=c_B=c_{Ao}(1-x_A)$

甲苯初始浓度：

$$c_{Ao}=\frac{p_{Ao}}{RT}=\frac{0.5\times1.013\times10^5}{8.314\times1\ 073}=5.68(\text{mol/m}^3)=5.68\times10^{-3}(\text{mol/L})$$

所需反应器体积为：

$$V_r = Q_o c_{Ao}\int_0^{x_{Af}}\frac{dx_A}{r_A}$$

$$V_r = 49\times10^{-3}\times5.68\times\int_0^{0.95}\frac{dx_A}{1.5\times(5.68\times10^{-3})^{1.5}(1-x_A)^{1.5}}=3\ (\text{m}^3)$$

例 2.2 在平推流反应器中，常压及等温 923 K 下进行气相反应丁烯脱氢生产丁二烯：

$$C_4H_8(A)=\!=\!=C_4H_6(B)+H_2(C)$$

反应速率方程$r_A=kp_A$ kmol/(m^3·h)，$k=1.079\times10^{-4}$ kmol/(m^3·Pa·h)，原料气为丁烯与水蒸气的混合气，丁烯的摩尔分数为 10%。若要求丁烯的转化率达 35%，试求：分别以变容和等容过程计算反应器的空时。

解 (1) 等温等压条件下，变摩尔反应过程为变容过程，

由化学计量关系，$\delta_A=(1+1-1)/1=1, y_{Ao}=0.1$

$$c_A=\frac{c_{Ao}(1-x_A)}{1+y_{Ao}\delta_A x_A}=\frac{c_{Ao}(1-x_A)}{1+0.1x_A}$$

由理想气体定律得：

$$p_A=c_ART=\frac{RTc_{Ao}(1-x_A)}{1+0.1x_A}$$

反应器空时：

$$\tau=c_{Ao}\int_0^{0.35}\frac{dx_A}{kp_A}=\frac{1}{kRT}\int_0^{0.35}\frac{1+0.1x_A}{1-x_A}dx_A$$

积分得： $\tau=1.933$ s

(2) 如按等容过程，反应器空时：

$$\tau=c_{Ao}\int_0^{0.35}\frac{dx_A}{kp_A}=\frac{1}{kRT}\int_0^{0.35}\frac{dx_A}{1-x_A}$$

积分得： $\tau=1.898$ s

随反应的进行该反应体系体积膨胀。对应同一转化率时，变容反应过程的反应物浓度减小，相应的反应速率也减小。若要求达到相同的最终转化率，变容反应所需反应体积要大。因此，以Q_o为基准由式 $\tau=V_r/Q_o$ 计算的空时相对较长。

例 2.3 在等温操作的管式反应器中，4.05 MPa 及 936 K 条件下进行连串反应：

$$T+H\xrightarrow{k_1}D+G\quad r_1=k_1c_Tc_H^{0.5}, k_1=5.66\times10^{-6}$$

$$D+H\xrightarrow{k_2}M+G\quad r_2=k_2c_Dc_H^{0.5}, k_2=5.866\times10^{-6}$$

$$M+H\underset{\overleftarrow{k_3}}{\overset{\overrightarrow{k_3}}{\rightleftharpoons}}N+G,\quad r_3=\overrightarrow{k_3}[c_Mc_H^{0.5}-c_Nc_G/(c_H^{0.5}K)], \overrightarrow{k_3}=2.052\times10^{-6}, K=5$$

反应速率单位为$\frac{\text{kmol}}{(\text{m}^3 \cdot \text{s})}$，反应速率常数单位为$\frac{\text{m}^{1.5}}{\text{mol}^{0.5} \cdot \text{s}}$，原料气摩尔分数$y_T=25\%$，$y_H=75\%$。试求：$x_T=80\%$时，对应的产物收率$Y_D$、$Y_M$、$Y_N$。

解　反应体系中有三个独立反应，选取三个关键组分 T、D、M，以x_T、Y_D、Y_M为变量。各组分浓度可表示为

$$c_T=c_{To}(1-x_T)$$

$$c_D=c_{To}Y_D$$

$$c_M=c_{To}Y_M$$

$$c_N=c_{To}(x_T-Y_D-Y_M)$$

$$\begin{aligned}c_H&=c_{Ho}-[c_{To}x_T+(c_{To}x_T-c_{To}Y_D)+c_{To}(x_T-Y_D-Y_M)]\\&=c_{Ho}-c_{To}(3x_T-2Y_D-Y_M)\end{aligned}$$

$$c_G=c_{To}(3x_T-2Y_D-Y_M)$$

其中，

$$c_{To}=\frac{p_T}{RT}=\frac{4.05\times10^6\times0.25}{8.314\times936}=130.3\ (\text{mol/m}^3)$$

$$c_{Ho}=\frac{p_H}{RT}=\frac{4.05\times10^6\times0.75}{8.314\times936}=390.9\ (\text{mol/m}^3)$$

关键组分的物料衡算式如下：

$$-\frac{dc_T}{d\tau}=k_1c_Tc_H^{0.5}$$

$$\frac{dc_D}{d\tau}=k_1c_Tc_H^{0.5}-k_2c_Dc_H^{0.5}$$

$$\frac{dc_M}{d\tau}=k_2c_Dc_H^{0.5}-\vec{k}_3[c_Mc_H^{0.5}-c_Nc_G/(Kc_H^{0.5})]$$

将浓度变换为三个变量x_T、Y_D、Y_M的函数，有

$$\frac{dx_T}{d\tau}=k_1(1-x_T)H \tag{1}$$

$$\frac{dY_D}{d\tau}=[k_1(1-x_T)-k_2Y_D]H \tag{2}$$

$$\frac{dY_M}{d\tau}=k_2Y_DH-\vec{k}_3\left[Y_MH-\frac{c_{To}(x_T-Y_D-Y_M)(3x_T-2Y_D-Y_M)}{KH}\right] \tag{3}$$

其中　$$H=[c_{Ho}-c_{To}(3x_T-2Y_D-Y_M)]^{1/2}$$

解联立方程(1)(2)(3)，初值条件为$\tau=0$，$x_T=0$，$Y_D=0$，$Y_M=0$。数值求解结果如图 2.3 所示，其中产物组分 N 的收率$Y_N=X_T-Y_D-Y_M$。

$x_T=80\%$时，空时为 17 042 s，对应的收率分别为$Y_D=31.52\%$，$Y_M=14.49\%$，$Y_N=33.58\%$。

若反应气体以 0.1 m/s 的流速流过反应器，达到$x_T=80\%$时所需反应管长度$L=0.1\times17\ 042=1\ 704.2$ (m)。若反应器管长取 3.55 m，则需 480 根并联。此时管内反应气体流速为$0.1/480=2.08\times10^{-4}$(m/s)。反应管内气流速度的大幅度降低易使管内流体流动偏离平推流。

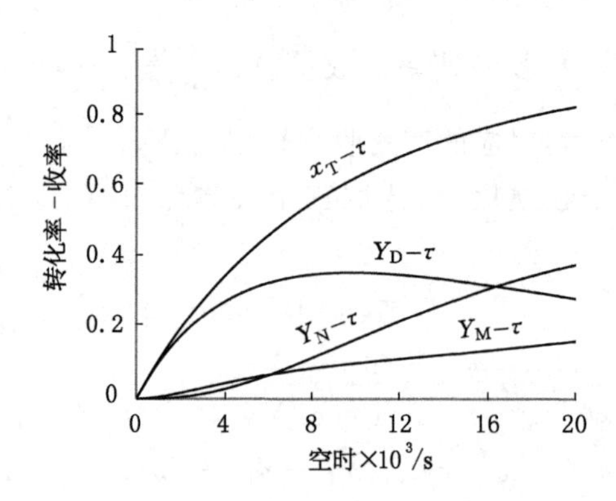

图 2.3　转化率和收率随空时变化

2.1.3　管式反应器热量衡算

化学反应过程都伴随着热效应。工业生产中，由于难以维持反应器良好的等温效果，因此绝大多数的化学反应过程在变温条件下进行。变温控制可使反应温度按最佳温度操作，便于优化反应过程。

假定管式反应器内流体流动符合平推流，径向方向上温度均匀，温度沿轴向变化。设反应物料的质量速度为 G，平均热容为 $\overline{C}_p$，基准温度为 T_r，冷却或加热介质温度为 T_c，反应器的直径为 d，换热面积为 A，反应管内外冷热流体的总换热系数为 U。取微元反应体积 dV_r，进行热量衡算。

反应热：

$$Q_1 = (-R_A)(\Delta H_r)_{T_r}\, dV_r$$

反应物料吸收热量：

$$Q_2 = (\pi/4)d^2 G\overline{C}_p dT$$

反应器与外界交换热量：

$$Q_3 = UA(T - T_c)$$

其中 $dV_r = (\pi/4)d^2 dZ$，$A = \pi d dZ$。

对于放热反应，定态操作反应器的热量衡算，得出管式反应器的轴向温度分布方程：

$$Q_1 + Q_2 + Q_3 = 0$$

代入各部分热量表达式，整理得出反应管轴向温度分布表达式：

$$G\overline{C}_p \frac{dT}{dZ} = (-R_A)(-\Delta H_r)_{T_r} - \frac{4U(T - T_c)}{d} \tag{2.17}$$

反应管内，反应过程同时满足物料衡算和热量衡算。由管式反应器的物料衡算式(2.2)，关键组分 A 的物料衡算表达为：

$$\frac{dF_A}{dV_r} = R_A$$

其中

$$F_A = F_{A0}(1 - x_A) = \frac{(\pi d^2/4)Gw_{A0}}{M_A}(1 - x_A)$$

$$dF_A = -\frac{(\pi d^2/4)Gw_{A0}}{M_A}dx_A$$

$$dV_r = (\pi/4)d^2 dZ$$

整理上式，得出组分 A 转化率沿轴向变化表达式：

$$\frac{dx_A}{dZ}=\frac{M_A(-R_A)}{Gw_{Ao}} \tag{2.18}$$

式中，w_{Ao} 为反应组分 A 的初始质量分数；M_A 为 A 的摩尔质量。

结合管式反应器的热量衡算式(2.17)和物料衡算式(2.18)，得出管式反应器温度与转化率的关系：

$$G\overline{C}_p\frac{dT}{dZ}=\frac{Gw_{Ao}(-\Delta H_r)_{T_r}}{M_A}\frac{dx_A}{dZ}-\frac{4U(T-T_c)}{d} \tag{2.19}$$

若反应体系中包含 M 个反应，则热量衡算式中反应热的计算应包括组分 i 参与的各反应的热效应。

$$G\overline{C}_p\frac{dT}{dZ}=\sum_{j=1}^{M}(-\Delta H_r)_j\left|\nu_{ij}\overline{r}_j\right|-4U(T-T_c)/d \tag{2.20}$$

式(2.20)中的反应热为基准温度 T_r 下的值。

2.1.4 绝热管式反应器热量衡算

若反应器在绝热条件下操作，式(2.19)中反应器与外界交换热量一项为零。绝热管式反应器热量衡算式：

$$dT=\frac{w_{Ao}(-\Delta H_r)_{T_r}}{M_A\overline{C}_p}dx_A \tag{2.21}$$

反应物料的热容值取平均值。反应物料的热容值与物料组成和温度两个因素有关，其平均值可取平均温度下各组分的热容值，再计算出相应组成的热容平均值。式(2.21) 积分得绝热反应过程中管式反应器轴向温度与转化率的关系式：

$$T-T_o=\lambda(x_A-x_{Ao}) \tag{2.22}$$

式中，λ 为绝热温升。

$$\lambda=\frac{w_{Ao}(-\Delta H_r)_{T_r}}{M_A\overline{C}_p} \tag{2.23}$$

吸热反应 $\Delta H_r>0$，绝热温升 $\lambda<0$，反应器轴向温度随转化率增加而降低。

放热反应 $\Delta H_r<0$，绝热温升 $\lambda>0$，反应器轴向温度随转化率增加而升高。

由式(2.22)知，在转化率相同时，反应温度与反应器入口温度有关。对于可逆放热反应，可调节反应器入口温度使反应温度处于优化的操作温度范围。图 2.4 表示可逆放热反应过程中反应器入口温度不同时，达到同一转化率对应的反应温度与最佳操作温度曲线的位置。

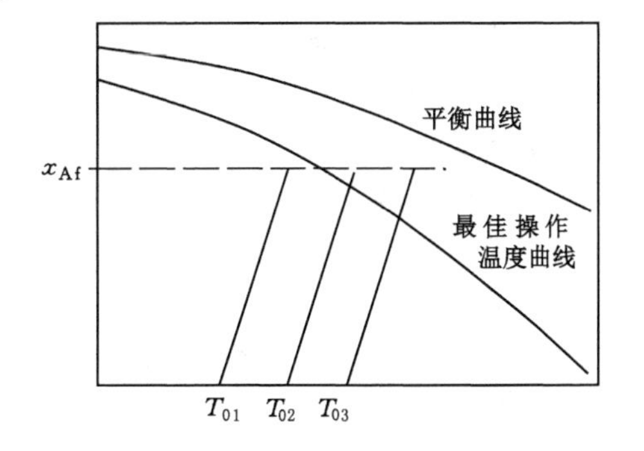

图 2.4 可逆放热反应转化率与温度关系

例 2.4 绝热操作的管式反应器内进行反应 A + B ⟶ R，反应速率 $r_A=kc_Ac_B$ kmol/(m³·s)，反应速率常数 $k=1.37\times10^{12}\exp\left(-\frac{12\ 628}{T}\right)$ m³/(kmol·s)，反应物 A、B 的初始浓度分别为 $c_{Ao}=4.55$ kmol/m³，$c_{Bo}=5.34$ kmol/m³，反应热 $\Delta H_r=-33.5\times10^3$

kJ/kmol，$\rho\overline{C}_p = 1\ 980\ \text{kJ/(m}^3\cdot\text{K)}$。反应器入口温度为 326 K，出口温度为 373 K，管式反应器内符合平推流模型。试求：

(1) 反应器出口转化率；

(2) 反应器空时；

(3) 原料处理量为每天 1 000 m^3 时所需反应器体积。

解 (1) 绝热反应过程温升与转化率关系：

$$T - T_o = \frac{c_{Ao}(-\Delta H_r)}{\rho \overline{C}_p} x_A$$

$$T - 326 = \frac{4.55 \times 33.5 \times 10^3}{1\ 980} x_A$$

$$T = 326 + 77x_A$$

绝热段结束时转化率： $x_A = \frac{373-326}{77} \times 100\% = 61\%$

(2) 反应速率方程为：

$$r_A = kc_{Ao}(1 - x_A)(c_{Bo} - c_{Ao}x_A)$$

反应器空时：

$$\tau = \int_0^{x_{Af}} \frac{dx_A}{k(1 - x_A)(c_{Bo} - c_{Ao}x_A)}$$

$$\tau = \int_0^{0.61} \frac{\exp\left(\frac{12\ 628}{326 + 77x_A}\right)}{1.37 \times 10^{12}(1 - x_A)(5.34 - 4.55x_A)} dx_A$$

积分得 $\tau = 1\ 383\ \text{s} = 23.1\ \text{min}$

(3) 反应体积

$$V_r = Q_o\tau = \frac{1\ 000}{24 \times 60} \times 23.1 = 16.04\ (\text{m}^3)$$

2.1.5 换热式管式反应器

当化学反应的热效应很大时，采用绝热操作时反应器进出口温差太大。对于可逆放热反应过程，反应器出口温度升高使平衡转化率降低。若反应器出口温度过高时，受平衡态的限制不可能获得较高的出口转化率。对于吸热反应过程，温度降低使反应速率沿轴向变慢。对反应器进行热交换，调控反应器的温度，使反应过程的温度控制在要求的范围内，可以获得较高的转化率和优化反应过程。

通常采用列管式反应器以达到变温管式反应器温度调控的目的。较小的反应管直径可以避免径向温差过大。多管并联结构可保证所需的传热面积，又不使反应管横截面太大。多管并联反应器可视为各管的状况一致，以单根反应管的反应结果反映整个反应器的工况。

选择适宜的操作温度是管式反应器设计的重要内容。对于单一反应，通常以生产强度最大确定操作温度。不可逆反应或可逆吸热反应，提高温度可使反应速率加快，高温操作有利于提高反应器的生产强度。可逆放热反应，在反应初期升高反应温度可使反应速率加快，反应后期受平衡限制，温度升高时反应速率反而减小。可逆放热反应存在最佳操作温度，围绕最佳操作温度可使反应过程以最大的反应速率进行。

对于复合反应多以目的产物的收率最大为目标。如平行反应，升高温度有利于提高活化能较大的反应的选择性。如主反应的活化能较大，可调控较高的反应温度。如主反应活化能较低，初期可采用较低的温度，后期升高温度以弥补浓度降低带来的反应速率下降。若为连串反应，初期采用高温操作加快第一个反应进行，待中间产物累积到一定的量后，降低温度以减少最终的副产物的生成。

2.1.6　循环管式反应器

工业生产中，有些反应过程由于受到化学平衡的限制，单程转化率较低。为了提高原料的利用率，通常采用循环反应器。将反应器出口的一部分产品循环或分离后再循环与新鲜原料混合，而后进入反应器。循环反应器的流程如图2.5所示。

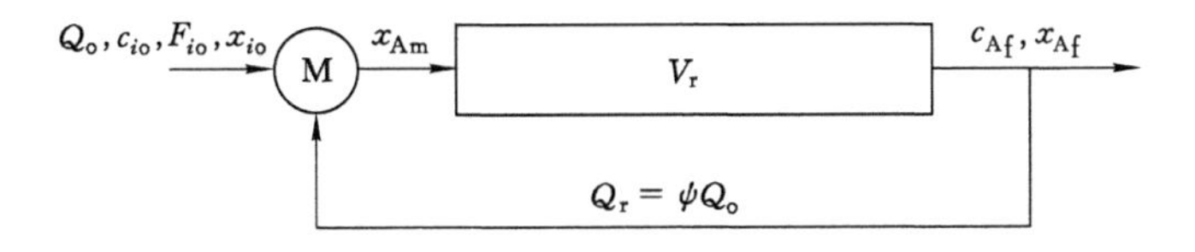

图2.5　循环反应器

循环物料量Q_r与新鲜原料量Q_o之比称为循环比，记为ψ。

$$\psi = Q_r/Q_o \tag{2.24}$$

反应器物料处理量为：

$$Q = Q_o + Q_r = (1+\psi)Q_o$$

对混合器M作A的物料衡算，有

$$Q_o c_{Ao} + \psi Q_o c_{Af} = (1+\psi)Q_o c_{Am}$$

$$c_{Am} = \frac{c_{Ao} + \psi c_{Af}}{1+\psi}$$

以混合器原料入口状态为基准，有

$$c_{Am} = c_{Ao}(1 - x_{Am})$$

$$c_{Af} = c_{Ao}(1 - x_{Af})$$

整理得反应器入口处转化率x_{Am}：

$$x_{Am} = \frac{\psi x_{Af}}{1+\psi} \tag{2.25}$$

仿照单程管式反应器，循环反应器的反应体积：

$$V_r = (1+\psi)Q_o c_{Ao}\int_{\frac{\psi x_{Af}}{1+\psi}}^{x_{Af}} \frac{dx_A}{(-R_A)} \tag{2.26}$$

式(2.26)即为循环反应器反应体积的计算式。

当循环比$\psi \to 0$时，$X_{Am} = X_{Ao}$，循环反应器反应体积计算式与单程反应器一致。当$\psi \to \infty$时，$X_{Am} \to X_{Af}$，相当于恒定转化率X_{Af}的全混流反应器。当$\psi = 25$时，即可视为等浓度操作。

例2.5　循环反应器中进行等温液相自催化反应$A \longrightarrow P$，反应速率方程$r_A = kc_A c_P$ kmol/(m^3·min)，反应速率常数$k = 1$ m^3/(kmol·min)，$c_{Ao} = 2$ kmol/m^3，每小时原料处理量为1 000 mol，其中$c_{Po}/c_{Ao} = 1\%$，要求最终转化率$x_{Af} = 90\%$时的最佳循环比及反应体积。

解　自催化反应速率

$$r_A = kc_{A0}^2(1-x_A)(c_{P0}/c_{A0}+x_A) = kc_{A0}^2(1-x_A)(0.01+x_A) \qquad (1)$$

依循环反应器反应体积计算,反应体积为:

$$V_r = F_{A0}(1+\psi)\int_{x_{Am}}^{x_{Af}} \frac{dx_A}{r_A} \qquad (2)$$

其中,$x_{Am}=\frac{\psi x_{Af}}{1+\psi}$。

$$\frac{dx_{Am}}{d\psi} = \frac{(1+\psi)x_{Af}-\psi x_{Af}}{(1+\psi)^2} \qquad (3)$$

$$\frac{\partial V_r}{\partial \psi} = F_{A0}\int_{x_{Am}}^{x_{Af}} \frac{dx_A}{r_A} - F_{A0}(1+\psi)\frac{1}{r_A(x_{Am})}\frac{dx_{Am}}{d\psi} \qquad (4)$$

求最佳循环比,令 $\frac{\partial V_r}{\partial \psi}=0$,将式(3)代入式(4),整理得

$$\int_{x_{Am}}^{x_{Af}} \frac{dx_A}{r_A} = (x_{Af}-x_{Am})\frac{1}{r_A(x_{Am})}$$

将式(1)代入积分,$x_{Af}=0.9$,化简得:

$$\ln\frac{0.91(1+0.1\psi)}{0.001+0.091\psi} = \frac{0.909(1+\psi)}{(0.01+0.91\psi)(1+0.1\psi)}$$

试差求解得最佳循环比 $\psi=0.41$。

将 $\psi=0.41$ 代入式(2),反应体积为:

$$V_r = \frac{F_{A0}(1+\psi)}{kc_{A0}^2(1+0.01)}\ln\frac{0.909(1+\psi)}{(0.01+0.91\psi)(1+0.1\psi)}$$

$$= \frac{0.99\times1.41}{60\times2^2\times1.01}\times3.21 = 0.018\ (m^3)$$

2.1.7 拟均相模型

多相催化反应过程中,流体与催化剂表面存在浓度差和温度差。如果传质和传热的速率很大,该浓度差及温度差很小。可忽略主流区与催化剂表面之间的浓度差和温度差,动力学方程以及反应器设计可用主流区流体的浓度和温度作为变量,将多相催化反应简化为均相反应,称之为拟均相模型。若多相催化反应符合拟均相模型时,多相催化反应器可按均相反应器计算。

例 2.6 在平推流反应器中,0.12 MPa 和 898 K 下进行乙苯的催化脱氢反应:

$$A \rightleftharpoons S+H$$

反应速率 $r_A = k(p_A - p_S p_H/K_p)$ kmol/(kg·s),速率常数 $k=1.68\times10^{-10}$ kmol/(kg·s·Pa),平衡常数$K_p=3.727\times10^4$ Pa。进料为乙苯与水蒸气的混合物,其摩尔比为 1∶20,乙苯的进料量为 1.7×10^{-3} kmol/s。试计算:要求乙苯转化率达 60%时催化剂用量,假设反应符合拟均相模型。

解 等温等压下变摩尔反应为变容反应过程,有

$$\delta_A=(1+1-1)=1$$

$$y_{A0}=1/(1+20)=1/21$$

$$p_{A0}=py_{A0}=0.12\times10^6\times(1/21)=5.714\times10^3$$

各反应组分的分压为

$$p_A = p_{A0}(1 - x_A)/(1 + y_{A0}\delta_A x_A)$$
$$p_S = p_H = p_{A0}x_A/(1 + y_{A0}\delta_A x_A)$$

代入反应速率，整理得：

$$r_A = 2.021 \times 10^{-5} \times \frac{21 - 20x_A - 4.22\,x_A^2}{441 + 42x_A + x_A^2}$$

依管式反应器设计方程，有

$$\frac{dF_A}{dW} = R_A$$

催化剂需用量：

$$W = F_{A0}\int_0^{0.6} \frac{dx_A}{r_A} = \frac{1.7 \times 10^{-3}}{2.021 \times 10^{-5}}\int_0^{0.6} \frac{441 + 42x_A + x_A^2}{21 - 20x_A - 4.22x_A^2}\,dx_A$$

用数值积分法求得积分值

$$\int_0^{0.6} \frac{441 + 42x_A + x_A^2}{21 - 20x_A - 4.22x_A^2}\,dx_A = 20.5$$

所以，所需催化剂质量为

$$W = 1\,724\ \text{kg}$$

2.2　釜式反应器

釜式反应器也称反应釜，是工业上广泛应用的一类反应器。釜式反应器可用于液相均相反应，也可用于气液、液固、液液及气液固等多相反应，可采用连续操作、间歇操作或半间歇操作方式。

由于釜式反应器内设有搅拌装置，对均相反应而言可视为在反应体积内的任一反应空间位置处，反应物料的浓度均一、温度相同。这种在反应体积内反应物料无浓度梯度和温度梯度的反应釜称为无梯度反应器。反应物料在反应器内达到最大的返混程度，也称全混流。全混流属于理想流动模型。凡是符合全混流假定的反应器也称全混流反应器。显然，间歇操作和半间歇操作的全混流反应器内，反应物料的浓度和反应温度在反应空间位置上无差别，只随时间而变化，属非稳态过程。连续操作的全混流反应器内反应物料的浓度和温度不仅在反应空间位置上无差别，而且不随时间变化，属稳态过程。连续釜式反应器物料出口浓度和温度与釜内状态一致。

大多数釜式反应器在搅拌条件下可看作全混流反应器。釜式反应器内全混流是一个重要的假定，不仅用于釜式反应器的设计计算，也是多釜串联模型模拟非理想反应器的基础。

若在反应器内进行多相反应时，则存在着相间的质量传递和热量传递。

2.2.1　釜式反应器的物料衡算

如图 2.6 所示，设在时间 dt 内，釜式反应器内关键组分 i 的变化量为 dn_i，反应器进出口物料体积流量分别为 Q_o 和 Q，浓度分别为 c_{io}、c_i。在时间 dt 内，对关键组分 i 作物料衡算，有

$$Q_o c_{io}\,dt = Qc_i\,dt - R_i V_r\,dt + dn_i \tag{2.27}$$

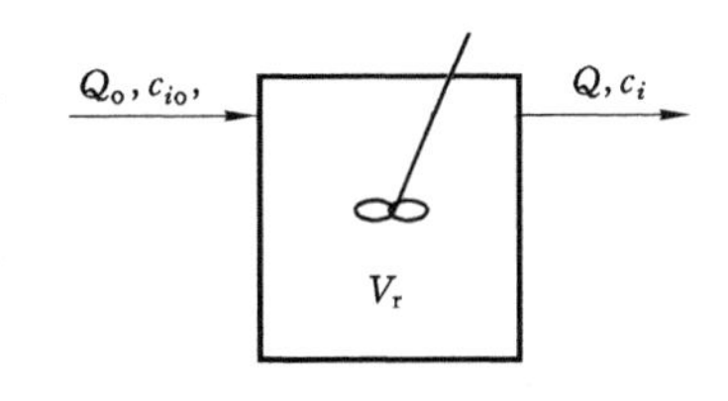

图 2.6　釜式反应器

式(2.27) 各项除以 dt,得

$$Q_o c_{io} = Qc_i - R_i V_r + \frac{dn_i}{dt} \tag{2.28}$$

式(2.28)为釜式反应器的物料衡算式。

复合反应体系中,式(2.28)为一组常微分方程,方程的个数为该反应体系所需的关键组分数,或是该反应体系的独立反应数。

若为单一反应,有

$$-R_i = r_i$$

若为复合反应,有

$$R_i = \sum_{j=1}^{M} \nu_{ij} \bar{r}_j$$

定态操作的釜式反应器,如连续操作的釜式反应器,反应组分 i 的累积速率为零,式(2.28)可简化为

$$Q_o c_{io} = Qc_i - V_r \sum_{j=1}^{M} \nu_{ij} \bar{r}_j \tag{2.29}$$

式(2.29)为连续釜式反应器的物料衡算式。

若采用间歇操作,无输入和输出的物料,$Q_o = Q = 0$,式(2.28)表示为:

$$-V_r \sum_{j=1}^{M} \nu_{ij} \bar{r}_j + \frac{dn_i}{dt} = 0 \tag{2.30}$$

式(2.30)为间歇釜式反应器的物料衡算式。

如间歇釜式反应器中进行单一反应,对关键组分 A 的物料衡算式为:

$$V_r r_A + \frac{dn_A}{dt} = 0$$

间歇釜式反应器内的反应可视为等容过程,则

$$r_A = -\frac{dn_A}{V_r dt} = -\frac{dc_A}{dt} = c_{Ao}\frac{dx_A}{dt}$$

2.2.2 间歇釜式反应器的热量衡算

温度是反应器操作的敏感因素。首先,温度是影响反应速率的因素之一,而反应速率与转化率、收率以及反应器的生产强度直接相关。另一方面,温度影响到反应物料的物理性质,从而影响到传热和传质速率及搅拌功率。对于多数反应过程反应器采用变温操作更利于优化反应条件,间歇釜式反应器易做到变温操作。变温操作的间歇釜式反应器内,反应温度随时间变化。

通过对间歇釜式反应器的热量衡算,可得出反应温度随时间的变化关系。设反应时间为 t,对应的反应温度为 T;时间变化 dt 时,反应温度变化 dT。间歇釜内反应物料的质量为 m,反应物料的平均热容为 $\overline{C}_p$。在 dt 时间内,对间歇釜式反应器内反应体积进行热量衡算:

反应热:

$$dH_1 = \Delta H_r(-R_A)V_r dt$$

反应物料温度变化 dT,吸收或放出的热量:

$$\Delta H_2 = m\overline{C}_p dT$$

反应物系与环境交换的热量：

$$dH_3 = UA(T - T_c)dt$$

式中　U—— 传热系数；

A—— 传热面积；

T_c—— 换热介质的温度。

反应物系热量衡算式：

$$dH_1 + \Delta H_2 + dH_3 = 0$$

各项热量表达式代入，并整理得：

$$m\overline{C}_p \frac{dT}{dt} = (-\Delta H_r)(-R_A)V_r - UA(T - T_c) \tag{2.31}$$

式(2.31)是间歇釜式反应器内反应物料的温度随时间变化的关系式。

等温反应过程，$dT = 0$，式(2.31)化为：

$$(-\Delta H_r)(-R_A)V_r = UA(T - T_c) \tag{2.32}$$

间歇釜操作属非稳态过程，反应速率随浓度和温度变化。由此可见，反应放热速率或吸热速率也随时间而变。只有换热速率与反应放热或吸热速率相等时，才能维持等温操作。工业应用的间歇反应器反应过程常是变温过程，尤其是热效应较大的反应过程。

变温间歇釜式反应器的设计，须将物料衡算式(2.30)和热量衡算式(2.31)联立求解。

由式(2.30)变换得出反应过程中关键组分 A 的转化率随时间的变化：

$$n_{A0} \frac{dx_A}{dt} = (-R_A)V_r \tag{2.33}$$

联立物料衡算式(2.33)和热量衡算式(2.31)有：

$$m\overline{C}_p \frac{dT}{dt} = (-\Delta H_r)n_{A0} \frac{dx_A}{dt} - UA(T - T_c) \tag{2.34}$$

对于复合反应体系，反应热应包括各个反应的反应热。由式(2.31)变换为复合反应体系热量衡算式为：

$$m\overline{C}_p \frac{dT}{dt} = V_r \sum_{j=1}^{M} (\Delta H_r)_j r_j - UA(T - T_c) \tag{2.35}$$

复合反应体系的物料衡算式(2.30)与热量衡算式(2.35)联立，可求解变温间歇釜式反应器内进行复合反应时的反应时间。

当反应在绝热条件下进行时，式(2.34)化为：

$$m\overline{C}_p dT = (-\Delta H_r)n_{A0} dx_A \tag{2.36}$$

积分式(2.36)得出绝热反应过程，温升与转化率的关系式：

$$T - T_0 = \frac{n_{A0}(-\Delta H_r)}{m\overline{C}_p} x_A \tag{2.37}$$

式(2.37)中，T_0为反应起始温度，初始转化率为零。ΔH_r取基准温度 T_0下的值，$\overline{C}_p$取 T_0到 T 之间的平均值。由此可得出，绝热反应过程中反应温度 T 与转化率 x_A呈线性关系。

反应速率为温度和浓度的函数，依绝热反应过程温度与转化率的关系式(2.37)，可将绝热反应温度表达为转化率的函数，由此反应速率R_A可变换为单一变量 x_A的函数。R_A代入间歇釜物料衡算式(2.30)，便可积分计算得出变温操作反应时间。

2.2.3 间歇釜式反应器反应时间优化

间歇操作的生产周期包括反应时间和辅助时间。反应时间指装料后反应开始至达到所要求的转化率或产品收率指标所用的时间。辅助时间指装料、卸料及清洗等所需的时间。通常辅助时间取一定值。间歇釜反应过程中，反应物的浓度随反应时间的延长而降低，相应的反应速率也降低，而反应产物的浓度则随反应时间的延长而增加。显然，反应时间延长会增加产品的产量。若以生产单位产品所消耗的原料量最少为目标，则反应时间越长对应的原料单耗越少。若以单位操作时间所得产品产量最大为目标，或以生产费用最低为目标，就需要确定相应的最优反应时间。

间歇釜内优化反应时间的求解，首先须列出优化的目标函数，然后目标函数对时间求导并令其为零，求解可得出优化反应时间，或整理出优化反应时间符合的关系式。

如以单位操作时间产品产量最大为目标。反应产物 R 的浓度为c_R，则单位操作时间所得产品产量表示为：

$$F_R = \frac{V_r c_R}{t + t_o}$$

目标函数对反应时间求导：

$$\frac{dF_R}{dt} = \frac{V_r\left[(t + t_o)\frac{dc_R}{dt} - c_R\right]}{(t + t_o)^2}$$

令$\frac{dF_R}{dt}=0$，得出单位时间产物产量最大所满足的条件，由此可确定最优反应时间。

$$\frac{dc_R}{dt} = \frac{c_R}{t + t_o}$$

若以生产费用最低为目标，设单位时间内反应操作费用为 a，辅助操作费用为a_o，固定费用为a_f，则生产单位质量的产品所需总费用为：

$$A_T = \frac{at + a_o t_o + a_f}{V_r c_R}$$

目标函数对反应时间求导：

$$\frac{dA_T}{dt} = \frac{1}{V_r c_R^2}\left[a c_R - (at + a_o t_o + a_f)\frac{dc_R}{dt}\right]$$

令 $\frac{dA_T}{dt}=0$，生产费用最低所满足的条件为：

$$\frac{dc_R}{dt} = \frac{a c_R}{at + a_o t_o + a_f}$$

例 2.7 在反应体积为 1 000 L 的等温间歇反应器中进行液相均相反应：

$$A + B \longrightarrow C + D$$

反应速率 $r_A = k c_A c_B$ mol/(L·min)，反应速率常数 $k=5.6$ L/(mol·min)，$c_{Ao}=c_{Bo}=0.02$ mol/L，间歇生产辅助时间$t_o=20$ min。试求：

(1) 最终转化率达到 95%时，产物 C 的日产量；

(2) 产物 C 的最大日产量。

解 (1) 反应时间：

$$t = c_{Ao}\int_0^{x_A} \frac{dx_A}{kc_A c_B} = c_{Ao}\int_0^{x_A} \frac{dx_A}{kc_{Ao}^2(1-x_A)^2} = \frac{x_A}{kc_{Ao}(1-x_A)}$$

最终转化率达到 95%时，每釜反应时间：

$$t=\frac{0.95}{5.6\times 0.02(1-0.95)}=169.6(\text{min})$$

产物 C 的日产量：

$$V_r c_{Ao} x_{Af}\frac{24\times 60}{t+t_o}=1\ 000\times 0.02\times 0.95\times\frac{24\times 60}{169.6+20}=144.3\ (\text{mol/d})$$

(2) 单位操作时间产物 C 的产量：

$$F_C = \frac{V_r c_C}{t+t_o} = \frac{V_r c_{Ao} x_A}{t+t_o}$$

图 2.7 所示为单位时间产物 C 产量F_C与反应时间 t 的关系，查出反应时间 $t=13.4$ min 时，$F_C=0.36$ mol/min 达到最大值，此时 $x_A=0.6$。

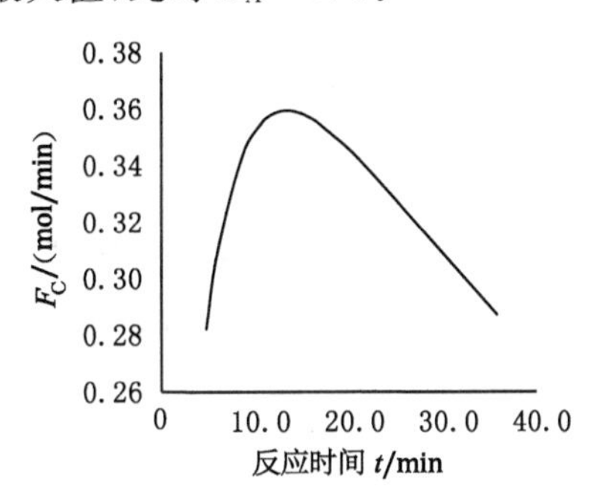

图 2.7　单位时间产物 C 产量与反应时间关系曲线

产物 C 的日产量：

$$V_r c_{Ao} x_A \frac{24\times 60}{t+t_o} = 1\ 000\times 0.02\times 0.6\times\frac{24\times 60}{13.4+20} = 517.4\ (\text{mol/d})$$

2.2.4 间歇釜式反应器体积

间歇釜式反应器采用分批操作。完成一定的生产任务所需间歇釜式反应器的体积的确定是设计的主要任务之一。其中以反应时间的计算及优化最为重要，辅助时间根据经验确定。

由间歇釜式反应器的物料衡算式，若 $t=0$ 时，$x_A=0$，积分可求 A 的转化率达到x_{Af}时所需的反应时间：

$$t = \int_0^{x_{Af}} \frac{n_{Ao}\,dx_A}{V_r(-R_A)} \tag{2.38}$$

间歇反应过程可认为是等容过程，有 $n_{Ao}/V_r = c_{Ao}$，式(2.38)可表示为：

$$t = c_{Ao}\int_0^{x_{Af}} \frac{dx_A}{(-R_A)} \tag{2.39}$$

若等温间歇釜中进行一级不可逆反应，$r_A = kc_A$，反应时间为：

$$t = \frac{1}{k}\ln\frac{1}{1-x_{Af}} \tag{2.40}$$

由式(2.40)，一级不可逆反应的反应时间与反应物料的起始浓度无关。

等温间歇釜中进行 α 级反应，$r_A = kc_A^{\alpha}$，反应时间为：

$$t = \frac{(1-x_{Af})^{1-\alpha}-1}{(\alpha-1)kc_{Ao}^{\alpha-1}} \quad (\alpha \neq 1) \tag{2.41}$$

在间歇釜反应时间积分计算中，等温条件下反应速率常数 k 取定值，可移至积分号之外。若为变温操作，则需要对间歇釜进行热量衡算，得出反应温度与转化率的关系式。将反应速率变换为单一变量 x_A 的函数，然后积分得出反应时间。

由间歇反应器的设计方程知，达到一定的转化率指标，所需反应时间取决于反应速率。反应器的体积与反应物料的处理量相关。对于全混流反应器，反应时间取决于初始浓度和最终转化率，与反应器体积无关。由于工业应用的大型反应器内不易做到浓度和温度无梯度，实际反应过程受传递的影响，所需的反应时间与全混流反应器计算值有差异。

间歇釜式反应器单位时间内处理反应物料的体积为Q_o，反应时间为 t，辅助时间为t_o，则间歇釜式反应器的反应体积：

$$V_r = Q_o(t+t_o) \tag{2.42}$$

实际反应器的体积要在反应物料上面留有一定空间。反应釜体积 V 由下式确定：

$$V = \frac{V_r}{f} \tag{2.43}$$

式中，f 为装填系数，取 0.4～0.85。可根据反应物料的性质而定，对于沸腾或易起泡沫的液体物料可取 0.4～0.6，对于不易起泡沫或不沸腾的液体可取 0.7～0.85。

例 2.8 间歇釜内反应 $A+B \longrightarrow R$，反应速率 $r_A = kc_Ac_B$ kmol/(m³ · s)，反应速率常数 $k=1.37\times10^{12}\exp\left(-\frac{12\,628}{T}\right)$ m³/(kmol · s)，反应物初始浓度分别为$c_{Ao}=4.55$ kmol/m³，$c_{Bo}=5.34$ kmol/m³，反应热 $\Delta H_r=-33.5\times10^3$ kJ/kmol，$\rho\overline{C}_p=1\,980$ kJ/(m³ · K)。试求：

(1) 反应从 326 K 开始，在绝热条件下反应温度达到 373 K 后保持等温反应，计算 A 的转化率达 98%时所需的反应时间。

(2) 若原料处理量每天 1 000 m³，每批装料、卸料及清洗等辅助操作时间为 30 min。反应器填充系数取 0.75，则反应器的实际体积是多少？

解 (1) 绝热反应过程温升与转化率关系：

$$T - T_o = \frac{c_{Ao}(-\Delta H_r)}{\rho\overline{C}_p}x_A$$

$$T - 326 = \frac{4.55\times33.5\times10^3}{1\,980}x_A$$

绝热段反应温度与转化率关系：

$$T=326+77x_A$$

绝热段结束时转化率：

$$x_{A1}=\frac{373-326}{77}=0.61$$

反应速率方程变换为：

$$r_A = kc_{Ao}(1-x_A)(c_{Bo}-c_{Ao}x_A)$$

反应时间：

$$t = \int_0^{x_{Af}} \frac{dx_A}{k(1-x_A)(c_{Bo}-c_{Ao}x_A)}$$

绝热段反应时间：

$$t_1 = \int_0^{0.61} \frac{\exp\left(\dfrac{126\ 28}{326+77x_A}\right)}{1.37\times 10^{12}(1-x_A)(5.34-4.55x_A)}\mathrm{d}x_A$$

积分得

$$t_1 = 1\ 383\ \mathrm{s} = 23.1\ \mathrm{min}$$

373 K 等温反应时间：

$$t_2 = \int_{0.61}^{0.98} \frac{\exp\left(\dfrac{12\ 628}{373}\right)}{1.37\times 10^{12}(1-x_A)(5.34-4.55x_A)}\mathrm{d}x_A$$

积分得

$$t_2 = 887\ \mathrm{s} = 14.8\ \mathrm{min}$$

总反应时间：

$$t = t_1 + t_2 = 23.1 + 14.8 = 37.9\ (\mathrm{min})$$

(2) 反应体积

$$V_r = Q_o(t+t_o) = \frac{1\ 000}{24\times 60}\times(37.9+30) = 47.15(\mathrm{m^3})$$

反应器的实际体积：

$$V = \frac{V_r}{f} = \frac{47.15}{0.75} = 62.87(\mathrm{m^3})$$

2.2.5 间歇釜式反应器选择性及收率

(1) 平行反应

如等温间歇釜中进行平行反应，P 为目的产物：

$$\mathrm{A} \longrightarrow \mathrm{P} \qquad r_P = k_1 c_A$$

$$\mathrm{A} \longrightarrow \mathrm{Q} \qquad r_Q = k_2 c_A$$

由于反应体系有两个独立反应，因此关键组分数为 2。列出反应组分的物料衡算式：

$$V_r(k_1+k_2)c_A + \frac{\mathrm{d}n_A}{\mathrm{d}t} = 0 \tag{2.44}$$

$$-V_r k_1 c_A + \frac{\mathrm{d}n_P}{\mathrm{d}t} = 0 \tag{2.45}$$

对于恒容均相反应，设 $t=0$ 时，$c_A = c_{Ao}$，$c_P = 0$，$c_Q = 0$，显然，积分式(2.44)得：

$$t = \frac{1}{k_1+k_2}\ln\frac{c_{Ao}}{c_A} \tag{2.46}$$

反应时间确定后，即可确定必需的反应体积。

由式(2.46)得出：

$$c_A = c_{Ao}\exp[-(k_1+k_2)t] \tag{2.47}$$

积分式(2.45)得出：

$$c_P = \frac{k_1 c_{Ao}}{k_1+k_2}\{1-\exp[-(k_1+k_2)t]\} \tag{2.48}$$

由 $c_Q = c_{Ao} - c_A - c_P$ 得出：

$$c_Q = \frac{k_2 c_{Ao}}{k_1 + k_2}\{1 - \exp[-(k_1 + k_2)t]\} \tag{2.49}$$

式(2.47)、式(2.48)及式(2.49)表示两个平行的一级反应体系反应过程中组成与反应时间的关系。

反应体系中目的产物的收率Y_P和瞬时选择性S_P表示为

$$Y_P = \frac{c_P}{c_{Ao}} \tag{2.50}$$

$$S_P = \frac{r_P}{r_A} = \frac{k_1 c_A}{(k_1 + k_2)c_A} = \frac{k_1}{(k_1 + k_2)} \tag{2.51}$$

由式(2.51),若平行反应体系中两个反应均为一级反应时,瞬时选择性只与温度有关。

例 2.9 在等温间歇釜式反应器中进行液相反应,A 和 B 的初始浓度分别为$c_{Ao} = c_{Bo} = 2\ \text{kmol/m}^3$,目的产物为 P。试求:反应时间为 3 h 时 A 的转化率和 P 的收率。

$$A+B \longrightarrow P \qquad r_P = 2c_A\ \text{kmol/(m}^3 \cdot \text{h)}$$

$$2A+B \longrightarrow Q \qquad r_Q = 0.5c_A^2\ \text{kmol/(m}^3 \cdot \text{h)}$$

解 平行反应体系由两个独立反应组成,液相反应过程可视为等容反应过程,列出两个组分 A 和 P 的物料衡算式:

$$\frac{dc_A}{dt} - R_A = 0 \tag{1}$$

$$\frac{dc_P}{dt} - 2c_A = 0 \tag{2}$$

组分 A 转化速率:

$$-R_A = r_P + 2r_Q = 2c_A + 2 \times 0.5c_A^2 = 2c_A + c_A^2$$

对式(1)积分得

$$t = \frac{1}{2}\ln\frac{c_{Ao}(2 + c_A)}{c_A(2 + c_{Ao})} \tag{3}$$

将$c_{Ao} = 2\ \text{kmol/m}^3$,反应时间 $t=3$ h 代入式(3),求出组分 A 的浓度:

$$c_A = 2.482 \times 10^{-3}\ \text{kmol/m}^3$$

组分 A 的转化率为:

$$x_A = \frac{c_{Ao} - c_A}{c_{Ao}} = \frac{2 - 2.482 \times 10^{-3}}{2} = 0.9998 = 99.98\%$$

由式(1)和式(2)相除得下式:

$$\frac{dc_A}{dc_P} = -1 - 0.5c_A$$

对上式积分,得反应 3 h 时目的产物 P 的浓度 c_P。

$$\int_0^{c_P} dc_P = \int_{c_{Ao}}^{c_A} \frac{dc_A}{-1 - 0.5c_A}$$

$$c_P = 2\ln\frac{1 + 0.5c_{Ao}}{1 + 0.5c_A} = 2\ln\frac{1 + 0.5 \times 2}{1 + 0.5 \times 2.482 \times 10^{-3}} = 1.384\ (\text{kmol/m}^3)$$

所以,目的产物 P 的收率:

$$Y_P = \frac{c_P}{c_{Ao}} \times 100\% = \frac{1.384}{2} \times 100\% = 69.2\%$$

(2) 连串反应

如等温间歇釜中进行一级不可逆连串反应，其中 $k_1 \neq k_2$。

$$A \xrightarrow{k_1} P \xrightarrow{k_2} Q$$

连串反应体系中同时进行两个独立反应，选 A 和 P 作为关键组分，建立物料衡算式：

$$-\frac{dc_A}{dt} = k_1 c_A \tag{2.52}$$

$$\frac{dc_P}{dt} = k_1 c_A - k_2 c_P \tag{2.53}$$

初始条件，$t=0$ 时，$c_A = c_{Ao}, c_P = 0, c_Q = 0$。

积分式(2.52)得：

$$c_A = c_{Ao}\, e^{-k_1 t} \tag{2.54}$$

整理得出反应时间与转化率关系：

$$t = \frac{1}{k_1}\ln\frac{c_{Ao}}{c_A} = \frac{1}{k_1}\ln\frac{1}{1-x_A} \tag{2.55}$$

由式(2.53)得：

$$\frac{dc_P}{dt} + k_2 c_P - k_1 c_{Ao}\, e^{-k_1 t} = 0 \tag{2.56}$$

结合初始条件，解一阶线性微分方程式(2.56)得：

$$c_P = \frac{k_1 c_{Ao}}{k_1 - k_2}(e^{-k_2 t} - e^{-k_1 t}) \tag{2.57}$$

组分 Q 的浓度为：

$$c_Q = c_{Ao} - c_A - c_P$$

有：

$$c_Q = c_{Ao}\left(1 + \frac{k_2 e^{-k_1 t} - k_1 e^{-k_2 t}}{k_1 - k_2}\right) \tag{2.58}$$

式(2.54)、式(2.57)、式(2.58)表示反应体系各组分浓度随反应时间的变化，如图 2.8 所示。中间产物 P 的浓度随反应时间的增加先增后减，存在最大值。这是连串反应的特点。控制反应时间，可使目的产物 P 的收率最大。

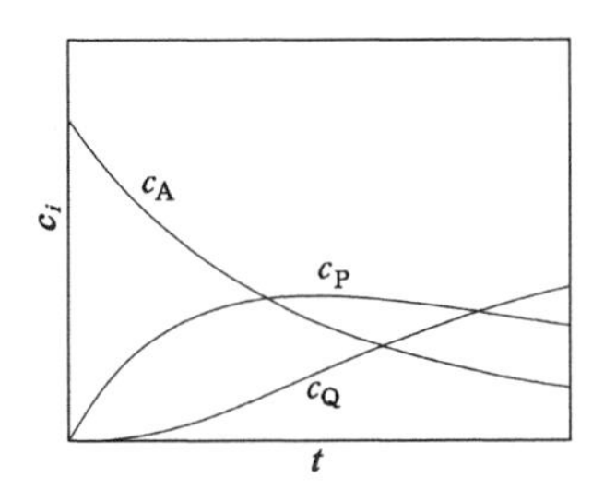

图 2.8　连串反应浓度变化

依收率定义，间歇釜中组分 P 的收率为：

$$Y_{P,B} = \frac{c_P}{c_{Ao}} = \frac{k_1}{k_1 - k_2}(e^{-k_2 t} - e^{-k_1 t}) \tag{2.59}$$

将式(2.59)中 $Y_{P,B}$ 对 t 求导，令 $dY_{P,B}/dt = 0$，可得最优反应时间。

由式(2.59)，对于一级不可逆连串反应，得最优反应时间：

$$t_{op} = \frac{\ln(k_1/k_2)}{k_1 - k_2} \tag{2.60}$$

将式(2.60)代入式(2.59)，取 $t=t_{op}$，依收率定义得出间歇釜组分 P 的最大收率：

$$(Y_{P,B})_{max} = \left(\frac{k_1}{k_2}\right)^{\frac{k_2}{k_2-k_1}} \tag{2.61}$$

将式(2.55)代入式(2.59),整理得间歇釜中间产物P的收率与A组分转化率的关系：

$$Y_{P,B} = \frac{k_1}{k_1 - k_2}\left[(1 - x_A)^{k_2/k_1} - (1 - x_A)\right] \tag{2.62}$$

特别地,当一级不可逆连串反应的速率常数相等,即$k_1 = k_2$时,由式(2.56)解得：

$$c_P = c_{A0} k_1 t\, e^{-k_1 t}$$

此时,中间产物组分P的收率为：

$$Y_{P,B} = k_1 t\, e^{-k_1 t} \tag{2.63}$$

最优反应时间：

$$t_{op} = \frac{1}{k_1}$$

组分P的最大收率为：

$$(Y_{P,B})_{max} = 1/e = 0.368$$

将式(2.55)代入式(2.63),整理得中间产物P的收率与A组分转化率的关系：

$$Y_{P,B} = (x_A - 1)\ln(1 - x_A) \tag{2.64}$$

对于非一级连串反应,随反应时间变化中间产物存在最大浓度。多数情况下需用数值解法求解。反应时间确定后,即可求出反应体积。

例2.10 在等温间歇釜式反应器中进行连串反应,反应温度下$k_2/k_1 = 0.68$,试求:获取目的产物B的最大收率时组分A的转化率。

$$A + M \xrightarrow{k_1} B + W \qquad r_1 = k_1 c_A c_M$$

$$B + M \xrightarrow{k_2} E + W \qquad r_2 = k_2 c_B c_M$$

解 连串反应体系有两个独立方程,取两个变量:目的产物B的收率Y_B和A的转化率x_A。

反应组分A的转化速率：

$$(-R_A) = -\frac{dc_A}{dt} = r_1 = k_1 c_A c_M$$

中间产物B的生成速率：

$$R_B = \frac{dc_B}{dt} = r_1 - r_2 = k_1 c_A c_M - k_2 c_B c_M$$

两反应速率式相除得：

$$-\frac{dc_B}{dc_A} = 1 - \frac{k_2 c_B}{k_1 c_A}$$

其中

$$c_A = c_{A0}(1 - x_A),\ c_B = c_{A0} Y_B$$

则

$$\frac{dY_B}{dx_A} = 1 - \frac{k_2 Y_B}{k_1(1 - x_A)}$$

解此一阶线性常微分方程,得

$$Y_B = (1 - x_A)^{k_2/k_1}\left[\frac{-(1 - x_A)^{1 - k_2/k_1}}{1 - k_2/k_1} + c\right]$$

初始条件为:$x_A = 0, Y_B = 0$,则有

$$c=\frac{1}{1-k_2/k_1}$$

目的产物 B 的收率：

$$Y_B=\frac{1}{1-k_2/k_1}[(1-x_A)^{k_2/k_1}-(1-x_A)]$$

令

$$\frac{dY_B}{dx_A}=0$$

$$\frac{dY_B}{dx_A}=\frac{1}{1-k_2/k_1}\left[\frac{-k_2}{k_1}(1-x_A)^{k_2/k_1-1}+1\right]=0$$

整理得：

$$\frac{k_2}{k_1}(1-x_A)^{k_2/k_1-1}=1$$

由上式解得：

$$x_A=1-\left(\frac{k_1}{k_2}\right)^{\frac{1}{k_2/k_1-1}}=1-(1/0.68)^{\frac{1}{0.68-1}}=0.7$$

所以，目的产物 B 的最大收率为：

$$Y_B=\frac{1}{1-0.68}[(1-0.7)^{0.68}-(1-0.7)]=0.441=44.1\%$$

2.2.6　连续釜式反应器物料衡算

连续操作的釜式反应器可视为定态操作，反应过程中连续釜内浓度和温度均不随时间变化。连续釜式反应器多用于液相反应，反应过程可认为是等容反应。

假定反应器进出口的物料流量相等，即 $Q_o=Q$，定态操作，$dn_i/dt=0$，由物料衡算式(2.28)，连续釜物料衡算式为：

$$V_r=\frac{Q_o(c_i-c_{io})}{R_i} \tag{2.65}$$

式(2.65)即连续釜设计方程。

若连续釜内进行单一反应，对关键组分 A 进行物料衡算，连续釜反应体积计算式：

$$V_r=\frac{Q_o(c_A-c_{Ao})}{(-r_A)} \tag{2.66}$$

或

$$V_r=\frac{Q_o c_{Ao} x_A}{r_A} \tag{2.67}$$

或

$$\tau=\frac{c_{Ao}x_A}{r_A} \tag{2.68}$$

若连续釜内进行复合反应，对关键组分 i 进行物料衡算，关键组分数 K 可取独立反应数。

$$V_r=\frac{Q_o(c_i-c_{io})}{\sum\limits_{j=1}^{M}\nu_{ij}\bar{r}_j}\quad(i=1,2,\cdots,K) \tag{2.69}$$

或

$$\tau = \frac{(c_i - c_{io})}{\sum_{j=1}^{M} \nu_{ij} \overline{r}_j} \quad (i = 1,2,\cdots,K) \tag{2.70}$$

定态操作的连续釜内反应在等温和等浓度下进行，因而反应速率在反应过程中是一恒定值。连续釜内浓度、温度及反应速率值与出口状态下的值相同。等反应速率是连续釜不同于其他反应器的一个显著特点。

如关键组分 A 的出口转化率为 x_{Af}，则连续釜内反应体积为：

$$V_r = \frac{Q_o c_{Ao} x_{Af}}{-R_A x_{Af}} \tag{2.71}$$

连续釜的空时定义为反应体积与反应器入口体积流量之比：

$$\tau = \frac{V_r}{Q_o} \tag{2.72}$$

空时具有时间的因次。引用空间时间（简称空时）的概念可表示连续操作反应器的生产能力。对于等容均相反应过程，空时等于物料在反应器内的平均停留时间。

空时的倒数为空速，指单位反应体积单位时间内所处理的物料量。空速的因次为空时的倒数。空速越大，表示反应器的生产能力越大。为了便于比较，气相反应通常采用标准状况下的体积流量。固相催化反应以催化剂的质量或催化剂的堆体积表示反应空间，因此有质量空速与体积空速之分。质量空速指单位质量催化剂在单位时间内处理的物料量。体积空速指单位体积催化剂单位时间内处理的物料量。在液体进料，经汽化后进行气相反应的情况下，进料流量按液体体积计算时所得的空速，称为液空速。有时也按某一特定反应组分计算空速，如碳空速、烃空速等。

例 2.11 在连续釜式反应器中进行液相反应，A 和 B 的初始浓度相同，分别为 $c_{Ao} = c_{Bo} = 2\ \text{kmol/m}^3$，P 为目的产物。试求：反应空时为 3 h 时反应器出口转化率；反应器出口状态下 P 的选择性和收率。

$$A + B \longrightarrow P \qquad r_P = 2c_A\ \text{kmol/(m}^3 \cdot \text{h)}$$

$$2A + B \longrightarrow Q \qquad r_Q = 0.5c_A^2\ \text{kmol/(m}^3 \cdot \text{h)}$$

解 平行反应体系由两个独立反应组成，液相反应过程视为等容反应过程，列出两个组分 A 和 P 的物料衡算式。

$$\tau = \frac{V_r}{Q_o} = \frac{c_{Ao} - c_A}{2c_A + c_A^2} \tag{1}$$

$$\tau = \frac{c_P}{2c_A} \tag{2}$$

将 $\tau = 3$ h，$c_{Ao} = 2\ \text{kmol/m}^3$ 代入式(1)，则

$$3c_A^2 + 7c_A - 2 = 0$$

解方程得

$$c_A = 0.257\ 3\ \text{kmol/m}^3$$

所以

$$c_P = 3 \times 2 \times 0.257\ 3 = 1.544\ (\text{kmol/m}^3)$$

目的产物 P 的收率：

$$Y_P = \frac{c_P}{c_{Ao}} \times 100\% = \frac{1.544}{2} \times 100\% = 77.2\%$$

出口转化率：

$$x_A = \frac{c_{A0} - c_A}{c_{A0}} = \frac{2 - 0.2573}{2} = 0.8714$$

出口选择性：

$$S_P = \frac{Y_P}{x_A} \times 100\% = \frac{0.772}{0.8714} \times 100\% = 88.6\%$$

瞬时选择性：

$$S_P = \frac{R_P}{-R_A} \times 100\% = \frac{2c_A}{2c_A + c_A^2} \times 100\% = \frac{2 \times 0.2573}{2 \times 0.2573 + 0.2573^2} \times 100\% = 88.6\%$$

连续釜式反应器内反应过程为稳态过程。假定反应物料的流动符合全混流模型，釜内反应物料的浓度和温度分别在反应空间位置上无梯度，且不随时间变化。釜内浓度、温度与反应器出口状态相同。所以，反应速率和瞬时选择性均为定值。由于该平行反应中主反应的反应级数较小，当连续釜式反应器出口转化率越高或出口浓度越小时，越有利于目的产物选择性地提高。但是，当反应器出口浓度越低时相应的反应速率越慢。对于一定的处理量，若要求较高的出口转化率时，所需要的空时越大，相应地需要较大的反应体积。连续釜与间歇釜相比，当要求具有相同的最终转化率时，连续釜内的物料浓度低于间歇釜。

2.2.7　连续釜式反应器热量衡算

全混流反应釜内，反应物料的浓度和温度均匀一致。若连续釜内反应温度不随时间变化，则为定态操作。反应过程中表现出的定态反应温度可由热量衡算和物料衡算确定。

假设反应物料的密度为 ρ，以进料温度 T_0 为基准温度，反应热为 ΔH_r，反应温度 T 与 T_0 之间的平均热容为 $\overline{C}_p$。

定态操作下连续釜式反应器的热量衡算：

$$Q_0 \rho \overline{C}_p (T - T_0) + (\Delta H_r)_{T_0} r_A V_r = UA(T_c - T) \tag{2.73}$$

若连续釜式反应器内进行复合反应时，热量衡算式为：

$$Q_0 \rho \overline{C}_p (T - T_0) + V_r \sum_{j=1}^{M} (\Delta H_r)_{j,T_0} r_j = UA(T_c - T) \tag{2.74}$$

式(2.74)中，$j = 1, 2, \cdots, M$，M 为复合反应体系中客观存在的反应数。

若连续釜关键组分 A 的转化率为 x_A，则反应量为 $Q_0 c_{A0} x_A$。

$$r_A V_r = Q_0 c_{A0} x_A$$

连续釜的热量衡算式(2.73)变换为：

$$Q_0 [\rho \overline{C}_p (T - T_0) + (\Delta H_r)_{T_0} c_{A0} x_A] = UA(T_c - T) \tag{2.75}$$

由式(2.75)可计算连续釜需要的换热量，从而确定换热介质用量。

若连续釜在绝热条件下进行反应，假定反应釜入口 $x_{A0} = 0$，则绝热温升与转化率关系为：

$$T - T_0 = \frac{c_{A0} (-\Delta H_r)_{T_0}}{\rho \overline{C}_p} x_A \tag{2.76}$$

以 λ 表示绝热温升，其是指当反应物系中的 A 全部转化时，物系温度升高（放热）或降低（吸热）的值。当 $\overline{C}_p$ 取定值时，λ 为一定值。绝热式反应釜反应温度 T 与转化率 x_A 为线性关系。

$$\lambda = \frac{c_{A_0}(-\Delta H_r)_{T_0}}{\rho \overline{C}_p} \tag{2.77}$$

$$T - T_0 = \lambda x_A \tag{2.78}$$

连续釜式反应器内，强烈的搅拌使釜内物料处于全混流状态，绝热条件下反应仍然在等温下进行。因此，绝热式连续釜仍为定态操作。釜内反应温度取决于入口温度T_0和出口转化率x_{Af}。釜内浓度和温度与出口一致。间歇反应器在绝热条件下，反应温度随时间而升高（放热反应）或降低（吸热反应）。

2.2.8 连续釜式反应器定态操作

若定态操作的连续釜式反应器内进行一级不可逆放热反应，反应速率方程为：

$$r_A = A\exp\left(-\frac{E}{RT}\right)c_{A_0}(1 - x_A)$$

连续釜物料衡算式：

$$V_r = \frac{Q_0 x_A}{A\exp[-E/(RT)](1 - x_A)} \tag{2.79}$$

由式(2.79)整理得出定态操作的转化率与温度关系式：

$$x_A = \frac{A\tau\exp[-E/(RT)]}{1 + A\tau\exp[-E/(RT)]} \tag{2.80}$$

其中$\tau = V_r/Q_0$。

连续釜热量衡算式：

$$Q_0\rho\overline{C}_p(T - T_0) + (\Delta H_r)_{T_0}V_r A\exp[-E/(RT)]c_{A_0}(1 - x_A) = UA(T_c - T) \tag{2.81}$$

将式(2.80)代入式(2.81)有：

$$Q_0\rho\overline{C}_p(T - T_0) + KU(T - T_c) = \frac{(\Delta H_r)_{T_0}V_r c_{A_0} A\exp[-E/(RT)]}{1 + A\tau\exp[-E/(RT)]} \tag{2.82}$$

换热速率记为q_r：

$$q_r = Q_0\rho\overline{C}_p(T - T_0) + UA(T - T_c) \tag{2.83}$$

换热速率q_r与反应温度 T 呈线性关系。

反应放热速率记为q_q：

$$q_q = \frac{(\Delta H_r)_{T_0}V_r c_{A_0} A\exp[-E/(RT)]}{1 + A\tau\exp[-E/(RT)]} \tag{2.84}$$

反应放热速率q_q与反应温度 T 呈非线性关系，表现为一“S”形曲线。

联立式(2.83)和式(2.84)，令$q_r = q_q$，解得温度 T 是满足定态操作的物料衡算和热量衡算的温度。作图求解定态温度点，q_q-T、q_r-T 两线的交点 M、P、N 对应的温度 T_M、T_P、T_N 即是连续釜式反应器定态操作的温度点，如图 2.9 所示。

比较三个定态温度点处反应热曲线和换热线的斜率特征，将其分为两种情况：① 反应热曲线(q_q-T)的斜率大于换热线(q_r-T)的斜率，如 P 点；② 若换热线(q_r-T)的斜率大于反应热曲线(q_q-T)的斜率，如 M、N 点。当温度波动偏离定态点温度时，两类定态温度点能否稳定与其斜率的相对大小有关。

如图 2.9 中定态点 P，定态温度为T_s，对应$(q_r)_s = (q_q)_s$。当温度波动 $\Delta T > 0$，反应温

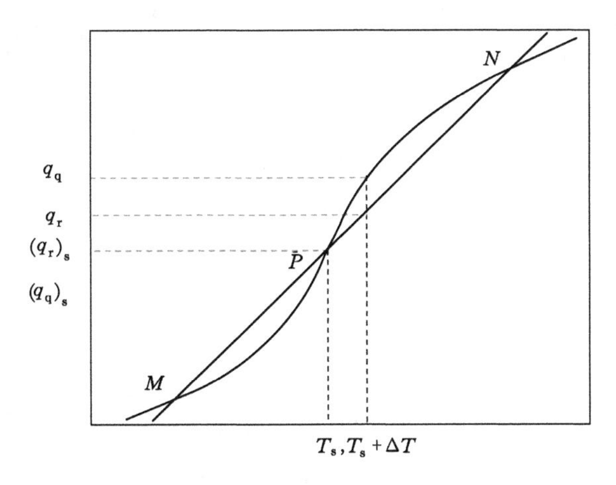

图 2.9　连续釜定态温度

度为 $T+\Delta T$ 时，对应换热速率和反应放热速率分别为q_r和q_q。

$$q_r = (q_r)_s + \frac{dq_r}{dT}(\Delta T)$$

$$q_q = (q_q)_s + \frac{dq_q}{dT}(\Delta T)$$

P 点处

$$\frac{dq_q}{dT} > \frac{dq_r}{dT}$$

则

$$q_q > q_r$$

说明，当反应放热曲线的斜率大于换热线斜率时，定态点温度波动增加引起反应放热速率大于换热速率，致使反应温度持续升高，反应体系不具有自衡能力。

同理，定态点 M、N 处换热线斜率大于反应放热曲线的斜率时，当温度波动 $\Delta T>0$ 或 $\Delta T<0$ 时，均能恢复到原来的定态温度，反应体系具有温度自衡能力。

换热线的斜率大于反应放热曲线的斜率是维持定态操作的必要条件，又称斜率条件。

$$\frac{dq_r}{dT} > \frac{dq_q}{dT} \tag{2.85}$$

式(2.85)是维持定态操作的必要条件，但不是充分条件，需结合其他条件才能构成定态稳定的充分必要条件。

改变连续釜的操作条件，如改变连续釜入口流量Q_0可使换热线(q_r-T)的斜率和截距发生变化。改变入口温度T_0或换热介质温度 T_c，换热线的截距相应改变。入口流量 Q_0的变化影响空时 τ 的大小，反应放热曲线(q_q-T)的“S”形状及位置也发生变化。定态温度点是换热线和反应放热曲线的交点。改变操作条件时，定态点温度及定态点个数也随着两条线位置的改变而变化。只有放热反应才可能出现多重定态现象，而吸热反应的定态总是唯一的。

式(2.82)各项同除以$Q_0\rho\overline{C}_p$，得

$$(T-T_o)+\frac{UA}{Q_o\rho\overline{C}_p}(T-T_c)=\frac{(\Delta H_r)_{T_o}c_{Ao}}{\rho\overline{C}_p}\frac{A\tau\exp[-E/(RT)]}{1+A\tau\exp[-E/(RT)]} \tag{2.86}$$

令

$$N=\frac{UA}{Q_o\rho\overline{C}_p}$$

由式(2.77)

$$\lambda=\frac{(-\Delta H_r)_{T_o}c_{Ao}}{\rho\overline{C}_p}$$

式(2.86)改写为：

$$(T-T_o)+N(T-T_c)=\frac{\lambda A\tau\exp[-E/(RT)]}{1+A\tau\exp[-E/(RT)]} \tag{2.87}$$

式(2.87)中，进料换热和换热介质换热项之和记为：

$$q_r=(1+N)T-(T_o+NT_c) \tag{2.88}$$

式(2.88)表示定态条件下的换热项q_r与反应温度 T 呈线性关系，其斜率为$(1+N)$，截距为$-(T_o+NT_c)$。

式(2.88)中，反应的放热项记为：

$$q_q=\frac{\lambda A\tau\exp[-E/(RT)]}{1+A\tau\exp[-E/(RT)]} \tag{2.89}$$

式(2.89)表示反应热项q_q与反应温度 T 呈非线性关系，其形状为“S”形曲线。

仅当连续釜入口流量Q_o增加时，依式(2.88)换热线斜率$(1+N)$增大，截距$-(T_o+NT_c)$减小。依式(2.89)，随Q_o增加空时 τ 减小，反应放热曲线的斜率减小，即“S”形曲线向水平方向变化。反之亦然。

仅当连续釜入口流量$Q_o\to0$ 时，式(2.88)中 $N\to\infty$，在$(q_r\text{-}T)$图中换热线表现为一条垂线。依式(2.82)，取$Q_o=0$ 及 $q_r=0$ 时，则 $T=T_c$。式(2.89)中 $\tau\to\infty$，则 $q_q=\lambda$，说明反应放热曲线趋于一条水平线 $q_q=\lambda$。

仅当连续釜入口流量增加到很大$Q_o\to\infty$时，式(2.88)中 $N\to0$，在 $q_r\text{-}T$ 图中换热线斜率 $\mathrm{d}q_r/\mathrm{d}T=1$。式(2.89)中 $\tau\to0$，则$q_q=0$，说明反应放热曲线趋于坐标横轴$q_q=0$。

综上分析，仅当连续釜入口流量Q_o变化时，定态点的变化范围介于两条换热线 $T=T_c$、$\mathrm{d}q_r/\mathrm{d}T=1$ 和两条反应放热曲线 $q_q=\lambda$、$q_q=0$ 之间。随连续釜入口流量Q_o变化，换热线变化具有共同的交点 (T_c,T_c-T_o)，如图 2.10 所示。

为了使反应器稳定操作，使用较大的传热面积及较小的传热温差等有助于反应器稳定操作。釜式反应器多用来进行液相反应，由于液体的热容量较大和温度变化较小，反应过程中不易出现温度的大幅度波动。因此，如果釜式反应器调控措施适当，在非定态点也可维持稳定操作。

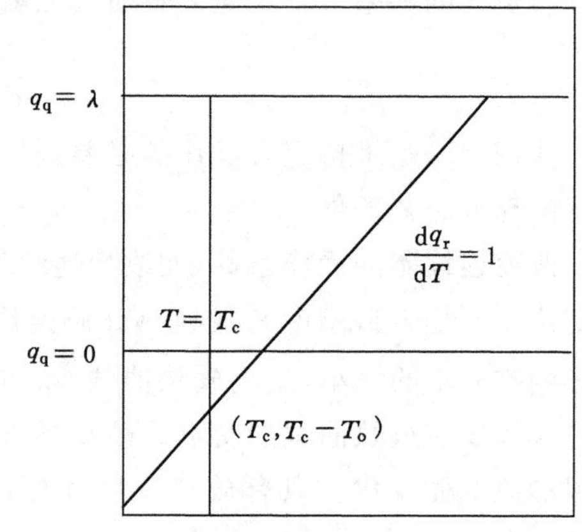

图 2.10　入口流量对定态点的影响

例 2.12　绝热连续釜式反应器内，顺丁烯二酸酐(A)与正己醇(B)反应生产顺丁烯二酸己酯(R)。反应速率为 $r_A = kc_Ac_B$ $kmol/(m^3 \cdot s)$，反应速率常数 $k=1.37\times10^{12}\exp(-12\ 628/T)m^3/(kmol \cdot s)$。混合原料液在 $T_o=326$ K 下，以 $Q_o=0.01\ m^3/s$ 的流量通入反应体积 $V_r=2.65\ m^3$ 的釜内，进料液中 $c_{Ao}=4.55\ kmol/m^3$，$c_{Bo}=5.43\ kmol/m^3$。反应热 $\Delta H_{rT_o}=-33.5$ kJ/mol，反应混合物的平均体积比热容 $\rho\overline{C}_p=1\ 980\ kJ/(m^3 \cdot K)$。

试求：(1) 反应器出口转化率及温度；

(2) 当混合原料液的初始温度提高，加大混合原料液流量时，定态点个数及定态温度如何变化。

解　(1) 绝热条件下反应，对连续釜式反应器物料衡算和热量衡算，有

$$V_r = \frac{Q_o c_{Ao} x_A}{kc_A c_B} \tag{1}$$

$$T - T_o = \frac{c_{Ao}(-\Delta H_r)_{T_o}}{\rho\overline{C}_p} x_A \tag{2}$$

由式(2)得出，$x_A=0.012\ 99T-4.235$。

将 x_A 代入式(1)，整理得

$$\frac{(T-326)\exp(12\ 628/T)}{(403-T)(416.4-T)} = 2.146\times10^{13}$$

解得反应器出口定态点温度为：

$$T_1=328.9\ K, T_2=364.4\ K, T_3=389.9\ K$$

相应的反应器出口转化率为：

$$x_{Af1}=3.74\%, x_{Af2}=49.86\%, x_{Af3}=83.0\%$$

三重定态点中 T_1、T_3 为稳定的定态点，而 T_2 为不稳态定态点。

令

$$q_r = Q_o\rho\overline{C}_p(T-T_o)$$

$$q_q = Q_o c_{Ao}(-H_r)_{T_o} x_A$$

作图 q_r-T 和q_q-T，两线交点即定态操作点，如图 2.11 所示。其中 T_1、T_3 符合定态操作斜率条件，为稳定定态点。T_1定态点温度较低，对应转化率低，实际操作不宜采用。

(2) 如图 2.12 所示，当初始温度升高，如$T_o=331.5$ K，$Q_o=0.01\ m^3/s$ 时，由于 q_r-T 线截距$(-Q_o\rho\overline{C}_pT_o)$减小而向下平移，致使定态点个数减少和定态温度提高。此时，q_q-T 线不变。

当加大原料液流量，如$Q_o=0.015\ m^3/s$，$T_o=326$ K 时，q_q-T 线和q_r-T 线均变化，q_r-T 的斜率$Q_o\rho\overline{C}_p$增加，截距减小，定态点数减少和定态温度降低。

若将例 2.12 所述反应体系改在换热式连续釜式反应器内，取传热系数 $U=500\ W/(m^2 \cdot K)$，换热面积 $A=10\ m^2$，反应器入口温度$T_o=360$ K，冷却介质温度 $T_c=295$ K，入口流量Q_o分别取 $1\times10^{-7}\ m^3/s$、$1\times10^{-2}\ m^3/s$、$1\times10^{-3}\ m^3/s$、$20\ m^3/s$，换热线和反应放热曲线绘于图 2.13。其中反应放热曲线变化范围介于$q_q=0$ 和$q_q=77$ K 之间，换热线变化范围介于$dq_r/dT=1$ 和 $T=295$ K 之间，不同的换热线交于共同点(295，−65)。在此条件下，定态点被限于$q_q=0$、$q_q=77$ K、$dq_r/dT=1$、$T=295$ K 四条线围成的区域内。

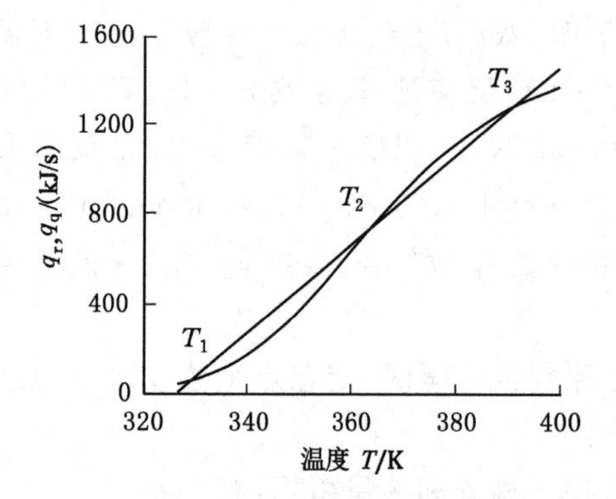

图 2.11　连续釜定态点及变化

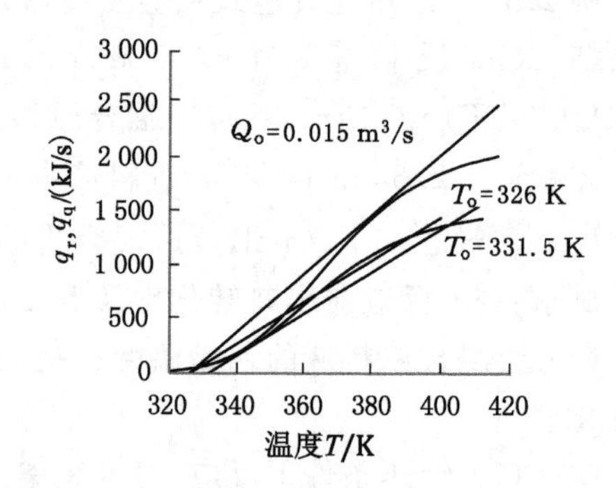

图 2.12　连续釜定态点及变化

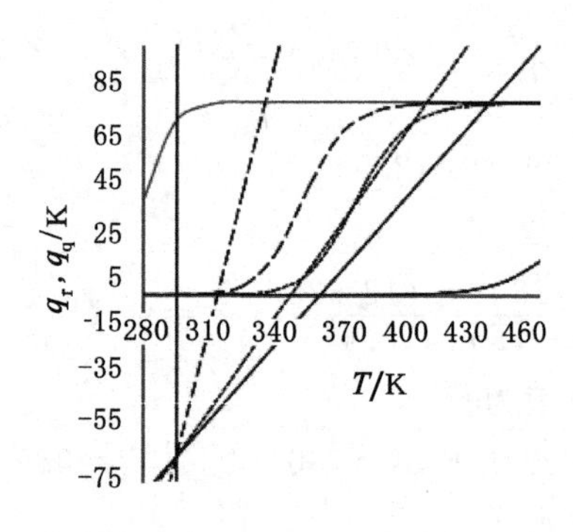

图 2.13　Q_o 对定态点的影响

2.2.9　连续釜式反应器的并联与串联

工业生产中根据生产量和对反应过程优化的要求，常采用数个反应釜串联或并联的方式使用。若单一反应釜所需的反应体积过大时，就需用若干个体积较小的反应釜并联使用。图 2.14 所示为两个反应釜并联。采用反应釜并联的方式，各反应釜的进料以保证空时一致为原则。空时相同时，各反应釜的出口转化率相等。

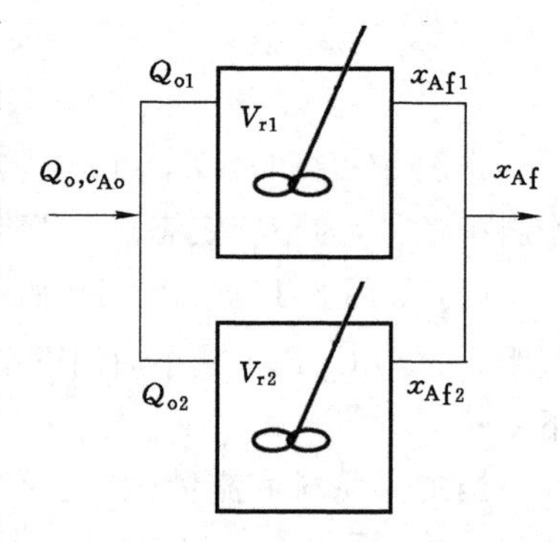

图 2.14　釜式反应器的并联

图 2.15 表示 N 个反应体积分别为 $V_{r1}, V_{r2}, \cdots, V_{rN}$ 的反应釜串联。

假定串联的各釜均为全混流釜，反应釜之间连接管内为平推流且不发生反应，反应过程发生在反应釜内。由此可知，前一反应釜出口浓度和温度即下一反应釜入口的浓度和温度。每个反应釜出口转化率均以第一个反应釜入口原料为基准。

对串联反应釜中任一釜，如第 P 釜，作关键组分 i 的物料衡算，可得方程组：

$$V_{rP} = \frac{Q_o(c_{iP} - c_{iP-1})}{\left(\sum_{j=1}^{M} \nu_{ij}\bar{r}_j\right)_P} \quad \begin{bmatrix} P = 1,2,\cdots,N \\ i = 1,2,\cdots,K \\ j = 1,2,\cdots,M \end{bmatrix} \tag{2.90}$$

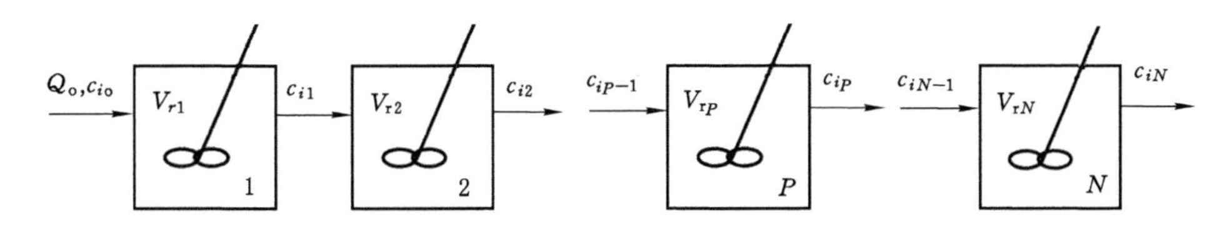

图 2.15　釜式反应器的串联

若关键组分数为 K，则每个釜物料衡算所得方程组中包括 K 个方程。若 N 个反应釜串联，所得方程的总数为 KN 个。

串联反应釜中各反应釜出口组成同时符合反应速率式和物料衡算式。若已知第一个釜的进料量及其组成、各釜的反应体积和温度，可采用逐釜计算的方法，从第一个釜开始直到第 N 个釜，求出每一个釜乃至第 N 个釜出口的转化率或收率。

若限定了串联釜最终转化率，要求确定反应釜个数或每个釜的体积时，则需要用试差法计算。因为反应釜的个数与反应体积相关，若选用较大的反应体积，则对应反应釜的个数较少，反之亦然。

以单一反应为例，第 P 个反应釜，对关键组分 A 作物料衡算，有

$$V_{rP} = \frac{Q_o(c_{AP-1} - c_P)}{(-R_{AP})}$$

变换变量以转化率表示，有

$$V_{rP} = \frac{Q_o c_{Ao}(x_{AP} - x_{AP-1})}{-R_{AP} x_{AP}}$$

对于一级不可逆反应有：

$$V_{rP} = \frac{Q_o(x_{AP} - x_{AP-1})}{k(1 - x_{AP})}$$

假定等体积釜串联，各釜的操作温度相同，则各釜的空时相等，设为 τ。

$$\frac{1 - x_{AP-1}}{1 - x_{AP}} = 1 + k\tau \quad (P = 1, 2, \cdots, N)$$

N 个釜的方程相乘，有

$$\frac{1}{1 - x_{AN}} = (1 + k\tau)^N$$

每个釜的空时为

$$\tau = \frac{1}{k}\left[\left(\frac{1}{1 - x_{AN}}\right)^{1/N} - 1\right]$$

总空时应为 $N\tau$，因而总反应体积为 $Q_0 N\tau$。

一般情况下，正常动力学的反应速率随着转化率的增加而降低，采用多釜串联的方式可使反应釜的总体积减小。

例 2.13　采用三个等体积串联全混流釜进行乙酸酐水解反应，$A + B \longrightarrow R$，反应温度为 25 ℃，反应速率 $r_A = kc_A$，反应速率常数 $k = 0.1556\ \text{min}^{-1}$，进料量 $Q_o = 783\ \text{cm}^3/\text{min}$，要求最终转化率 $x_{A3} = 60\%$。试求：各釜出口转化率及反应体积。

解　各釜反应体积相等，空时相等。依连续釜物料衡算式，有

$$\tau = \frac{c_{Ao} x_{A1}}{kc_{Ao}(1 - x_{A1})} = \frac{c_{Ao}(x_{A2} - x_{A1})}{kc_{Ao}(1 - x_{A2})} = \frac{c_{Ao}(x_{A3} - x_{A2})}{kc_{Ao}(1 - x_{A3})}$$

解方程组得

$$\frac{x_{A1}}{1-x_{A1}}=\frac{x_{A2}-x_{A1}}{1-x_{A2}} \tag{1}$$

$$\frac{x_{A1}}{1-x_{A1}}=\frac{x_{A3}-x_{A2}}{1-x_{A3}} \tag{2}$$

得 $x_{A1}=26.32\%$，$x_{A2}=45.71\%$

每个釜的反应体积：

$$V_r=\frac{Q_o c_{Ao} x_{A1}}{k c_{Ao}(1-x_{A1})}=\frac{783\times 0.263\ 2}{0.155\ 6\times(1-0.263\ 2)}=1\ 798\ (\text{cm}^3)$$

多釜串联各釜出口转化率、空时、串联釜个数及反应体积的计算可采用图解法。串联釜操作中各釜出口转化率应是物料衡算式和反应速率式的交点。

串联釜中任一釜物料衡算式表示为：

$$-R_A x_{AP}=\frac{c_{Ao}}{\tau_P}x_{AP}-\frac{c_{Ao}}{\tau_P}x_{AP-1} \tag{2.91}$$

以$(-r_A)$为纵坐标、x_A为横坐标作图，$-r_A x_{AP}$和x_{AP}呈线性关系。直线的斜率为$\frac{c_{Ao}}{\tau_P}$，截距为$-\frac{c_{Ao}}{\tau_P}x_{AP-1}$。

若各釜的反应体积相同，直线斜率相等，各釜的物料衡算线互相平行。若为不等体积釜串联，则各釜的空时不相等，各釜物料衡算线不是一组平行线，应分别对各釜作图求解。

根据反应速率方程绘出反应动力学曲线$-R_A x_{AP}$-x_{AP}。反应速率为温度和浓度的函数，其中浓度和转化率逐釜呈阶梯变化，各釜的温度可以相同也可以不同，每个釜可以等温操作，也可变温操作，如绝热操作。如果各釜操作温度不同，则应根据不同的操作温度绘出不同的动力学曲线，由物料衡算线与相应操作温度下的动力学曲线交点可确定该釜的出口转化率。

图解法确定各釜出口转化率，如图 2.16 所示。若各釜反应体积相同，物料衡算线为一组平行线。若各釜操作温度相同，则各釜对应同一条反应速率线。自第一个釜开始逐釜绘图，物料衡算与反应速率两条线的交点可得出每一釜出口的转化率。两线交点的个数即串联釜的个数。若第一个釜的进口转化率为零，则第一个釜物料衡算线的截距为零，即作图从原点开始。

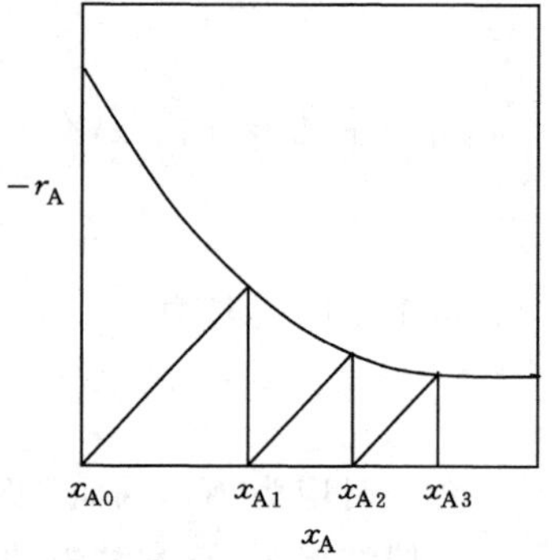

图 2.16 多釜串联图解法

若规定了最终转化率x_{AN}及串联釜的个数，可试差求出每个釜的反应体积。可用试差法先假设第一釜的斜率或出口转化率，逐釜作图，检验在规定的釜数下是否达到规定的最终转化率。若不满足，再改变第一个釜的斜率或出口转化率，直至符合为止。此时由物料衡算式的斜率便可求空时，然后由空时算出反应体积。同理，对应最终转化率x_{AN}及每个釜的反应体积，可试差求出串联釜的个数。

例 2.14 现有两个反应体积为 0.75 m^{3}的连续搅拌釜反应器，内设冷却盘管调控反应温度，第一釜反应温度$T_1=297$ ℃，第二釜反应温度$T_1=330$ ℃。反应速率$r_A=kc_A^2$

kmol/(m^3·h)，速率常数 $k=1.079\times10^9\exp(-10\ 526/T)\ \mathrm{m^3/(kmol\cdot h)}$，原料液初始浓度$c_{Ao}=0.2\ \mathrm{kmol/m^3}$，原料液中不含反应产物 R，原料液的进料流量$Q_o=3\ \mathrm{m^3/h}$。试用图解法求出各釜出口转化率。

解　第一釜反应速率

$$r_{A1}=kc_{A1}^2=1.079\times10^9\exp(-10\ 526/T_1)c_{Ao}^2(1-x_{A1})^2$$

第二釜反应速率

$$r_{A2}=kc_{A2}^2=1.079\times10^9\exp(-10\ 526/T_2)c_{Ao}^2(1-x_{A2})^2$$

依连续釜物料衡算式，有

$$r_A=\frac{c_{Ao}}{\tau_P}x_{AP}-\frac{c_{Ao}}{\tau_P}x_{AP-1}$$

第一釜物料衡算式为：$r_A=0.8x_A$

第二釜物料衡算式为：$r_A=0.8x_A-0.8x_{A1}$

分别对两釜反应速率和物料衡算式作图，第一釜物料衡算线与反应速率线交点 A 的横坐标对应第一釜的出口转化率；同理，第二釜两线交点 B 横坐标对应第二釜出口转化率，如图 2.17 所示。

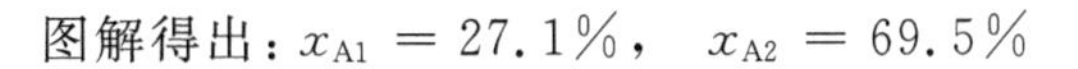
图解得出：$x_{A1}=27.1\%$，　$x_{A2}=69.5\%$

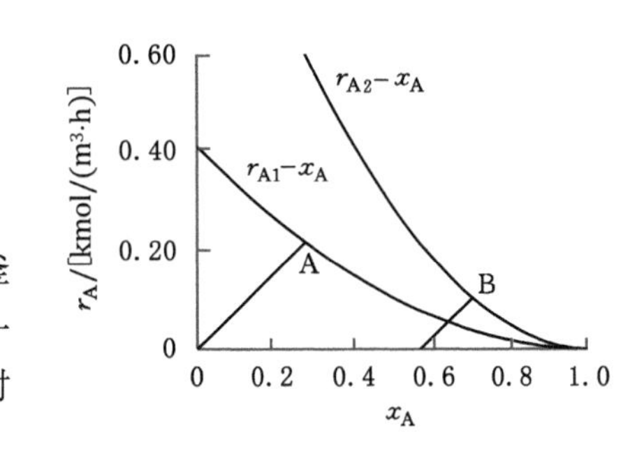

图 2.17　串联釜出口转化率图解

2.2.10　连续釜式反应器串联最佳体积比

串联操作的连续釜式反应器，为了使总的反应体积最小，各反应釜存在最佳的体积比。因为各釜的反应体积、空时和出口转化率之间存在对应的值，所以各釜的反应体积优化可转换为优化各釜的出口转化率。

在规定了串联反应釜的个数及最终转化率的情况下，假设各反应釜在相同的温度下操作，反应釜内进行单一反应，则总反应体积计算如下：

$$V_r=V_{r1}+\cdots+V_{rP}+V_{rP+1}\cdots+V_{rN}$$

即

$$V_r=Q_oc_{Ao}\left[\frac{x_{A1}-x_{Ao}}{(-R_{A1})}+\cdots+\frac{x_{AP}-x_{AP-1}}{(-R_{AP})}+\frac{x_{AP+1}-x_{AP}}{(-R_{AP+1})}+\cdots+\frac{x_{AN}-x_{AN-1}}{(-R_{AN})}\right]$$

对于任一釜 P，反应体积V_{rP}对 x_{AP}求导：

$$\frac{\partial V_r}{\partial x_{AP}}=Q_oc_{Ao}\left[\frac{1}{(-R_{AP})}-\frac{1}{(-R_{AP+1})}+(x_{AP}-x_{P-1})\frac{\partial\dfrac{1}{(-R_{AP})}}{\partial x_{AP}}\right]$$

令

$$\frac{\partial V_r}{\partial x_{AP}}=0$$

有

$$\frac{\partial\dfrac{1}{(-R_{AP})}}{\partial x_{AP}}=\frac{\dfrac{1}{(-R_{AP+1})}-\dfrac{1}{(-R_{AP})}}{(x_{AP}-x_{AP-1})}(P=1,2,\cdots,N-1)\qquad(2.92)$$

式(2.92)是总反应体积最小所需要符合的条件。

式(2.92)图解求取 $x_{AP}(P=1,2,\cdots,N-1)$ 的步骤，如图 2.18 图示。已知或已求出第

P 釜的进口转化率 x_{AP-1}，假定 x_{AP} 的值，过横轴上 x_{AP} 作垂线 AB 交动力学曲线于 A，过 A 作曲线的切线 AC，其斜率为 $\frac{\partial \frac{1}{(-R_{AP})}}{\partial x_{AP}}$。延长 DA 至 E，并使 $EA=AD$，再过 E 点作水平线交动力学曲线于 F 点。

依图 2.18 图示，符合反应体积优化条件的表达式如下：

$$\frac{\partial[1/(-r_{AP})]}{\partial x_{AP}}=\frac{AD}{CD}=\frac{EA}{CD}=\frac{\frac{1}{(-R_{AP+1})}-\frac{1}{(-R_{AP})}}{x_{AP}-x_{AP-1}}$$

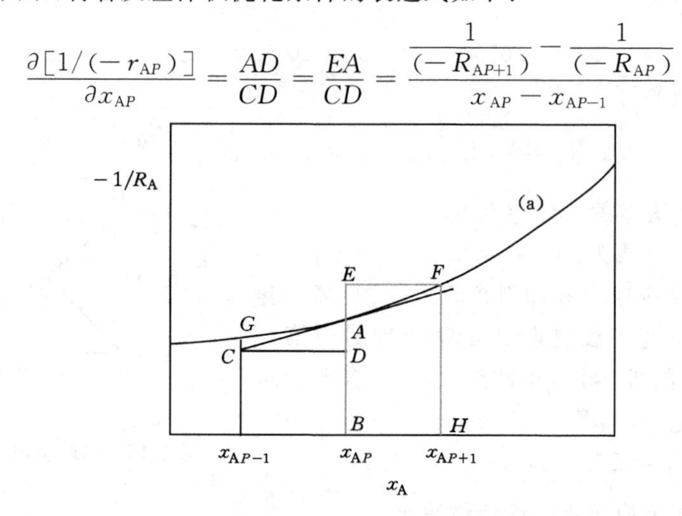

图 2.18 串联第 P 釜出口转化率优化图解

说明，F 点纵坐标对应($P+1$)釜反应速率($-R_{AP+1}$)，横坐标对应($P+1$)釜出口转化率 x_{AP+1}。

依式(2.92)，逐釜求解可得各釜的出口转化率 x_{AP}，从而求取各釜的反应体积V_{rP}。

式(2.92)的图解法求解步骤为：

(1) 首先根据反应速率方程，以 $1/(-R_A)$-x_A 作图，得动力学曲线(a)；

(2) 若第一釜入口转化率记为 x_{Ao}，假设第一釜出口转化率为 x_{A1}，依式(2.92)图解得出 x_{A1} 值；

(3) 逐釜求解出各釜的出口转化率 x_{AP}，直至最后一釜即第 N 釜的出口转化率满足 $x_{AP+1}=x_{AN}$。

若第 N 釜不满足 $x_{AP+1}=x_{AN}$，则应重新假定第一釜的出口转化率 x_{A1} 再图解。

特殊地，假如反应速率为一级不可逆反应，

$$-R_A=kc_{Ao}(1-x_A)$$

P 釜中反应速率 $-r_{AP}$ 对转化率 x_{AP} 求导：

$$\frac{\partial[1/(-R_{AP})]}{\partial x_{AP}}=\frac{1}{kc_{Ao}(1-x_{AP})^2}$$

若各釜温度相同，对于一级不可逆反应，满足式(2.92) 的优化条件表示为：

$$\frac{x_{AP+1}-x_{AP}}{1-x_{AP+1}}=\frac{x_{AP}-x_{AP-1}}{1-x_{AP}}(P=1,2,\cdots,N-1)$$

由连续釜物料衡算式得

$$V_{rP}=\frac{Q_o c_{Ao}(x_{AP}-x_{AP-1})}{kc_{Ao}(1-x_{AP})}$$

$$V_{rP+1}=\frac{Q_o c_{Ao}(x_{AP+1}-x_{AP})}{kc_{Ao}(1-x_{AP+1})}$$

所以

$$V_{rP}=V_{rP+1}$$

$V_{rP}=V_{rP+1}$ 表明，串联釜内进行一级不可逆反应，取各釜的反应体积相等时，可使总反应体积最小。

对于非一级反应，需求解式(2.92)所示的非线性代数方程组以得出各釜的出口转化率，然后再计算出反应体积。图解法确定各釜的出口转化率是一个直观简便的方法。

若反应级数 $\alpha>1$，沿着物流流动方向，串联各釜的体积依次增大。若 $0<\alpha<1$，各釜反应体积依次减小。$\alpha=1$ 时，各釜体积相等。若 $\alpha<0$，单釜操作优于串联操作。

例 2.15　拟用两个等温全混流釜式反应器串联进行二级不可逆反应，反应速率 $r_A=kc_A^2$ kmol/(m^3·h)，操作温度下反应速率常数 $k=0.92$ m^3/(kmol·h)，初始浓度 $c_{Ao}=2.3$ kmol/m^3，进料流量 $Q_o=10$ m^3/h，要求出口转化率 $x_{A2}=0.9$，试求：

(1) 两釜最优反应体积比 V_{r2}/V_{r1} 及总体积；

(2) 若将两釜顺序对换，出口转化率如何变化。

解　(1) 两釜总反应体积，

$$V_r=V_{r1}+V_{r2}=Q_o c_{Ao}\left[\frac{x_{A1}}{kc_{Ao}^2(1-x_{A1})^2}+\frac{x_{A2}-x_{A1}}{kc_{Ao}^2(1-x_{A2})^2}\right]$$

令

$$\frac{\partial V_r}{\partial x_{A1}}=0$$

有

$$\frac{\partial \frac{1}{r_{A1}}}{\partial x_{A1}}=\frac{\frac{1}{r_{A2}}-\frac{1}{r_{A1}}}{x_{A1}}=\frac{\frac{1}{kc_{Ao}^2(1-x_{A2})^2}-\frac{1}{kc_{Ao}^2(1-x_{A1})^2}}{x_{A1}} \tag{1}$$

$$\frac{\partial \frac{1}{r_{A1}}}{\partial x_{A1}}=\frac{2}{kc_{Ao}^2(1-x_{A1})^3} \tag{2}$$

整理式(1)和式(2)有

$$x_{A1}^3-3x_{A1}^2+3.01x_{A1}-0.99=0$$

解得　　$x_{A1}=74.1\%$

由连续釜物料衡算式　　$\tau=\dfrac{c_{Ao}(x_{AP}-x_{AP-1})}{r_{AP}}$

$$V_{r2}/V_{r1}=\frac{\tau_2}{\tau_1}=\frac{c_{Ao}(x_{A2}-x_{A1})/[kc_{Ao}^2(1-x_{A2})^2]}{c_{Ao}x_{A1}/[kc_{Ao}^2(1-x_{A1})^2]}$$

代入数据计算得出　　$V_{r2}/V_{r1}=1.44$

第一釜的反应体积：

$$V_{r1}=\frac{Q_o x_{A1}}{kc_{Ao}(1-x_{A1})^2}=\frac{10\times 0.741}{0.92\times 2.3\times(1-0.741)^2}=52.20(\text{m}^3)$$

第二釜的反应体积：

$$V_{r2}=\frac{Q_o(x_{A2}-x_{A1})}{kc_{Ao}(1-x_{A2})^2}=\frac{10\times(0.9-0.741)}{0.92\times 2.3\times(1-0.9)^2}=75.14(\text{m}^3)$$

总反应体积：　$V_r = V_{r1} + V_{r2} = 52.20 + 75.14 = 127.34\,(m^3)$

(2) 若两釜顺序互换，代入数据计算得出：

$$V_{r1} = \frac{Q_o x_{A1}}{kc_{Ao}(1-x_{A1})^2} = 75.14(m^3)$$

则

$$x_{A1} = 77.87\%$$

$$V_{r2} = \frac{Q_o(x_{A2}-x_{A1})}{kc_{Ao}(1-x_{A2})^2} = 52.20(m^3)$$

则

$$x_{A2} = 89.67\%$$

2.2.11　连续釜式反应器选择性及收率

假如等温连续釜式反应器中进行一级不可逆连串反应，P 为目的产物：

$$A \xrightarrow{k_1} P \xrightarrow{k_2} Q$$

连串反应体系中同时进行两个独立反应，选择 A 和 P 作为关键组分，建立物料衡算式：

$$\tau = \frac{V_r}{Q_o} = \frac{c_{Ao} - c_A}{k_1 c_A} \tag{2.93}$$

$$\tau = \frac{V_r}{Q_o} = \frac{c_P}{k_1 c_A - k_2 c_P} \tag{2.94}$$

由式(2.93)得组分 A 的浓度与空时的关系：

$$c_A = \frac{c_{Ao}}{1 + k_1\tau}$$

由式(2.94)得目的产物 P 的浓度与空时的关系：

$$c_P = \frac{c_{Ao}k_1\tau}{(1+k_1\tau)(1+k_2\tau)}$$

依收率定义，目的产物 P 的收率：

$$Y_P = \frac{c_P}{c_{Ao}} = \frac{k_1\tau}{(1+k_1\tau)(1+k_2\tau)} \tag{2.95}$$

令

$$\frac{dY_P}{d\tau} = 0$$

P 收率最大时的最佳空时：

$$\tau_{oP} = \frac{1}{\sqrt{k_1 k_2}}$$

最佳空时条件下，目的产物 P 的最大收率为：

$$(Y_P)_{max} = \frac{k_1}{(\sqrt{k_1} + \sqrt{k_2})^2} \tag{2.96}$$

式(2.96)说明连续釜操作中也存在最大收率。

将式(2.93)代入式(2.95)，并整理得收率与转化率关系：

$$Y_P = \frac{k_1 x_A(1-x_A)}{k_2 x_A + k_1(1-x_A)} \tag{2.97}$$

2.2.12　半间歇釜式反应器

半间歇操作可适用于以下场合：① 要求一种反应物的浓度较高而另一种反应物的浓度

较低时；② 某些强放热反应除了通过冷却介质移走热量外，还需采用调节加料速度的方式来控制反应温度；③ 为了提高可逆反应目的产物的收率，可不断移走产物以提高反应过程速率，如反应精馏过程。半间歇操作过程中反应物的组成均随时间而变，属非稳态过程。

设半间歇釜式反应器内进行液相反应，$A+B \longrightarrow R$。假定操作开始时先向反应器中注入体积为V_o的 B，然后连续地输入 A，流量为Q_o，浓度为c_{Ao}，且不连续导出物料，即 $Q=0$。反应器中反应混合物的体积 V 随时间而变。

间歇釜中关键组分 A 物料衡算式：

$$Q_o c_{Ao} = Qc_A - r_A V + \frac{d(Vc_A)}{dt} \tag{2.98}$$

半间歇釜中相应的组分 A 的物料衡算式表达为：

$$Q_o c_{Ao} = (-r_A)V + \frac{d(Vc_A)}{dt} \tag{2.99}$$

设 B 大量过剩，反应视为一级反应 $(-r_A)r_A = kc_A$，代入式(2.99)，得

$$\frac{d(Vc_A)}{dt} + (kc_A)V = Q_o c_{Ao} \tag{2.100}$$

反应过程中体积随时间变化：

$$V = V_o + \int_0^t Q_o dt$$

若加料速度一定，则Q_o为定值，反应体积表达为：

$$V = V_o + Q_o t$$

间歇反应过程的初始条件：$t=0, Vc_A=0, Q_o$ 为定值时，一阶线性微分方程(2.100)的解为：

$$Vc_A = \frac{Q_o c_{Ao}}{k}[1-\exp(-kt)] \tag{2.101}$$

间歇反应过程中组分 A 的浓度与反应时间的关系为：

$$\frac{c_A}{c_{Ao}} = \frac{1-\exp(-kt)}{k(t+V_o/Q_o)} \tag{2.102}$$

反应产物 R 的浓度与时间的关系为

$$Vc_R = Q_o c_{Ao} t - Vc_A$$

整理得：

$$\frac{c_R}{c_{Ao}} = \frac{kt-[1-\exp(-kt)]}{k(t+V_o/Q_o)} \tag{2.103}$$

例 2.16　等温半间歇釜式反应器内进行液相反应，$A+B \longrightarrow R$。首先将$V_o=1\ m^3$的组分 B 加入反应釜，B 视为大量过剩，反应为一级反应，$r_A = kc_A$ kmol/(m³·h)，反应速率常数 $k=0.2\ h^{-1}$，以恒定的加料速度 $Q_o=2\ m^3/h$ 将1 m³的组分 A 于 3 h 内均匀加入釜内，初始浓度$c_{Ao}=4\ kmol/m^3$。试求：A 加完时，组分 A 和 R 的浓度各为多少？

解　由式(2.102)，间歇反应器内组分 A 的浓度为

$$c_A = \frac{1-\exp(-kt)}{k(t+V_o/Q_o)} c_{Ao}$$

由式(2.103)，间歇反应器内组分 R 的浓度为

$$c_R = \frac{kt - [1 - \exp(-kt)]}{k(t + V_o/Q_o)} c_{Ao}$$

A 加完时,组分 A 的浓度为

$$c_A = \frac{1 - \exp(-0.2 \times 3)}{0.2 \times (3 + 1/2)} \times 4 = 2.578\ (\text{kmol/ m}^3)$$

A 加完时,组分 R 的浓度为

$$c_R = \frac{0.2 \times 3 - [1 - \exp(-0.2 \times 3)]}{0.2 \times (3 + 1/2)} \times 4 = 0.850\ 4\ (\text{kmol/m}^3)$$

组分 A 及 R 的浓度随反应时间的变化如图 2.19 所示。反应物 A 的浓度出现一极大值。反应开始时 A 的浓度低,反应速率慢。组分 A 的持续加入使 A 的浓度增加,反应速率加快。当 A 的反应消耗量超过加入量时,A 浓度则随时间的增加而下降。

若Q_o不为常数,需要确定Q_o与 t 的函数关系才能求解一阶线性微分方程(2.100)。如果 B 的浓度对反应速率的影响不能忽略,式(2.100)为非线性微分方程,可用数值法求解。

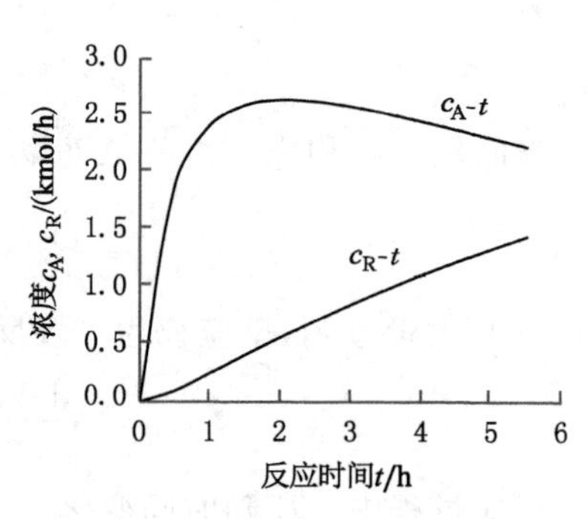

图 2.19　半间歇釜式反应器内组分浓度随反应时间变化

2.3　管式与釜式反应器的比较

若以反应体积为优化目标,以管式反应器所需的反应体积最小,单一连续釜最大,串联釜介于两者之间,且串联釜数越多所需的反应体积越小。

复合反应体系在管式反应器、间歇釜和连续釜反应器内都存在最大收率值。平推流反应器与间歇反应器一样,两个反应器内反应时间和空时相同时,所达到的最终转化率及最终收率相同。

复合反应体系目的产物瞬时选择性随关键组分转化率的增加而减小时,管式反应器和间歇釜的总收率最大,单一连续釜最小,串联釜介于两者之间。反之,若瞬时选择性随转化率的增加而增加,则单一连续釜总收率最大,管式反应器及间歇釜最小。

若复合反应中主反应的反应级数和活化能较高,则维持较高浓度和较高温度有利于目的产物选择性及收率的提高。反之,主反应级数较低时,较低浓度有利于选择性提高,主反应活化能较低时,低温有利于选择性提高。

由于浓度降低而引起的反应速率减小时,升高温度可使反应速率提高。可逆放热反应受平衡限制,当温度升高时最终转化率减小。

依据反应动力学和反应器及其操作方式的特性,结合反应过程的优化目标,可比较选择反应器类型、操作方式和反应器的组合,调控反应器的温度和浓度条件。

2.3.1　反应器的体积比较

管式反应器的反应体积:

$$V_r = Q_o c_{Ao} \int_0^{x_{Af}} \frac{dx_A}{-R_A(x_A)}$$

间歇釜式反应器的反应体积

$$V_r = Q_o t = Q_o c_{Ao} \int_0^{x_{Af}} \frac{dx_A}{-R_A(x_A)}$$

间歇釜操作，Q_o为单位时间反应物料的处理能力。

连续釜式反应器的反应体积：

$$V_r = \frac{Q_o c_{Ao} x_{Af}}{-R_A(x_{Af})}$$

若达到相同的最终转化率，采用管式反应器、间歇釜、单一连续釜和串联釜反应器所需的反应体积如图 2.20 所示。图 2.20 中矩形面积表示单一连续釜和串联连续釜的体积，动力学曲线 $1/(-R_A)$-x_A 与横轴所围面积表示管式反应器和间歇釜的反应体积。

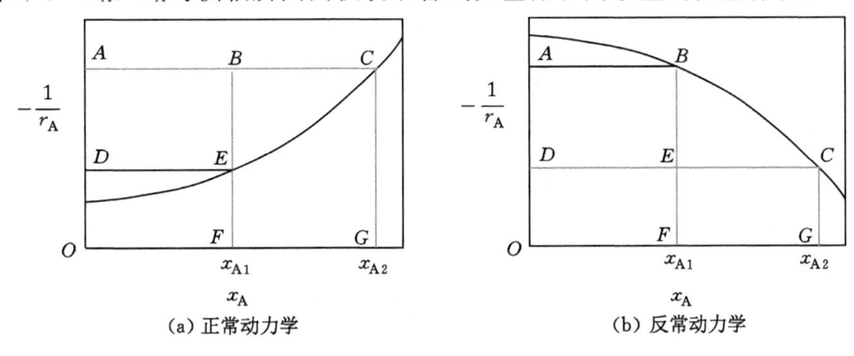

图 2.20　反应体积比较几何图示

对于正常反应动力学体系，如图 2.20(a)所示，$1/(-R_A)$随x_A的增加而增大。对于一定的进料量，若要求达到同一最终转化率，管式反应器或间歇釜式反应器具有较小的反应体积，单一连续釜的反应体积最大。一般情况下，转化速率$(-R_A)$总是随着 x_A的增加而降低。当用单釜进行反应所需的反应体积过大而难以加工制造或难以控制反应条件时，就需用若干个体积较小的反应釜。

对于反常反应动力学体系，如图 2.20(b)所示，$1/(-R_A)$随 x_A的增加而减小。若要求达到同一最终转化率，管式反应器或间歇釜式反应器具有较大的反应体积，单一连续釜的反应体积最小。对于反常动力学，单一连续釜操作更有利。若单釜体积过大，可采用并联釜方式。

例 2.17　等温液相平行反应：

$$A+B \longrightarrow P+W,\ r_B = k_1 c_A c_B,\ k_1 = 1.6\times10^{-6}\ m^3/(mol\cdot min)$$

$$A+C \longrightarrow Q+W,\ r_C = k_2 c_A c_C,\ k_2 = 1.92\times10^{-6}\ m^3/(mol\cdot min)$$

初始浓度$c_{Ao}=2.3\ kmol/m^3$，$c_{Bo}=2.2\ kmol/m^3$，$c_{Co}=2.3\ kmol/m^3$，进料量$Q_o=2\ m^3/h$。试求：当 $x_B=30\%$时，所需管式反应器体积；釜式反应器体积；组分 C 的出口转化率。

解　(1) 将反应速率变换为 x_B的函数：

$$\frac{r_B}{r_C} = \frac{dc_B/dt}{dc_C/dt} = \frac{k_1 c_B}{k_2 c_C}$$

有：

$$\int_{c_{Bo}}^{c_B} \frac{dc_B}{k_1 c_B} = \int_{c_{Co}}^{c_C} \frac{dc_C}{k_2 c_C}$$

积分得组分 C 的浓度：

$$c_C = c_{Co}(c_B/c_{Bo})^{k_2/k_1}$$

即

$$c_C = c_{Co}(1 - x_B)^{k_2/k_1}$$

组分 A 的浓度：

$$c_A = c_{Ao} - c_{Bo}x_B - [c_{Co} - c_{Co}(1 - x_B)^{k_2/k_1}]$$

反应速率：

$$r_B = k_1 c_{Bo}(1 - x_B)[c_{Ao} - c_{Co} - c_{Bo}x_B + c_{Co}(1 - x_B)^{k_2/k_1}]$$

管式反应器体积：

$$V_r = Q_o c_{Bo}\int_0^{0.3} \frac{dx_B}{k_1 c_A c_B}$$

代入数据积分得，x_B=30%时，管式反应器反应体积为：V_r=5.024 m^3。

(2) 对物系组分 B 和 C 的物料衡算得空时为

$$\tau = \frac{c_{Bo} - c_B}{k_1 c_A c_B} = \frac{c_{Co} - c_C}{k_2 c_A c_C}$$

组分浓度变换为 x_B的函数：

$$c_C = \frac{k_1 c_{Co}(1 - x_B)}{k_1(1 - x_B) + k_2 x_B}$$

$$c_A = c_{Ao} - c_{Bo} - c_{Co} + c_{Bo}(1 - x_B) + \frac{k_1 c_{Co}(1 - x_B)}{k_1(1 - x_B) + k_2 x_B}$$

釜式反应器体积：

$$V_r = \frac{Q_o c_{Bo} x_B}{k_1 c_A c_B}$$

代入数据得，x_B=30%时，釜式反应器反应体积为：V_r=9.293 m^3。

(3) 管式反应器出口处组分 C 的转化率，依转化率定义有

$$x_C = \frac{c_{Co} - c_C}{c_{Co}} = \frac{2.3 - 2.3 \times (1 - 0.3)^{1.2}}{2.3} \times 100\% = 34.82\%$$

釜式反应器出口处组分 C 的转化率，依转化率定义有

$$c_C = \frac{k_1 c_{Co}(1 - x_B)}{k_1(1 - x_B) + k_2 x_B}$$

$$= \frac{1.6 \times 10^{-6} \times 2.3 \times (1 - 0.3)}{1.6 \times 10^{-6} \times (1 - 0.3) + 1.92 \times 10^{-6} \times 0.3} = 1.52\ (\text{kmol/m}^3)$$

$$x_C = \frac{c_{Co} - c_C}{c_{Co}} = \frac{2.3 - 1.52}{2.3} \times 100\% = 33.91\%$$

2.3.2 反应器的收率比较

对于复合反应，目的产物的收率是一项重要的指标。反应器的型式、操作方式和操作条件与收率及选择性的大小密切相关。

复合反应体系中，目的产物的瞬时选择性表示为

$$S = \mu_{PA}\frac{R_P}{(-R_A)} = \mu_{PA}\frac{dn_P}{(-dn_A)}$$

μ_{PA}为生成 1 mol 目的产物 P 所需反应物 A 的摩尔数。

对于间歇反应器和管式反应器，随反应速率的变化，S、x_A和Y_P均为瞬时值。连续釜式

反应器内，反应过程为恒温操作的稳态反应过程，反应速率是出口转化率的函数，反应速率及 S、x_A 和 Y_P 均为定值。

$$S = \frac{dY_P}{dx_A}$$

收率与瞬时选择性的关系：

$$dY_P = S dx_A$$

最终转化率 x_{Af} 对应的总收率或最终收率 Y_{Pf} 为

$$Y_{Pf} = \int_0^{x_{Af}} S\, dx_A \tag{2.104}$$

总选择性与瞬时选择性的关系为

$$S_o = \frac{1}{x_{Af}}\int_0^{x_{Af}} S\, dx_A \tag{2.105}$$

转化率、收率和总选择性的关系：

$$Y_{Pf} = S_o x_{Af} \tag{2.106}$$

瞬时选择性取决于反应动力学。最终收率与瞬时选择性、反应器型式及操作方式有关。图 2.21 表示反应过程达到同一转化率时，瞬时选择性随转化率的变化情况，以及不同的反应器类型及操作方式所对应的最终收率。图 2.21 中曲线表示瞬时选择性随转化率的变化。对应最终转化率 x_{Af}，S-x_A 曲线以下所围的面积表达了管式反应器或间歇釜式反应器对应的总收率。矩形面积对应单一连续釜或多釜串联的总收率。

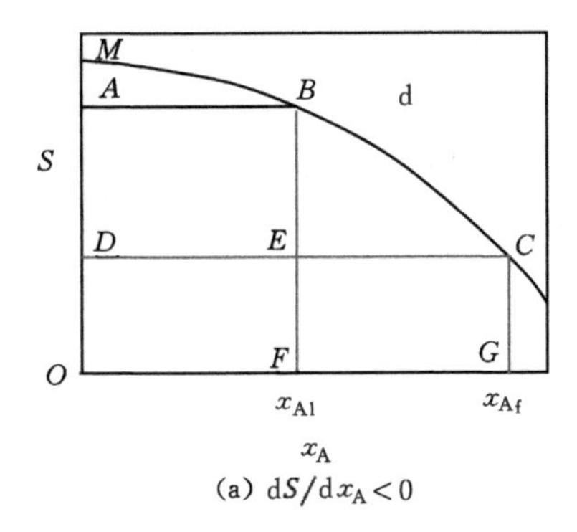

(a) $dS/dx_A<0$

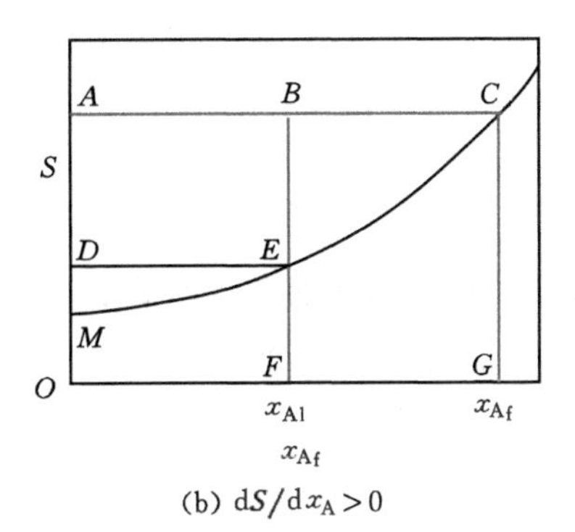

(b) $dS/dx_A>0$

图 2.21　反应总收率比较几何图示

图 2.21(a)中的(S-x_A)曲线表示瞬时选择性随转化率增大而减小。目的产物的总收率由大到小依次是：间歇釜或管式反应器＞串联釜＞单一连续釜。其中，*OMBCGF* 所围面积对应间歇釜或管式反应器的总收率，矩形 *OABF* 和矩形 *FECG* 所围面积之和对应两串联釜反应器的总收率，矩形 *ODCG* 所围面积对应单一连续釜反应器的总收率。

图 2.21(b)中的(S-x_A)曲线表示瞬时选择性随转化率增大而增大，可以看出反应过程总收率由大到小依次是：单一连续釜＞串联釜＞间歇釜或管式反应器。其中，矩形 *OACG* 所围面积对应单一连续釜反应器的总收率，矩形 *ODEF* 和矩形 *FBCG* 所围面积之和对应两串联釜反应器的总收率，*OMECGF* 所围面积对应间歇釜或管式反应器的总收率。

例 2.18　恒温液相平行反应如下，

$$A + B \longrightarrow P, \qquad r_P = 1.6c_A \text{ kmol/(m}^3\cdot\text{h)}$$

$$2A \longrightarrow Q, \qquad r_Q = 8.2c_A^2 \text{kmol/(m}^3 \cdot \text{h)}$$

P为目的产物，原料为A与B的混合物，其中A的浓度为2 kmol/m³。试求：A的转化率达到95%时，管式反应器中P的收率；单一连续釜反应器中P的收率。

解 (1) 管式反应器中目的产物P的瞬时选择性：

$$S_P = \frac{R_P}{-R_A} = \frac{1.6c_A}{1.6c_A + 16.4c_A^2} = \frac{1}{1+10.25c_A} = \frac{1}{21.5-20.5x_A}$$

管式反应器中P的总收率：

$$Y_P = \int_0^{0.95} S_P \, dx_A = \int_0^{0.95} \frac{dx_A}{21.5-20.5x_A} = 0.115\,2$$

(2) 釜式反应器中目的产物P的瞬时选择性：

$$S_P = \frac{1}{21.5-20.5x_A} = \frac{1}{21.5-20.5\times 0.95} = 0.493\,8$$

釜式反应器中P的总收率：

$$Y_P = S_P x_{Af} \times 100\% = 0.493\,8 \times 0.95 \times 100\% = 46.91\%$$

图2.22表示随出口转化率增大时，连续釜(a)和管式反应器(b)的总收率均增加，釜式反应器总收率大于管式反应器的总收率。

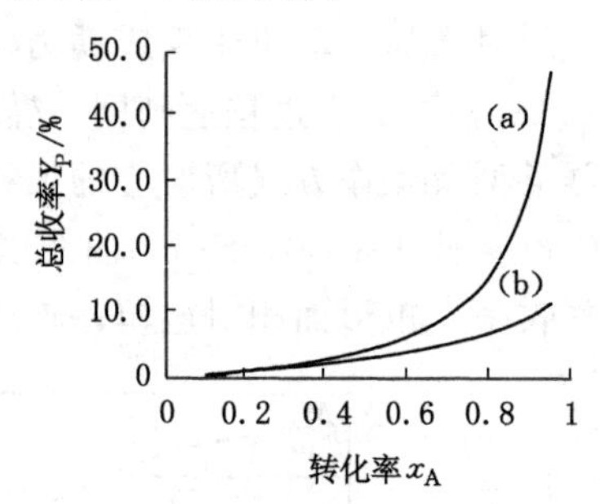

图2.22 管式和釜式反应器收率随转化率变化

例2.18平行反应体系中主反应级数较低，此时低浓度有利于目的产物瞬时选择性的提高。连续釜内反应物浓度小于管式反应器，且当转化率越高时两种反应器的浓度差别越大。因此，当出口转化率越高时，连续釜式反应器中目的产物的瞬时选择性越大，相应的总收率越大。但是，反应速率随出口转化率的提高而下降。

2.3.3 反应器优化操作的浓度和温度条件

如平行反应，目的产物为P。

$$A + B \longrightarrow P \qquad r_P = k_1 c_A^{\alpha_1} c_B^{\beta_1}$$

$$A + B \longrightarrow Q \qquad r_Q = k_2 c_A^{\alpha_2} c_B^{\beta_2}$$

目的产物P的瞬时选择性：

$$S = \frac{r_P}{r_P + r_Q} = \frac{1}{1 + \frac{A_2}{A_1}\exp\left(\frac{E_1 - E_2}{RT}\right) c_A^{\alpha_2 - \alpha_1} c_B^{\beta_2 - \beta_1}}$$

反应过程中如何选择浓度和温度才能使瞬时选择性提高，可比较主副反应的反应级数和活化能的大小。若主反应的反应级数较高，选择较高浓度有利于目的产物的瞬时选择性的提高。若主反应的活化能较高，选择较高温度有利于目的产物的瞬时选择性的提高。反之，可选择较低的浓度和较低的温度。

应注意的是采用较低的浓度会使物料处理量、操作费用以及产品分离费用增加。实际生产中多采用较高的温度，以提高反应器的生产强度。设计反应器时，应尽可能满足有利于瞬时选择性提高的浓度和温度条件，以获得较高的目的产物收率。然而经济效益最大化也是反应器设计的主要优化目标。

反应器中反应物的浓度与反应器的型式及操作方式、所采用的原料浓度及配比，以及加料方式等有关。调控反应物浓度的最直接的办法是控制原料的浓度。若采用釜式反应器，要求反应过程具有较高的反应物浓度时，采用间歇操作最为有利，其次是多釜串联，单一连续釜反应物浓度最低。间歇釜内反应物浓度逐渐降低。若采用连续釜操作，空时越大对应釜内反应物浓度越低。若采用不等体积的连续釜串联，釜的体积或空时逐釜依次增大，有利于总体实现较高浓度条件的效果。

若要求一个组分浓度较高而另一组分浓度较低，可采用半间歇釜操作，首先将要求较高浓度的组分全部加入反应器内，然后连续地加入另一组分。可根据反应进行的程度及反应过程中连续加入组分的消耗速率来调节加料速率。加料速率可由快变慢，因为开始时反应较快，后期则变慢。这样可始终保持加入组分在较低浓度的条件下操作，而首先加入釜内组分的浓度相对较大。

若要求组分 A 的浓度高，而 B 的浓度较低时，可按 $c_{A0}>c_{B0}$ 配料，使 A 的量在化学计量上过量。也可采用图 2.23 (a)的工艺，将反应后的物料经分离装置分离出产品，未反应的组分 A 和少量的 B 再循环回反应器中。

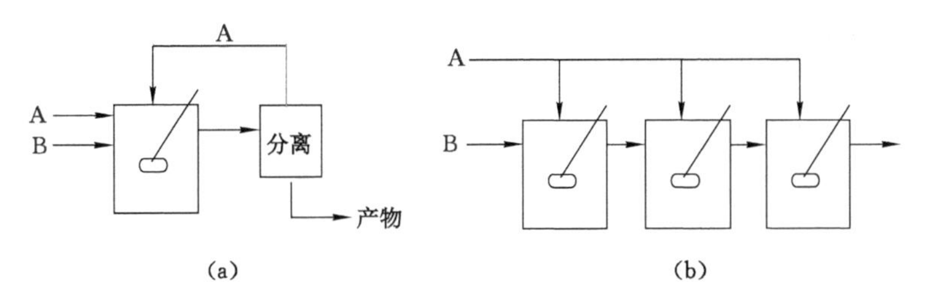

图 2.23　连续釜的进料方式

采用连续釜串联方式，将一种组分按要求量分别加入各釜，可调控各釜内组分的浓度配比，如图 2.23 (b)所示。图中 A 组分采取分釜加入的方式，B 组分在第一釜加入，调控 A 的加料速率可使 A 的浓度相应降低，而 B 的浓度则较高。

管式反应器也可采用不同的加料方式。设 A 和 B 为反应物，当要求 A 和 B 的浓度都高时，可将两者同时在反应器的一端加入，如图 2.24(a)所示。如要求 A 的浓度高，而 B 的浓度较低，除了可以在进料中使 A 大量过剩外，也可采用图 2.24(b)的加料方式。即 A 全部由反应器一端加入，而 B 则沿反应器的轴向分段加入，通过调节 A 的加料速率控制其浓度。分布式加料方式较之采用 A 大量过剩的加料方法，具有减少产品分离耗费的优点。

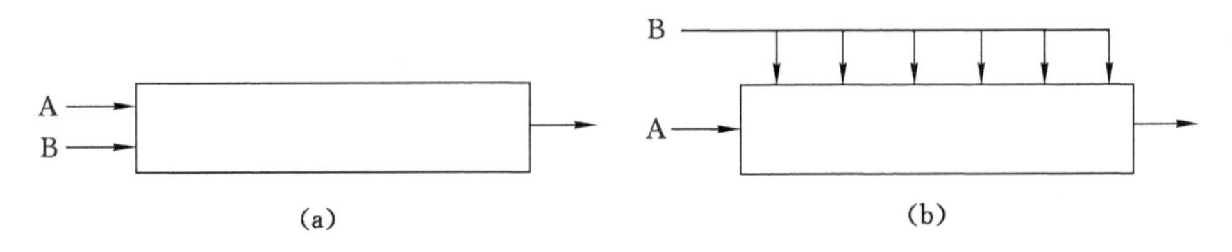

图 2.24　管式反应器进料方式

平行反应体系中，温度对瞬时选择性的影响与主副反应的活化能的相对大小有关。当主反应活化能 E_1 与副反应活化能 E_2 相等时，反应的瞬时选择性与温度无关。但生产中仍采用较高的温度以提高反应器的生产强度。当 $E_1>E_2$ 时，采用较高的反应温度可使瞬时选择性提高。当 $E_1<E_2$ 时，低温下可得到较高的瞬时选择性，但低温操作不利于生产强度的提

高。反应过程符合最佳操作温度可使目的产物的产量最大。实际应用中多以经济效益最大作为优化目标。

例 2.19 在连续釜式反应器中进行平行反应,

$$A \longrightarrow P, \quad r_P = k_1 c_A \ \text{mol/(m}^3\cdot\text{h)}, k_1 = 4.368\times 10^5 \exp(-5\,028/T)\,\text{h}^{-1}$$

$$A \longrightarrow Q, \quad r_Q = k_2 c_A \ \text{mol/(m}^3\cdot\text{h)}, k_2 = 3.533\times 10^{18} \exp(-16\,959/T)\,\text{h}^{-1}$$

试求:空时 $\tau=1$ h时,在什么温度下目的产物P的收率最大。

解 连续釜中组分A的物料衡算式:

$$\tau = \frac{c_{A0}x_A}{r_P + r_Q} = \frac{x_A}{(k_1+k_2)(1-x_A)} \tag{1}$$

$$x_A = \frac{(k_1+k_2)\tau}{1+(k_1+k_2)\tau}$$

连续釜的瞬时选择性:

$$S = \frac{r_P}{r_A} = \frac{k_1}{k_1+k_2} \tag{2}$$

目的产物P的收率:

$$Y_P = Sx_A = \frac{k_1\tau}{1+(k_1+k_2)\tau} \tag{3}$$

令

$$\frac{dY_P}{dT} = 0$$

即

$$\frac{dY_P}{dT} = \frac{\tau\left[(1+k_2\tau)\frac{dk_1}{dT} - k_1\tau\frac{dk_2}{dT}\right]}{[1+(k_1+k_2)\tau]^2} = 0$$

整理得

$$(1+k_2\tau)\frac{dk_1}{dT} - k_1\tau\frac{dk_2}{dT} = 0 \tag{4}$$

其中

$$\frac{dk_1}{dT} = \frac{k_1 E_1}{RT^2} \tag{5}$$

$$\frac{dk_2}{dT} = \frac{k_2 E_2}{RT^2} \tag{6}$$

将式(5)、式(6)代入式(4),得目的产物P收率最大时的温度为:

$$T = \frac{E_2}{R\ln\left[A_2\tau\left(\frac{E_2}{E_1}-1\right)\right]}$$

代入数据计算得,

$$T = 389.2\ \text{K}$$

图2.25表示目的产物P的收率与反应温度的关系曲线,其中三条曲线 a、b、c 的空时分别为0.5 h、1 h、1.5 h。当空时增加时,P的最大收率对应的温度降低。

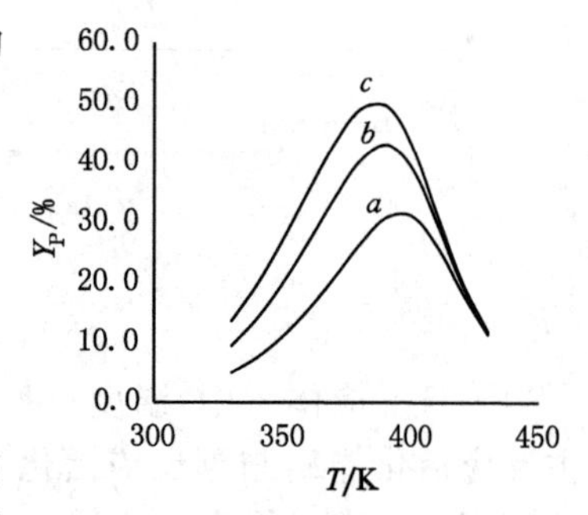

图 2.25 Y_P 与 T 关系

2.3.4　管式与釜式反应器组合

工业生产中，根据设计目标的要求可采用管式和釜式反应器的串联或并联组合，以达到优化的目标。反应器的组合方式很多，如管式反应器的串联和并联，釜式反应器的串联和并联，管式和釜式反应器的串联，以及不等体积的反应器串联等。虽然反应器应用于复杂多样的反应过程，但反应器的一般设计原则和方法是可循的。

同类型反应器并联组合时，一般要求每个反应器的空时相等。

反应器串联时，若反应器之间有热量交换或物料的混合，可由热量衡算和物料衡算确定各段反应器的入口温度和浓度。

如果反应过程中反应速率出现极值，可以最大反应速率所对应的转化率为界，采用管釜组合的方式使总反应体积最小。如反应速率出现较大值时，可采用先釜后管的组合方式，反之采用先管后釜组合。

如某自催化反应，$A+P \longrightarrow 2P$，反应速率 $r_A = kc_A c_P$，$-1/r_A$-T 关系曲线，如图 2.26 所示。若采用釜式与管式反应器组合方式使反应体积最小时，应采取先釜后管的串联方式。釜式反应器出口转化率 x_A 定为与反应速率倒数（$-1/r_A$）最低点的对应值。

以绝热反应器内 CO 高温变换反应为例，反应速率 $-1/r_{CO}$-T 关系曲线，如图 2.27 所示。CO 变换反应是一可逆放热反应，绝热反应过程中随反应转化率的增加反应温度升高。反应温度在 860 K 时，反应速率出现极大值。若以釜式与管式反应器组合的方式，为使总的反应体积最小，应采用先釜后管串联方式。

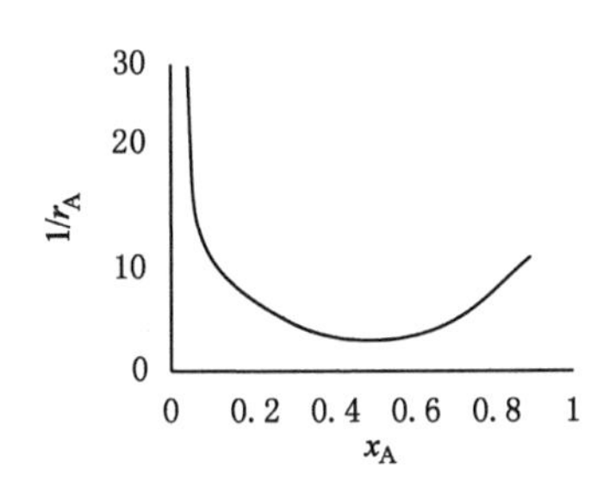

图 2.26　自催化反应（$1/r_A$-x_A）

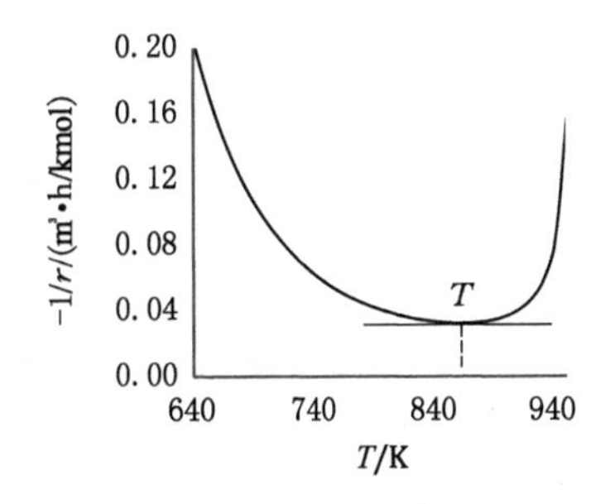

图 2.27　CO 变换反应（$-1/r_{CO}$-T）

然而，在实际操作中高温变换反应器的进出口温度范围在 643～690 K，实际操作温度没有到达极值点对应的温度 860 K，因此采用釜式反应器可使反应体积更小。

由于 CO 高温变换反应器在高压下操作，多采用固定床催化反应器。如果采用高径比较小的反应器，从混合及停留时间分布的角度看更趋向于釜式反应器。

习题二

2.1　恒温 100 ℃操作条件下，拟用管式反应器（平推流）进行液相反应，$2A \longrightarrow R+S$，反应速率方程 $r_A = 1.622\times10^{-2} c_A$ mol/(m^3 · s)，反应器入口原料流量为 100 mol/h，其中含有 20%惰性组分。试求：若要求转化率 x_A 达到 95%时所需反应体积。

2.2　等温 627 K、恒压 101.3 kPa 条件下，二氧化氮分解反应，$2NO_2 \longrightarrow 2NO+O_2$，为二级不可逆反应，反应速率方程 $r_A = kc_A^2$ mol/(m^3 · s)，反应速率常数 $k=1.7\times10^{-3}$

$m^3/(mol \cdot s)$，处理气量为 120 m^3/h（标准状态），原料气为纯二氧化氮。若选择管式反应器（平推流），要求 NO_2 转化率达 70%，试求所需反应器的体积：

(1) 按等容反应过程处理，不考虑反应过程中体积变化；

(2) 考虑反应过程中体积变化。

2.3 在 555 K 及 0.3 MPa 下，管式反应器（平推流）中进行气相反应 $A \longrightarrow P$，反应速率方程式 $r_A = 0.27c_A$ $mol/(m^3 \cdot s)$。进料中含 A 30%（摩尔分数），其余为惰性组分，加料流量为 6.3 mol/s。试求：反应器出口转化率 x_A 达到 95% 时所需空速。

2.4 恒温 500 ℃ 和常压操作条件下，在管式反应器（平推流）中进行气相分解反应，$A \longrightarrow R+S$，反应速率方程 $r_A = kc_A^2$ $mol/(m^3 \cdot s)$，反应速率常数为 $k = 2.5 \times 10^{-4}$ $m^3/(mol \cdot s)$，纯组分 A 进料。若采用内径为 25 mm、长为 2 m 的反应管，空速设定为 46.14 h^{-1} 时，试求：

(1) 反应器入口进气流量；

(2) 反应器出口转化率。

2.5 在管内径 25 mm、管长 2 m 的反应器（平推流）中进行气相二级反应 $A \longrightarrow 2P$，反应速率方程 $r_A = kc_A^2$ $mol/(m^3 \cdot s)$。原料只含有 A，入口流量为 4 m^3/h，在 0.5 MPa、350 ℃ 操作条件下，测得出口转化率 x_A 达 60%。拟设计一个工业应用的管式反应器，原料处理量为 320 m^3/h，原料中含 50%A，其余为惰性气体，不参与反应，要求在 2.5 MPa 和 350 ℃ 下反应，出口转化率 x_A 达 80%。试求：需用内径 25 mm，长 2 m 的管子多少根？分析并给出建议，这些管子应采用并联还是串联？

2.6 在管式反应器（平推流）中进行液相反应：

$$(CH_3CO)_2O(A) + H_2O(B) \longrightarrow 2CH_3COOH(R)$$

反应为拟一级反应，$r_A = kc_A$，反应速率常数 $k = 5.708 \times 10^7 \exp\left(-\frac{E}{RT}\right) min^{-1}$，活化能 $E = 49.82$ kJ/mol。反应器入口反应物混合物料加入量为 100 kg/min，反应物料平均密度 ρ 为 1 050 kg/m^3。试求：

(1) 若反应维持 15 ℃ 恒温操作，转化率 x_A 达 80% 时所需反应体积；

(2) 若反应温度随转化率变化关系为 $T = 288 + 70x_A$，转化率 x_A 达 80% 时所需反应体积。

2.7 拟采用循环反应器，在恒温条件下进行自催化液相反应 $A \longrightarrow P$，反应速率方程 $r_A = kc_Ac_P$ $kmol/(m^3 \cdot min)$，反应速率常数 $k = 1$ $m^3/(kmol \cdot min)$。反应物初始浓度 $c_{A0} = 2$ $kmol/m^3$，原料处理量 $F_{A0} = 1$ kmol/h，其中 A 占 99%（摩尔分数），其余为 P。要求最终转化率 x_A 为 90%。试求：

(1) 当循环比 $\psi = 0$ 时所需反应体积；

(2) 当循环比 $\psi = \infty$ 时所需反应体积；

(3) 确定最佳循环比及反应体积。

2.8 在管式反应器（平推流）中，进行丙酮裂解生成乙烯酮和甲烷的一级反应：

$$CH_3COCH_3(A) \longrightarrow CH_2CO(B) + CH_4(C)$$

反应速率方程 $r_A = kc_A$，反应速率常数与温度的关系为，$\ln k = 34.34 - 342\ 22/T$（$k$ 单位为 s^{-1}）反应压力维持恒压 162 kPa，反应器入口温度 1 000 K，原料纯丙酮气以 8 kg/s

的流量流入内径为26 mm的反应器。采用1 300 K的恒温热源加热反应管，加热介质与管内反应气体间的总传热系数取110 W/(m^2·K)，各反应组分的摩尔热容为：

$$c_{PA}=26.63+0.183T-45.86\times10^{-6}T^2 \quad J/(mol\cdot K)$$

$$c_{PB}=20.04+0.0945T-30.95\times10^{-6}T^2 \quad J/(mol\cdot K)$$

$$c_{PC}=13.39+0.077T-18.71\times10^{-6}T^2 \quad J/(mol\cdot K)$$

1 000 K时的反应热等于81.544 kJ/mol。试求：

(1) 要求丙酮的转化率达20%时所需反应体积；

(2) 绘制轴向温度分布及轴向丙酮浓度分布图。

2.9　在间歇釜式反应器(全混流)中进行液相反应：

$$(CH_3CO)_2O(A)+H_2O(B)\longrightarrow 2CH_3COOH(R)$$

反应采用拟一级反应速率方程 $r_A=kc_A$，15 ℃下的反应速率常数 $k=0.05252\ min^{-1}$。若要求间歇釜生产能力100 kg/min，生产辅助时间为20 min，反应器装填系数为0.75。物料密度 $\rho=1\ 050\ kg/m^3$。要求转化率 x_A 达80%时，试求：

(1) 所需反应时间；

(2) 反应体积；

(3) 间歇釜体积。

2.10　在连续釜式反应器(全混流)中进行液相反应：

$$(CH_3CO)_2O(A)+H_2O(B)\longrightarrow 2CH_3COOH(R)$$

15 ℃操作温度下，反应速率方程 $r_A=0.05252c_A\ mol/(m^3\cdot min)$。若要求连续釜生产能力100 kg/min，物料密度 $\rho=1\ 050\ kg/m^3$。要求转化率 x_A 达80%时，试求：

(1) 所需连续釜反应体积；

(2) 空时。

2.11　在反应体积 $V_r=0.12\ m^3$ 的连续釜式反应器(全混流)中进行液相反应：

$$A+B\rightleftharpoons R+S$$

反应速率方程 $r_A=k_1c_Ac_B-k_2c_Rc_S$，正反应速率常数 $k_1=7\ m^3/(kmol\cdot min)$，逆反应速率常数 $k_2=3\ m^3/(kmol\cdot min)$。反应器进料中A的浓度 $c_{A0}=2.8\ kmol/m^3$，$c_{B0}=1.6\ kmol/m^3$，物料A和B以等体积加入反应器中。假设系统密度不变，当A的转化率为40%时，试求：反应物料A和B的摩尔流量(kmol/min)。

2.12　在连续釜式反应器(全混流)中进行等温液相复合反应：

$$2A\longrightarrow BK+C \qquad r_C=k_1c_A^2$$

$$A+B\longrightarrow 2D \qquad r_D=2k_2c_Ac_B$$

原料中A的浓度为2.5 kmol/m^3，不含B、C、D。空时为20 min时，测得A和C的出口浓度分别为0.45 kmol/m^{3}和0.75 kmol/m^3。试求：

(1) B和D的出口浓度；

(2) 反应速率常数 k_1 和 k_2。

2.13　拟采用两个反应体积 V_r 均为1 m^{3}的釜式反应器(全混流)串联，进行一级不可逆连串反应：$A\xrightarrow{k_1}P\xrightarrow{k_2}R$，P为目的产物。反应速率常数 $k_1=0.25\ h^{-1}$，$k_2=0.05\ h^{-1}$，反应器入口流量 $Q_0=1\ m^3/h$，初始浓度 $c_{A0}=1\ kmol/m^3$，$c_{P0}=c_{R0}=0$。试求：第二个反应器出口

产物中 P 的浓度。

2.14 采用反应体积$V_r=0.001\ m^3$的管式反应器(平推流),进行反应 $A+B \longrightarrow R+S$,反应速率方程 $r_A = kc_Ac_B$ kmol/(m³·min),反应速率常数 $k=100$ m³/(kmol·min)。进料流量$Q_o=5\times10^{-4}$ m³/min,初始浓度$c_{Ao}=c_{Bo}=5$ mol/m³,试求:

(1) 平推流反应器出口转化率;

(2) 若改用全混流反应器,得到相同的出口转化率时所需反应器体积;

(3) 若全混流反应器反应体积采用 $V_r=0.001\ m^3$,则出口转化率为多少?

2.15 等温条件下,拟分别在平推流反应器(反应体积V_P)和全混流反应器(反应体积V_m)中,进行一级反应 $A \longrightarrow P$。试求:当转化率为 0.6 时,两反应器体积之比V_P/V_m。

2.16 连续操作的反应器中进行自催化反应(1)$A \longrightarrow P$,(2) $A+P \longrightarrow 2P$。反应速率方程 $r_A = kc_Ac_P$ kmol/(m³·min),反应速率常数 $k=1$ m³/(kmol·min)。原料初始组成$c_{Ao}=0.9$ kmol/m³,$c_{Po}=0.1$ kmol/m³,要求反应器出口转化率 $x_A=90\%$。试求:采用下列各种反应器时的空时($\tau = V_r/Q_o$):(1) 平推流反应器;(2) 全混流反应器;(3) 平推流反应器与全混流反应器组合,求最小总空时。

2.17 如下液相平行反应,P 为目的产物:

$$A \longrightarrow P \qquad r_P=c_A \text{ kmol/(m}^3\cdot\text{min)}$$

$$A \longrightarrow R \qquad r_R=2c_A \text{ kmol/(m}^3\cdot\text{min)}$$

$$A \longrightarrow S \qquad r_S=c_A^2 \text{ kmol/(m}^3\cdot\text{min)}$$

反应器入口原料初始浓度$c_{Ao}=2$ kmol/m³,要求反应器出口浓度$c_{Af}=0.2$ kmol/m³。试求:(1) 采用管式反应器(平推流)时,反应器出口产物 P 的收率;(2) 采用釜式反应器(全混流)时,反应器出口产物 P 的收率;(3) 采用两个相同反应体积的全混流釜串联时,第二釜出口产物 P 的收率。

2.18 在等温操作的半间歇反应器中进行液相反应:

$$A+B \longrightarrow R \qquad r_R = 1.6\,c_A \text{ kmol/(m}^3\cdot\text{h)}$$

$$2A \longrightarrow D \qquad r_D = 8.2c_A^2 \text{ kmol/(m}^3\cdot\text{h)}$$

原料为 A 与 B 的混合液,其中 A 的初始浓度$c_{Ao}=2$ kmol/m³。将体积为 1 m³的 B 先放入反应器内,在 0.4 h 内将 0.4 m³的 A 匀速加入反应器,试求:A 加料完毕时,组分 A 所能达到的转化率及目的产物 R 的收率。

2.19 拟在绝热操作的连续釜式反应器(全混流)中进行顺丁烯二酸酐(A) 与正己醇(B) 反应生产顺丁烯二酸己酯,$A+B \longrightarrow R$,反应速率方程 $r_A = kc_Ac_B$,反应速率常数 $k=1.37\times10^{12}\exp(-12\,628/T)$。初始浓度$c_{Ao}=4.55$ kmol/m³,$c_{Bo}=5.34$ kmol/m³,反应器入口原料流量$Q_o=1\times10^{-3}$ m³/s,反应器入口温度$T_o=326$ K,反应器出口温度 $T=373$ K,反应器入口温度下的反应热 $\Delta H_r=-3.35\times10^4$ kJ/kmol,反应混合物的平均体积比热容 $\rho\overline{C}_{pt}=1\,980$ kJ/(m³·K)。试求:在操作温度范围内出现的定态点温度。

第 3 章　停留时间分布及非理想流动模型

同一反应体系，选择不同的反应器类型或操作方式时，所达到的反应结果也不同。如在相同的操作温度和入口浓度条件下，空时相同的连续釜式反应器和管式反应器比较，由于连续釜内反应物浓度及反应速率较低，因而连续釜的出口转化率较低。如控制连续釜空时与间歇釜反应时间一致，并在相同温度和初始浓度条件下，连续釜的出口转化率低于间歇釜，其原因在于反应物料在连续釜内的停留时间与间歇釜内的反应时间不同。如不等体积的连续釜相比，在入口浓度、反应温度及处理量相同的条件下，反应体积较小的连续釜的出口转化率较低。与不等体积连续釜类似，反应体积较小的管式反应器出口转化率较低。综上，反应过程所达到的结果与反应速率和反应时间有关。其中，反应速率取决于浓度和温度，而浓度和温度及其分布受到反应器内反应物料流动状态的影响。对一定反应体积的反应器，反应物在反应器内的停留时间随进料量的增大而缩短，相应的反应物在反应器内的反应时间缩短，因此出口转化率越低。

反应物料可看作物料粒子的集合体，物料粒子可以是分子或若干分子组成的微团。物料粒子在反应器内的停留时间与反应器类型及结构、操作方式、反应器体积、进料量及反应物料在反应器内的流动状况有关。反应器内流体的微观混合也会直接影响到反应组分的浓度，从而影响反应速率和反应的结果。

基于全混流假定的连续釜式反应器内，物料粒子达到最大程度的返混，流过反应器的物料粒子的停留时间具有一定的分布。基于平推流假定的管式反应器内，物料粒子轴向无返混，所有物料粒子在反应器内的停留时间相同。全混流和平推流是两个极限状况，实际反应器内物料的流动状态介于两者之间。多数情况下，反应器内物料的流动状况不符合理想流动，属于非理想流动。以停留时间分布及理想流动为基础，建立非理想流动模型，对实际反应器进行分析和设计计算是常用的方法。

3.1　停留时间分布

间歇反应器采用分批操作，反应物料同时装入和卸出，所以反应物料在反应器内的反应时间相同。对于流动反应系统，反应物料连续不断地流入和流出反应器，物料粒子自进入反应器到离开反应器所经历的时间，称为停留时间。寿命和年龄是表达停留时间的两个概念。寿命指物料粒子从进入反应器到离开反应器所经历的时间。年龄指物料粒子从进入反应器算起在反应器中停留的时间。

除间歇反应器外，连续操作的各类反应器内物料粒子流过反应器所经历的时间具有一定的分布，即停留时间分布。实验测定的停留时间分布指寿命分布。单个物料粒子在反应器的停留时间是随机的，但大量物料粒子的停留时间会表现出一定统计规律，即表现出一定的停留时间分布。

反应器内流体的流速分布、分子扩散和湍流扩散、搅拌引起的强制对流，以及由于设备结构产生的滞留区、沟流和短路等因素都会影响到物料粒子在反应器内的停留时间分布。反应物料在反应器内的停留时间即为反应时间。显然停留时间越长，反应进行的程度越接近极限状态。换言之，同一反应体系在相同的操作条件下，若停留时间一致，则可认为反应进行的程度相同。

3.1.1 停留时间分布函数

闭式反应器系统内，进入反应器的物料粒子全部从出口流出，在反应器进出口处物料粒子不存在反向流动。假定流经反应器的流体为定态流动，密度恒定且不发生化学反应。进入闭式系统的物料粒子流出系统时所经历的时间，即停留时间。物料粒子的停留时间分布可用停留时间分布密度函数和停留时间分布函数定量表示。

停留时间分布密度函数定义为 $\mathrm{d}t$ 时间内流出系统的物料粒子数占输入系统物料粒子总数的分率，记为 $E(t)$。图 3.1 表示停留时间分布密度函数 $E(t)$ 随停留时间 t 的变化曲线。$E(t)\mathrm{d}t$ 的意义是在 t 到 $t+\mathrm{d}t$ 之间离开系统的物料粒子数占进入系统的物料粒子总数的分数，如图 3.1 中阴影部分的面积，表示物料粒子的停留时间介于 t 到 $t+\mathrm{d}t$ 之间的概率。

停留时间分布函数定义为 $0 \sim t$ 时间段内流出系统的物料粒子数占输入系统物料粒子总数的分率，记为 $F(t)$。$F(t)$ 的意义是停留时间小于 t 的物料粒子数占物料粒子总数的分数，表示物料粒子的停留时间小于 t 的概率。$1-F(t)$ 则为停留时间大于 t 的物料粒子数占物料粒子总数的分数。图 3.2 表示停留时间分布函数 $F(t)$ 随停留时间 t 的变化曲线，是一条单调递增的曲线，其最大值为 1。

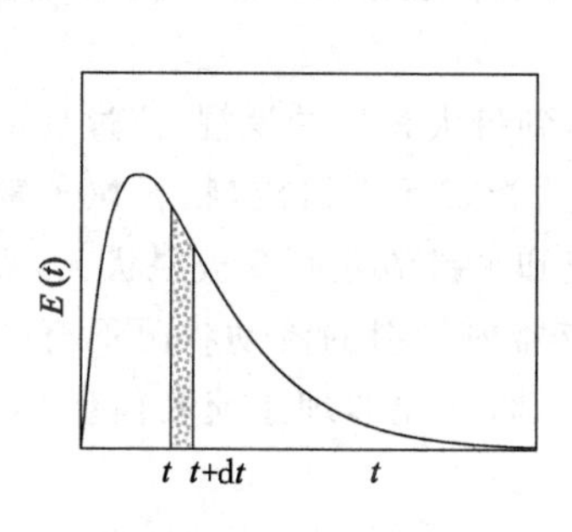

图 3.1 $E(t)$-t 曲线

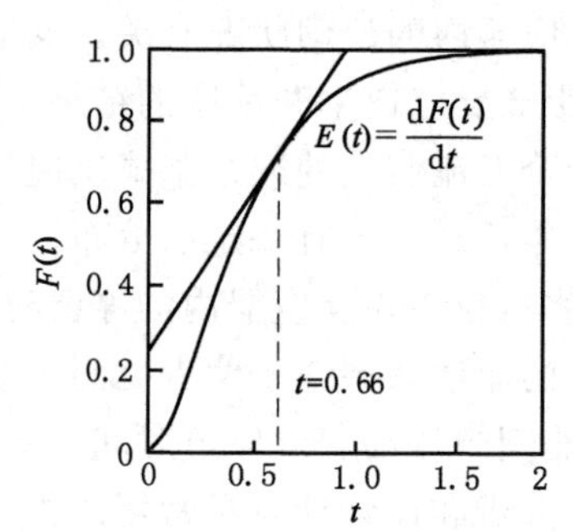

图 3.2 $F(t)$-t 曲线

根据 $E(t)$ 和 $F(t)$ 的定义，有：

$$t<0 \text{ 时}, E(t)=0, F(t)=0$$

$$t \geqslant 0 \text{ 时}, E(t) \geqslant 0, F(t) \geqslant 0$$

$$t \to \infty \text{ 时}, E(t)=0, F(t)=1$$

停留时间分布密度函数的归一化条件为：

$$\int_0^{\infty} E(t)\mathrm{d}t = 1 \tag{3.1}$$

$E(t)$ 和 $F(t)$ 的关系为：

$$F(t)=\int_0^t E(t)\mathrm{d}t \tag{3.2}$$

$$E(t)=\frac{\mathrm{d}F(t)}{\mathrm{d}t} \tag{3.3}$$

$E(t)$的单位为时间的倒数，$F(t)$是一个无量纲量。停留时间分布密度函数 $E(t)$和分布函数 $F(t)$ 可通过式(3.2)和式(3.3)互换。

在 $F(t)$曲线上对停留时间 t 作切线，切线的斜率即为 $E(t)$值，以 $E(t)=16t\exp(-4t)$为例，如图 3.2 所示的直线的斜率即为 $E(t)$值。

对 $E(t)$积分即可得出相应的 $F(t)$值，如图 3.3 所示，以 $E(t)=16t\exp(-4t)$为例。如 $t=0.5$ min 时，左侧部分面积表示 $F(0.5)$，右侧部分面积表示 $1-F(0.5)$。

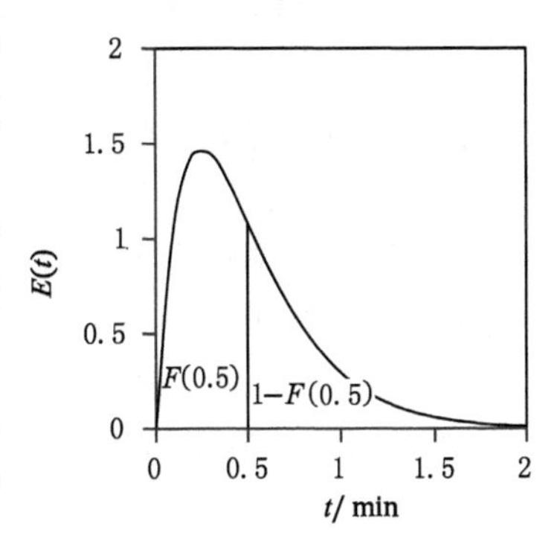

图 3.3　$E(t)$-t 曲线

停留时间常以无因次时间 θ 表示，θ 定义为停留时间 t 与平均停留时间$\bar{t}$的比值：

$$\theta=\frac{t}{\bar{t}} \tag{3.4}$$

以无因次时间表示的停留时间分布密度函数 $E(\theta)$、分布函数 $F(\theta)$与 $E(t)$、$F(t)$ 的关系为：

$$E(t)\mathrm{d}t = E(\theta)\mathrm{d}\theta \tag{3.5}$$

$$E(\theta)=\bar{t}E(t) \tag{3.6}$$

$$F(\theta)=F(t) \tag{3.7}$$

无因次时间表示的停留时间分布密度函数 $E(\theta)$和分布函数 $F(\theta)$有转换关系：

$$\int_0^\infty E(\theta)\mathrm{d}\theta = 1 \tag{3.8}$$

$$F(\theta)=\int_0^\theta E(\theta)\mathrm{d}\theta \tag{3.9}$$

$$E(\theta)=\frac{\mathrm{d}F(\theta)}{\mathrm{d}\theta} \tag{3.10}$$

3.1.2　停留时间分布的统计特征值

停留时间分布常用两个统计特征值来表征，即数学期望与方差。

数学期望或均值，即平均停留时间$\bar{t}$：

$$\bar{t}=\frac{\int_0^\infty tE(t)\mathrm{d}t}{\int_0^\infty E(t)\mathrm{d}t}=\int_0^\infty tE(t)\mathrm{d}t \tag{3.11}$$

$$\bar{\theta}=\int_0^\infty \theta E(\theta)\mathrm{d}\theta \tag{3.12}$$

方差表示停留时间相对于均值的离散程度。停留时间分布的方差越大，表示停留时间的分布越宽，即停留时间差别越大。

$$\sigma_t^2=\int_0^\infty (t-\bar{t})^2E(t)\mathrm{d}t=\int_0^\infty t^2E(t)\mathrm{d}t-\bar{t}^2 \tag{3.13}$$

$$\sigma_\theta^2 = \frac{\sigma_t^2}{\bar{t}^2} = \int_0^\infty \theta^2 E(\theta)\mathrm{d}\theta - 1 \tag{3.14}$$

3.2 停留时间分布的实验测定方法

示踪响应法是常用的停留时间分布实验测定方法,即用示踪剂跟踪物料粒子通过系统的停留时间。根据示踪剂加入系统的方式,示踪响应法可分为脉冲法和阶跃法。系统出口示踪剂浓度的检测可由检测器实现,如通过某种物理性质的变化确定系统出口示踪剂浓度的变化。气体常用的检测方法是导热检测,电解质溶液常用电导率检测。检测信号与示踪剂浓度的对应关系可通过外标法进行标定,即配制已知浓度的示踪剂并测定出对应的检测信号,进一步可绘制出示踪剂浓度与检测信号的变化曲线。

3.2.1 脉冲法

脉冲法测定停留时间分布如图 3.4 所示。在极短的时间内,在系统入口处向流进系统的主流体中加入一定量的示踪剂,同时开始记录系统出口处检测信号随时间的变化。根据检测信号与剂浓度的对应关系,得出系统出口流体中示踪剂的浓度 $c(t)$ 随时间的变化。实验中,快速将示踪剂注入系统才可视为全部示踪剂在同一时间内加入系统,这样所测定的停留时间才不受示踪剂注入时间的差别带来的影响。

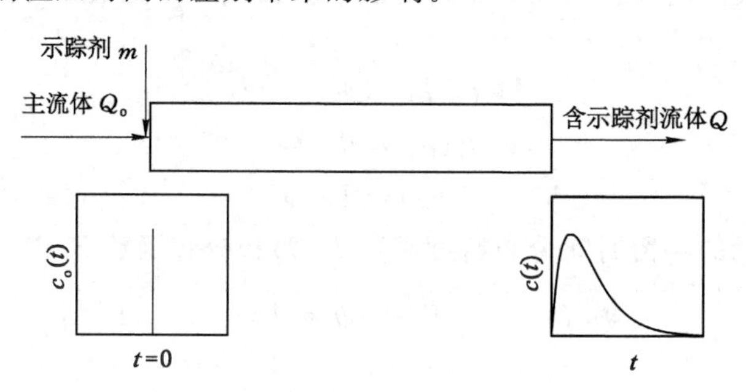

图 3.4　脉冲法测定停留时间分布

应用脉冲法测定停留时间分布,应注意示踪剂的加入量对实验结果的影响。若示踪剂加入量较大时,需要较长的注入时间。示踪剂加入量较小,而主流体流量较大时,示踪剂在流体中的浓度较低,此时要求检测器有较高的灵敏度,否则难以检测到示踪剂响应信号。

出口流体中示踪剂浓度 $c(t)$ 与时间 t 的关系曲线称为响应曲线,由响应曲线可计算得出停留时间分布曲线或函数关系。

根据 $E(t)$ 的定义有:

$$Qc(t)\mathrm{d}t = mE(t)\mathrm{d}t \tag{3.15}$$

由式(3.15)得出,停留时间分布密度函数 $E(t)$ 计算式为:

$$E(t) = \frac{Qc(t)}{m} \tag{3.16}$$

式(3.16)中 m 为示踪剂的加入量。

示踪剂的输入量也可由响应曲线 $c(t)$-t 计算得出。若主流体流量Q_0为定值,示踪剂的注入不改变Q_0值,则示踪剂的加入量计算为:

$$m = \int_0^\infty Qc(t)\mathrm{d}t \tag{3.17}$$

将式(3.17)代入式(3.16)，由响应曲线 $c(t)$-t 计算 $E(t)$ 的计算式：

$$E(t) = \frac{c(t)}{\int_0^\infty c(t)\mathrm{d}t} \tag{3.18}$$

如果系统出口的检测信号与示踪剂浓度呈线性关系，可直接将响应信号测定值代入式(3.18)求出 $E(t)$。实验中，如果所得的响应曲线拖尾现象严重，应用式(3.18)计算的积分值误差较大，应尽量应用式(3.16)示踪剂输入量参与计算。

将式(3.16)代入式(3.11)，在主流体流量 Q_0 恒定的条件下，可通过响应曲线 $c(t)$-t 计算平均停留时间：

$$\bar{t} = \frac{\int_0^\infty tc(t)\mathrm{d}t}{\int_0^\infty c(t)\mathrm{d}t} \tag{3.19}$$

将式(3.18)代入式(3.13)，可通过响应曲线 $c(t)$-t 计算方差：

$$\sigma_t^2 = \frac{\int_0^\infty t^2 c(t)\mathrm{d}t}{\int_0^\infty c(t)\mathrm{d}t} - \bar{t}^2 \tag{3.20}$$

例 3.1　用脉冲法测定某反应器的停留时间分布。进入反应器的主流体 N_2 的流量为 0.840 kmol/min，示踪剂 H_2 的脉冲注入量为 6.36×10^{-3} kmol，示踪剂的加入不影响主流体 N_2 流量。采用热导池检测器，利用气相色谱仪分析混合气中 H_2 的浓度 c。反应器出口 H_2 浓度(摩尔分数)与时间的对应值如表 3.1 所示。

表 3.1　H_2 浓度与时间的对应值

t/min	0	5	10	15	20	25	30	35	40
$c(t)\times10^6$	0	0	15	143	378	286	202	145	105
t/min	45	50	55	60	65	70	75	80	
$c(t)\times10^6$	74	58	42	30	20	12	5	0	

试求：(1) 以 t=30 min 为例，计算停留时间分布密度和停留时间分布函数值；(2) 计算停留时间分布的均值 $\bar{t}$ 与方差 σ_t^2、σ_θ^2。

解　(1) 依式(3.16)，t=30 min 的停留时间分布密度值：

$$E(30) = \frac{Qc(30)}{m} = \frac{0.840\times202\times10^{-6}}{6.36\times10^{-3}} = 0.0267$$

依式(3.16)，停留时间分布密度计算结果列于表 3.2。

表 3.2　停留时间分布密度计算

t/min	0	5	10	15	20	25	30	35	40
$E(t)\times10^3$/min^{-1}	0	0	2.0	18.9	49.9	37.8	26.7	19.2	13.9
t/min	45	50	55	60	65	70	75	80	
$E(t)\times10^3$/min^{-1}	9.8	7.7	5.5	4.0	2.6	1.6	0.7	0	

应用辛普森积分公式：

$$\int_{x_0}^{x_n} f(x)\mathrm{d}x = \frac{x_n - x_0}{3n}[f(x_0) + 4f(x_1) + 2f(x_2) + 4f(x_3) + 2f(x_4) + \cdots + 4f(x_{n-1}) + f(x_n)]$$

其中，数据点 n 为偶数，等间距的数据点为奇数。

依式(3.2)，以 $t=30$ min 为例的停留时间分布函数值：

$$F(30) = \int_0^{30} E(t)\mathrm{d}t = \frac{30}{3\times 6}\times[0 + 4\times(0 + 18.9 + 37.8) + 2\times(2.0 + 49.9) + 26.7]\times 10^{-3} = 0.595$$

依式(3.2)，停留时间分布函数值计算结果列于表 3.3。

表 3.3　停留时间分布函数值

t/min	0	10	20	30	40	50	60	70	80
$F(t)$	0	0.03	0.216	0.595	0.790	0.892	0.948	0.975	0.982

(2) 依式(3.11)，应用辛普森积分公式得平均停留时间为：

$$\bar{t} = \int_0^{\infty} tE(t)\mathrm{d}t = 29.4\ (\mathrm{min})$$

依式(3.13)和式(3.14)，停留时间的方差为：

$$\sigma_t^2 = \int_0^{\infty} t^2 E(t)\mathrm{d}t - \bar{t}^2 = 167.6(\mathrm{min}^2)$$

$$\sigma_\theta^2 = \frac{\sigma_t^2}{\bar{t}^2} = \frac{167.6}{29.4^2} = 0.194$$

3.2.2　阶跃法

阶跃法实验测定停留时间分布如图 3.5 所示。阶跃法分为升阶法和降阶法。升阶法是在系统入口处，可借助于三通阀将定态流入系统的主流体切换为流量相同的含有一定浓度示踪剂的流体，同时在出口处记录示踪剂响应曲线，如图 3.5(a, b)所示。降阶法是将含有示踪剂的流体切换为流量相同的不含示踪粒子的主流体，如图 3.5(c, d)所示。

设 $c_o(t)$ 为流体中示踪剂的初始浓度，两流体切换时的时间记为 $t=0$。升阶法的输入信号及输出响应曲线如图 3.5(a)和图 3.5(b)所示，降阶法的输入信号及输出响应曲线如图 3.5(c)和图 3.5(d)所示。

升阶法示踪剂浓度的变化为：

$$t<0\ \text{时}, c(t)=0$$
$$t\geqslant 0\ \text{时}, c(t)\geqslant 0$$
$$t\to\infty\ \text{时}, c(\infty)=c_o(t)$$

降阶法示踪剂浓度的变化为：

$$t\leqslant 0\ \text{时}, c(0)=c_o(t)$$
$$t>0\ \text{时}, c(t)>0$$

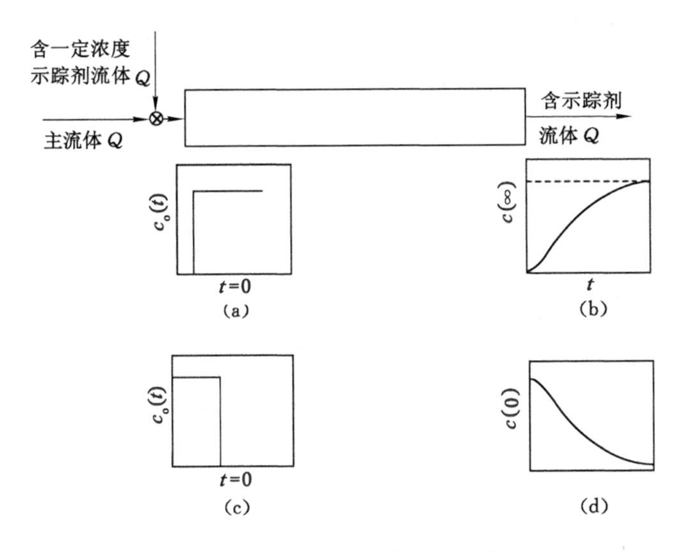

图 3.5　阶跃法测定停留时间分布

$$t \to \infty \text{ 时}, c(\infty) = 0$$

由阶跃响应曲线可求得停留时间分布函数。

升阶法求得停留时间分布函数为：

$$F(t) = \frac{Qc(t)\mathrm{d}t}{Qc(\infty)\mathrm{d}t} = \frac{c(t)}{c(\infty)} \tag{3.21}$$

降阶法求得停留时间分布函数为：

$$1 - F(t) = \frac{c(t)}{c(0)} \tag{3.22}$$

实验中，升阶法和降阶法可交替进行，其中常利用降阶法的实验数据进行计算。无论是升阶法还是降阶法，切换前后进入系统的流体流量必须相等。

阶跃法实验也可直接向主流体中连续加入一定流量的示踪剂，要求示踪剂的流量连续、稳定且远小于主流体流量。

实验时，应合理选择示踪剂和检测器，使检测具有较高的灵敏度。示踪剂应具有物理和化学性质稳定，易于被检测器检出的特性，以提高实验数据的精度。

将式(3.3)代入式(3.11)，可得出平均停留时间计算式为：

$$\bar{t} = \int_0^1 t\mathrm{d}F(t) \tag{3.23}$$

用升阶法实验测得的响应曲线 $c(t)$-t，如图 3.6 所示。对式(3.21)求导，有：

$$\mathrm{d}F(t) = \frac{\mathrm{d}c(t)}{c(\infty)} \tag{3.24}$$

将式(3.24)代入式(3.23)，由升阶法响应曲线 $c(t)$-t 计算平均停留时间的计算式为：

$$\bar{t} = \frac{1}{c(\infty)}\int_0^{c(\infty)} t\mathrm{d}c(t) \tag{3.25}$$

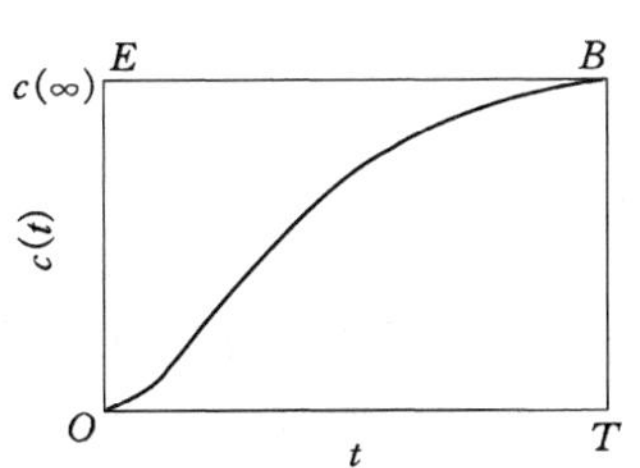

图 3.6　升阶法 $c(t)$-t 曲线

图3.6中，T为出口流体中示踪剂的浓度等于$c(\infty)$时所经历的时间，则式(3.25)中$\int_0^{c(\infty)} t\mathrm{d}c(t)$积分值等于阴影部分的面积$S_{OEB}$。矩形面积$S_{OEBT}=Tc(\infty)$，矩形面积$S_{OEBT}$减去$S_{OEB}$即$\int_0^T c(t)\mathrm{d}t$。

$$\int_0^{c(\infty)} t\mathrm{d}c(t)=\int_0^T c(\infty)\mathrm{d}t-\int_0^T c(t)\mathrm{d}t \tag{3.26}$$

实验中，$c(\infty)$常为设定的值，为已知的定值。所以，式(3.26)可整理为：

$$\int_0^{c(\infty)} t\mathrm{d}c(t)=Tc(\infty)-\int_0^T c(t)\mathrm{d}t \tag{3.27}$$

将式(3.26)代入式(3.25)，可得出由升阶法响应曲线$c(t)$-t得出的平均停留时间计算式：

$$\bar{t}=\int_0^T\left[1-\frac{c(t)}{c(\infty)}\right]\mathrm{d}t \tag{3.28}$$

将式(3.27)代入式(3.25)，可得出由升阶法响应曲线$c(t)$-t得出的平均停留时间计算式：

$$\bar{t}=T-\frac{1}{c(\infty)}\int_0^T c(t)\mathrm{d}t \tag{3.29}$$

根据升阶法响应曲线$c(t)$-t，由式(3.21)得出：

$$E(t)=\frac{\mathrm{d}F(t)}{\mathrm{d}t}=\frac{1}{c(\infty)}\frac{\mathrm{d}c(t)}{\mathrm{d}t} \tag{3.30}$$

将式(3.30)代入式(3.13)得出方差σ_t^2的计算式为：

$$\sigma_t^2=\frac{1}{c(\infty)}\int_0^{c(\infty)} t^2\mathrm{d}c(t)-\bar{t}^2 \tag{3.31}$$

由分部积分方法，式(3.31)可整理为：

$$\sigma_t^2=\frac{2}{c(\infty)}\left[\int_0^T tc(\infty)\mathrm{d}t-\int_0^T tc(t)\mathrm{d}t\right]-\bar{t}^2$$

即

$$\sigma_t^2=2\int_0^T t\left[1-\frac{c(t)}{c(\infty)}\right]\mathrm{d}t-\bar{t}^2 \tag{3.32}$$

若用降阶法实验测得的响应曲线$c(t)$-t，T为出口流体中示踪剂浓度降为零时所经历的时间。由降阶法实验数据计算平均停留时间和方差的计算式为：

$$\bar{t}=\int_0^T\frac{c(t)}{c(0)}\mathrm{d}t \tag{3.33}$$

$$\sigma_t^2=2\int_0^T\frac{tc(t)}{c(0)}\mathrm{d}t-\bar{t}^2 \tag{3.34}$$

脉冲法的示踪剂注入时间受示踪剂用量的影响，示踪剂用量大易造成注入时间差增大。示踪剂耗量少是脉冲法的优点，缺点是当示踪粒子浓度低时难以检出，但加大示踪剂用量又难以缩短示踪剂注入时间。阶跃法可克服脉冲法的缺点，升阶法和降阶法连续重复操作可减少实验时间，但实验中示踪剂用量较多是阶跃法的缺点。

例3.2 用升阶法实验测定反应物料在反应器内的停留时间分布，反应器出口示踪剂浓度随时间的变化如表3.4所示。试求：(1) 该反应器的停留时间分布；(2) 平均停留时间$\bar{t}$

及方差 σ_t^2，σ_θ^2。

表 3.4　反应器出口示踪剂浓度随时间的变化

t/s	0	10	20	30	40	50	60	70	80	90
$c(t)/(\mathrm{g/cm^3})$	0	0.5	1.0	2.0	4.0	5.5	6.5	7.0	7.7	7.7

解　(1) 由实验测定的数据知，$c(\infty)=7.7\ \mathrm{g/cm^3}$。

由式(3.21)计算出反应器的停留时间分布 $F(t)$，$F(t)=c(t)/c(\infty)$，计算结果列于表 3.5。

表 3.5　停留时间

t/s	0	10	20	30	40	50	60	70	80	90
$F(t)$	0	0.065	0.130	0.260	0.519	0.714	0.844	0.909	1	1

(2) 依式(3.29)计算平均停留时间：

$$\bar{t}=T-\frac{1}{c(\infty)}\int_0^T c(t)\,\mathrm{d}t$$

其中　　$T=80\ \mathrm{s}$，$c(\infty)=7.7\ \mathrm{g/cm^3}$

应用辛普森积分公式：

$$\int_0^{80} c(t)\,\mathrm{d}t=302.3$$

所以

$$\bar{t}=80-\frac{1}{7.7}\times 302.3=40.7\ (\mathrm{s})$$

依式(3.28)，其中：

$$\int_0^{80} t\left[1-\frac{c(t)}{c(\infty)}\right]\mathrm{d}t=1\ 006$$

方差为：

$$\sigma_t^2=2\int_0^{80} t\left[1-\frac{c(t)}{c(\infty)}\right]\mathrm{d}t-\bar{t}^2=2\times 1\ 006-40.7^2=355.5$$

由式(3.14)得

$$\sigma_\theta^2=\frac{\sigma_t^2}{\bar{t}^2}=\frac{355.5}{40.7^2}=0.214\ 6$$

3.3　理想流动模型的停留时间分布特征

3.3.1　平推流模型的停留时间分布特征

平推流模型假定不存在轴向混合，或者说轴向返混为零。返混现象的实质是系统中不同时间的物料粒子之间发生了混合。物料粒子之间的混合可是宏观尺度上的宏观混合，也可是微观尺度上的微观混合。宏观混合指离析的或独立的物料粒子之间的混合，微观混合指物料粒子之间在更小尺度上的再混合。平推流模型中假定无返混现象指不发生宏观混合。

流体以平推流流动时,同时进入系统的物料粒子必然同时离开系统,所有物料粒子的停留时间相同,均等于平均停留时间$\bar{t}$。

依 $E(t)$和$F(t)$ 的定义,有:

$$t<\bar{t},E(t)=0,F(t)=0$$
$$t=\bar{t},E(t)=1,F(t)=1$$
$$t>\bar{t},E(t)=0,F(t)=1$$

平推流反应器停留时间分布的特征值为:

$$\bar{\theta}=1$$
$$\sigma_\theta^2=0$$

3.3.2 全混流模型的停留时间分布特征

全混流模型假定在反应空间内物料浓度无梯度和温度无梯度,流体流动状态在反应空间达到最大程度的返混。进入反应器的一部分流体粒子走短路很快从出口流出,表现为停留时间很短。也有部分物料粒子在反应器内循环,表现为停留时间极长。物料粒子的停留时间分布范围在$(0,\infty)$。

实际操作的连续釜式反应器中物料粒子存在不同程度的返混,是不同停留时间的物料粒子之间混合的结果。强烈搅拌可加速混合,加重返混现象。空时越大返混现象越严重。

假设反应器内流体流动状况符合全混流模型,连续进出反应器的流体流量相等,即$Q_o=Q$,流体中示踪剂的浓度为c_o。由于反应器内示踪剂的浓度均一,且等于出口流体中的示踪剂的浓度 c,对反应器内示踪剂进行物料衡算得:

$$Q_o c_o=Qc+V_r\frac{dc}{dt}$$

空时 $\tau=V_r/Q_o$,应用于物料衡算式,有:

$$\frac{dc}{dt}+\frac{1}{\tau}c=\frac{1}{\tau}c_o \tag{3.35}$$

式(3.35)为全混流模型的数学表达式。

结合反应器出口状态初值条件,$t=0,c=0$,式(3.35)积分式为:

$$\int_0^c\frac{dc}{c_o-c}=\frac{1}{\tau}\int_0^t dt$$

积分得:

$$\ln\frac{c_o-c}{c_o}=-\frac{t}{\tau} \tag{3.36}$$

或:

$$1-\frac{c}{c_o}=e^{-t/\tau} \tag{3.37}$$

依升阶法的定义,全混流反应器停留时间分布函数表示为:

$$F(t)=\frac{c}{c_o}=1-e^{-t/\tau} \tag{3.38}$$

由式(3.38)求导得出全混流反应器停留时间分布密度函数 $E(t)$ 表示为:

$$E(t) = \frac{1}{\tau} e^{-t/\tau} \tag{3.39}$$

以无因次时间 θ 表示的 $F(\theta)$ 和 $E(\theta)$ 分别为：

$$F(\theta) = 1 - e^{-\theta} \tag{3.40}$$

$$E(\theta) = e^{-\theta} \tag{3.41}$$

依 $E(t)$ 和 $F(t)$ 的定义，有：

$$t < 0, E(t) = 0, F(t) = 0$$

$$t = 0, E(t) = 1/\tau, F(t) = 0$$

$$t = \bar{t}, F(t) = 0.632$$

$$t \longrightarrow \infty, E(t) = 0, F(t) = 1$$

全混流反应器停留时间的特征值为：

$$\bar{\theta} = 1$$

$$\sigma_\theta^2 = 1$$

图 3.7 为全混流反应器的 $F(t)$-t 曲线，图 3.8 为全混流反应器的 $E(t)$-t 曲线。

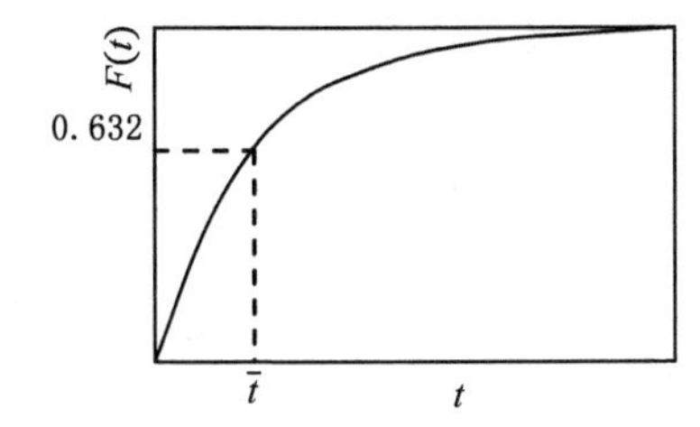

图 3.7　全混流反应器 $F(t)$-t 曲线

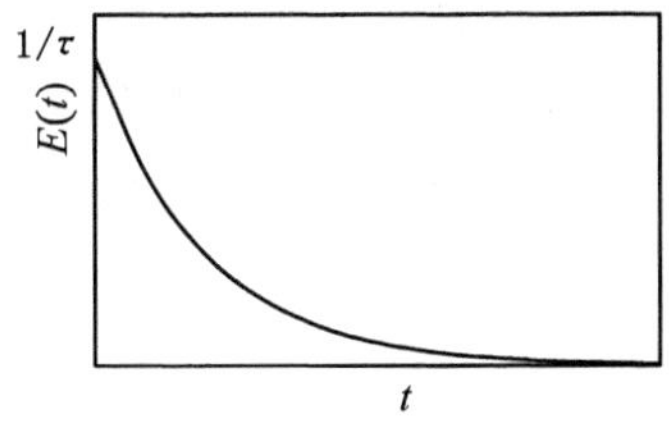

图 3.8　全混流反应器 $E(t)$-t 曲线

全混流反应器与平推流反应器比较，活塞流反应器内所有流体粒子的停留时间都等于平均停留时间，而全混流反应器停留时间小于平均停留时间的流体粒子占全部流体的63.2%，其余 36.8%的反应物料的停留时间大于平均停留时间。所以，对于同一反应体系，在反应速率相同的条件下，活塞流反应器的出口转化率要高于全混流反应器，应用平推流反应器有利于提高生产强度。

例 3.3　用升阶法实验测定反应器内的停留时间分布。以氮气作为主流体，氢气为示踪剂，用热导检测器测定出口气体中氢气的浓度 c，结果如表 3.6 所示。试求：该反应器的流动状况是否为全混流？

表 3.6　测定结果

t/s	0	5	10	15	20	25	30	35	40	45	50
$c/c(\infty)$	0	0.41	0.66	0.80	0.87	0.92	0.95	0.97	0.98	0.99	1

解　若反应器内为全混流流动状况，则停留时间分布的方差应等于 1。依式(3.29)计算平均停留时间：

$$\bar{t} = T - \frac{1}{c(\infty)} \int_0^T c(t) dt$$

其中，$T = 50$ s。应用辛普森积分公式：

$$\frac{1}{c(\infty)}\int_0^{50} c(t)\mathrm{d}t = 40.47$$

所以

$$\bar{t} = 50 - 40.47 = 9.53\ (\mathrm{s})$$

依式(3.32)，其中积分得：

$$\int_0^{50} t\left[1 - \frac{c(t)}{c(\infty)}\right]\mathrm{d}t = 90.7$$

方差为：

$$\sigma_t^2 = 2\int_0^{50} t\left[1 - \frac{c(t)}{c(\infty)}\right]\mathrm{d}t - \bar{t}^2 = 2\times 90.7 - 9.53^2 = 90.58$$

由式(3.14)得

$$\sigma_\theta^2 = \frac{\sigma_t^2}{\bar{t}^2} = \frac{90.58}{9.53^2} = 0.997$$

由方差计算结果，$\sigma_\theta^2 \approx 1$，判断该反应器内流体流动符合全混流。

反应器内的流动状况是否符合全混流，也可以对示踪剂作物料衡算作出判断。依式(3.36)，升阶法中 $c_0 = c(\infty)$，若$-\ln\frac{c(\infty)-c}{c(\infty)}$-$\frac{t}{\tau}$符合线性关系，则流动符合全混流。由图 3.9 可见，$-\ln\frac{c(\infty)-c}{c(\infty)}$-$\frac{t}{\tau}$较好地符合线性关系，所以可以判断该反应器内流动为全混流。

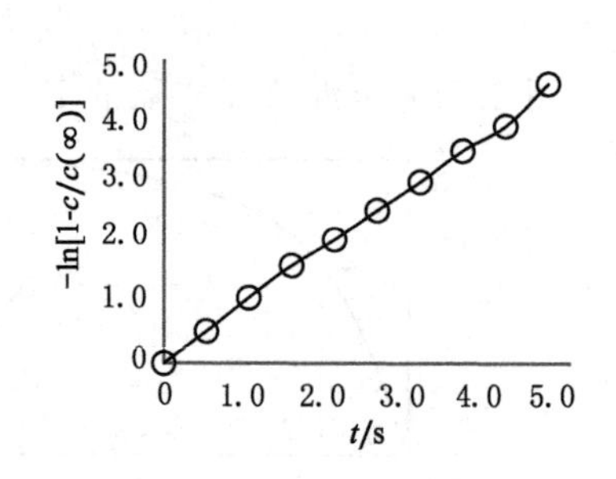

图 3.9　$-\ln[1-c/c(\infty)]$-t/τ 曲线

3.4　非理想流动模型

实际反应器内流体流动状况介于全混流和平推流之间。不符合理想流动状况的流动称为非理想流动。产生非理想流动状况可能的原因有：

(1) 反应器内存在滞留区，或称死区。由于反应器结构的因素，其中某些空间内的流体几乎不流动，这部分区域即为滞留区。滞留区内的流体难以被置换出来，使得物料粒子的停留时间延长，响应曲线出现拖尾现象，停留时间分布 $E(t)$-t 偏离理想反应器。滞留区多存在于反应器进出口形成的死角，以及反应器内设置的挡板与器壁的交接处等。通过反应器的结构设计可减少或消除滞留区。

(2) 沟流或短路的存在。如在固定床反应器内催化剂床层空隙率分布不均匀时，床层阻力较低的通道处流体流速较快，即形成沟流现象。沟流使反应器内物料粒子的停留时间分布 $E(t)$-t 曲线出现双峰的特征。当设备的进出口距离太近时易出现短路现象，流体在设备内短路使停留时间极大缩短。

滞留区内的滞留现象与沟流短路现象对停留时间分布的影响相反。滞留现象延长了停留时间，而沟流和短路现象则缩短了停留时间。因此，若流动系统中存在沟流或短路，则由实测计算的平均停留时间小于空时，$\bar{t} < V_r/Q_0$。而存在滞留现象时，平均停留时间大于空时，$\bar{t} > V_r/Q_0$。

(3) 循环流现象。反应器内由于搅拌的作用,流体流过固体颗粒时存在摩擦力以及器壁效应等,流体在反应器的某区间内会形成循环流动现象。如在釜式反应器、鼓泡塔和流化床中都存在着流体循环运动。循环流现象的特征是停留时间分布响应曲线存在多峰现象。在反应器内设置导流装置或采用喷射驱动方式可减弱循环流现象。

此外,反应器径向流速分布不均匀,分子扩散及涡流扩散造成的物料粒子之间的混合等,都会使流体流动偏离理想流动状态。造成非理想流动的原因复杂多样,可能由部分单一因素引起,也可能是多种因素叠加的结果。

非理想反应器的模拟以微观流体扩散引起的返混为基础。但实际反应器内的流动现象要复杂得多。如仅考虑扩散引起返混而造成的非理想流动,其平均停留时间$\bar{\theta}=1$,但实际反应器内存在沟流或短路现象时,从实测曲线计算的结果$\bar{\theta}<1$。

在已知反应动力学方程的前提下,非理想反应器内的流动状况影响着浓度分布、温度分布以及停留时间分布等,流动模型是非理想反应器计算的基础。以理想流动模型模拟非理想流动状况是反应器设计与分析的有效途径。非理想流动模拟的理论基础是反应器内的停留时间分布,普遍应用的方法是对理想流动模型进行修正。离析流模型、多釜串联模型和轴向扩散模型是常用的模拟非理想流动的模型。

3.4.1　离析流模型

假定流体粒子之间不发生微观混合,即物料粒子之间无传质现象,该流动称为离析流。流体以离析流的形式经过反应器,出口处所达到的转化率是物料粒子总体呈现的结果。

设反应器进口的流体中反应物 A 的浓度为c_{A0},停留时间为 t 的物料粒子对应的浓度为$c_A(t)$,停留时间分布密度函数为 $E(t)$。则反应器出口处反应物 A 的平均浓度为:

$$\bar{c}_A = \int_0^\infty c_A(t)E(t)\mathrm{d}t \tag{3.42}$$

式(3.42)即为离析流模型方程,离析流模型也称停留时间分布模型。

由转化率的定义,变换式(3.42):

$$1-\bar{x}_A = \int_0^\infty [1-x_A(t)]E(t)\mathrm{d}t = \int_0^\infty E(t)\mathrm{d}t - \int_0^\infty x_A(t)E(t)\mathrm{d}t$$

离析流反应器出口平均转化率的计算式:

$$\bar{x}_A = \int_0^\infty x_A(t)E(t)\mathrm{d}t \tag{3.43}$$

式(3.42)和式(3.43)的积分上限可取为∞,但具体到某一反应的积分上限应为反应终止所经历的时间。

如一级不可逆反应:

$$r_A = -\frac{\mathrm{d}c_A}{\mathrm{d}t} = kc_A$$

完全反应时,$c_A=0$,所经历的反应时间为∞,则式(3.42)和式(3.43)的积分上限为∞。

如 1/2 级不可逆反应:

$$r_A = -\frac{\mathrm{d}c_A}{\mathrm{d}t} = kc_A^{1/2}$$

完全反应时,$c_A=0$,所经历的反应时间为:

$$t^* = 2\sqrt{c_{A0}}/k$$

则式(3.42)和式(3.43)的积分上限为t^*。因为流体粒子的停留时间如果大于t^*时c_A仍为零。

3.4.2 多釜串联模型

单个全混流釜式反应器内物料粒子的返混程度达到最大。全混流釜串联数越多时相应的返混程度减小。当无限多个全混流釜串联时，返混程度与平推流等效。实际反应器内的返混程度介于全混流和平推流之间，与 N 个串联的全混流釜相当。当实际反应器内的停留时间分布与 N 个串联的全混流釜相同时，便可以用 N 个全混流釜模拟计算实际反应器的出口状态。

图 3.10 为 N 个全混流釜串联，$N=1$ 时为全混流，$N=\infty$ 则为平推流。N 的取值不同反映了实际反应器的不同返混程度，N 为模型参数。

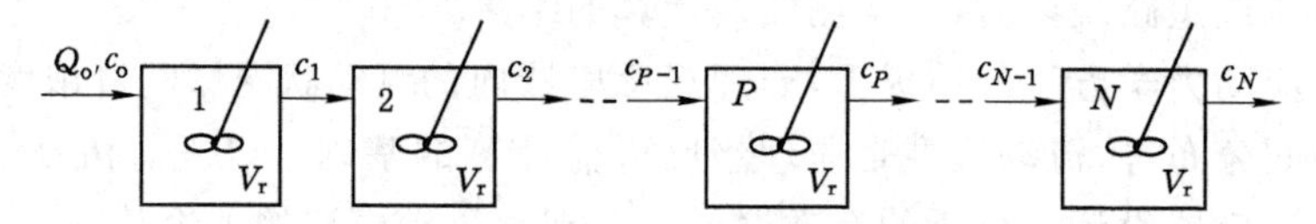

图 3.10 多釜串联模型

假设 N 个等温等体积全混流釜串联，釜之间连接管内无返混现象，反应体积为V_r，主流体流量为 Q，均等于第一釜入口流量Q_0，示踪粒子入口浓度为c_0。

对串联釜中任一全混流釜 P 内的示踪粒子进行物料衡算：

$$Qc_{P-1}(t)-Qc_P(t)=V_r\frac{\mathrm{d}c_P(t)}{\mathrm{d}t}$$

空时 $\tau=V_r/Q$，物料衡算式写为：

$$\frac{\mathrm{d}c_P(t)}{\mathrm{d}t}=\frac{1}{\tau}\left[c_{P-1}(t)-c_P(t)\right] \tag{3.44}$$

初始条件为：$t=0, c_P(t)=0$。

依式(3.44)逐个全混流反应器内对示踪粒子进行物料衡算：

$P=1$ 时，有

$$\frac{\mathrm{d}c_1(t)}{\mathrm{d}t}+\frac{1}{\tau}c_1(t)=\frac{1}{\tau}c_0$$

$$\frac{c_1(t)}{c_0}=1-\mathrm{e}^{-t/\tau}$$

$P=2$ 时，有

$$\frac{\mathrm{d}c_2(t)}{\mathrm{d}t}+\frac{1}{\tau}c_2(t)=\frac{1}{\tau}c_0(1-\mathrm{e}^{-t/\tau})$$

$$\frac{c_2(t)}{c_0}=1-\left(1+\frac{t}{\tau}\right)\mathrm{e}^{-t/\tau}$$

依次对其他各釜求解，并由数学归纳法可得第 N 个釜的结果为：

$$F(t)=\frac{c_N(t)}{c_0}=1-\mathrm{e}^{-t/\tau}\sum_{P=1}^{N}\frac{(t/\tau)^{P-1}}{(P-1)!} \tag{3.45}$$

式(3.45)为多釜串联模型停留时间分布函数式。

N 个串联釜的总空时或总平均停留时间为：

$$\tau_t=N\tau \tag{3.46}$$

以多釜串联系统的总空时定义，式(3.45)可改写为 N 个釜串联的停留时间分布函数：

$$F(t)=1-\mathrm{e}^{-Nt/\tau_t}\sum_{P=1}^{N}\frac{(Nt/\tau_t)^{P-1}}{(P-1)!} \tag{3.47}$$

以总空时计算无因次时间 $\theta=t/\tau_t$，N 个釜串联的停留时间分布函数为：

$$F(\theta)=1-\mathrm{e}^{-N\theta}\sum_{P=1}^{N}\frac{(N\theta)^{P-1}}{(P-1)!} \tag{3.48}$$

对式(3.48)中 θ 求导，可得 N 个全混流釜串联模型的停留时间分布密度函数为：

$$E(\theta)=\frac{N^N}{(N-1)!}\theta^{N-1}\mathrm{e}^{-N\theta} \tag{3.49}$$

N 个全混流釜串联的停留时间分布的特征值为：

$$\bar{\theta}=\int_0^{\infty}\frac{N^N\theta^N\mathrm{e}^{-N\theta}}{(N-1)!}\mathrm{d}\theta=1$$

$$\sigma_\theta^2=\int_0^{\infty}\frac{N^N\theta^{N+1}\mathrm{e}^{-N\theta}}{(N-1)!}\mathrm{d}\theta-1=\frac{1}{N} \tag{3.50}$$

由式(3.50)知，当 $N=1$ 时，$\sigma_\theta^2=1$，单釜与全混流模型一致；当 $N\to\infty$时，$\sigma_\theta^2=0$，与活塞流模型一致。模型参数 N 取值范围为$(1,\infty)$。

图 3.11 为 N 个全混流釜串联时的停留时间分布函数 $F(\theta)$-θ 曲线，图 3.12 为 N 个全混流釜串联时的停留时间分布密度函数 $E(\theta)$-θ 曲线。随 N 值增加，$F(t)$和 $E(t)$ 由全混流逐渐过渡到平推流。

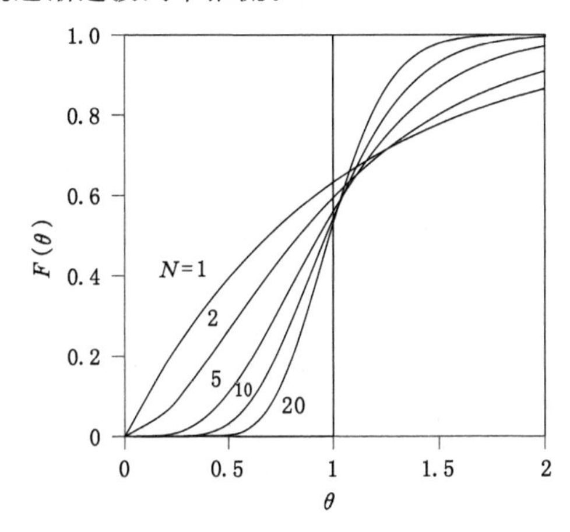

图 3.11　多釜串联模型 $F(\theta)$-θ

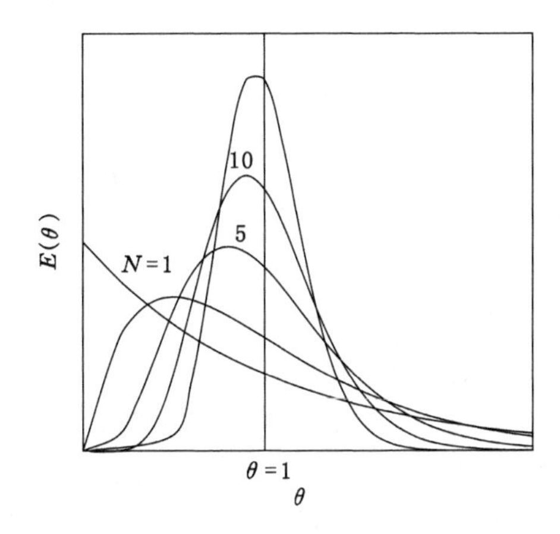

图 3.12　多釜串联模型 $E(\theta)$-θ

应用多釜串联模型模拟计算实际反应器时，首先要测定实际反应器的停留时间分布，由实际反应器停留时间分布的方差值求出模型参数 N，再按全混流反应器逐釜计算的方法求出第 N 个釜的出口状态，以此模拟实际反应器的出口状态。如 N 值不为整数时，可将 N 值圆整，取整数近似模拟计算。

3.4.3　轴向扩散模型

假定：① 流体以恒定的流速 u 通过系统；② 在垂直于流体运动方向的横截面上径向浓度分布均一，即径向混合达到最大；③ 在流动方向即轴向方向上存在质量传递，对流和扩散是质量传递的两种形式，以轴向扩散系数 D_a 表示分子扩散、涡流扩散以及流速分布等因素的综合作用,用费克定律描述扩散传递速率。④ 管式反应器内轴向方向上扩散系数不随时间及位置而变,其数值大小与反应器的结构、操作条件及流体性质有关。

由于存在化学反应,反应物料在管式反应器的不同截面处的浓度和反应速率不同。如图 3.13 所示,取反应器内微元体积dV_r,以反应器入口截面为基准 $Z=0$;反应器管长为 L;反应器截面积为 A,则微元体积$dV_r=AdZ$。对示踪剂进行物料衡算,建立轴向扩散模型的数学模型方程。

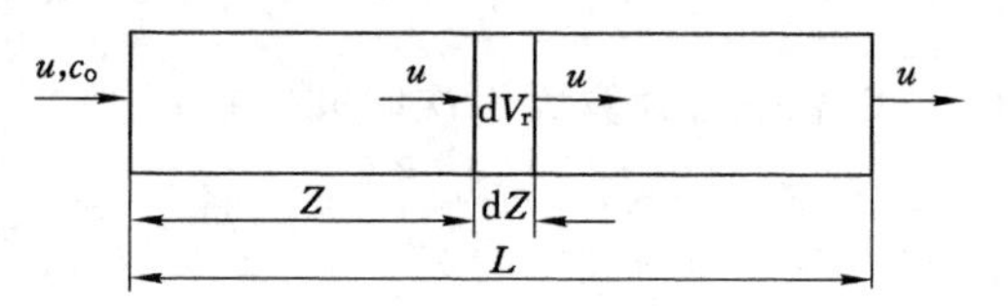

图 3.13　轴向扩散模型

示踪粒子输入量:

$$uAc - D_a A \frac{\partial c}{\partial Z}$$

示踪粒子输出量:

$$uAc_{Z+dZ} - D_a A \frac{\partial c_{Z+dZ}}{\partial Z} = uA\left[c + \left(\frac{\partial c}{\partial Z}\right)_Z dZ\right] - D_a A \frac{d}{dZ}\left[c + \left(\frac{\partial c}{\partial Z}\right)_Z dZ\right]$$

示踪粒子累积量:

$$\frac{\partial c}{\partial t} A dZ$$

假定定态过程,化学反应量计入微元体积的累积量。由物料衡算式:

输入量=输出量+累积量

将各项代入物料衡算式并整理得:

$$\frac{\partial c}{\partial t} = D_a \frac{\partial^2 c}{\partial Z^2} - u \frac{\partial c}{\partial Z} \tag{3.51}$$

式(3.51)为轴向扩散模型方程,为一偏微分方程。模型方程包括时间自变量 t 和空间自变量,即轴向距离 Z。

与平推流模型比较,轴向扩散模型叠加了一个扩散项,该扩散项反映了系统内返混的程度。D_a的不同取值可反映轴向扩散模型模拟从平推流至全混流之间的任何非理想流动状态。若$D_a=0$ 时,轴向扩散模型方程式(3.51)化为平推流模型方程。理论上,当 $D_a \to \infty$时,轴向扩散模型反映出全混流的状况,但是实际应用中轴向扩散模型适用于返混程度不太大的流动状态。轴向扩散模型多用于管式反应器的模拟计算。

引入无因次量,将轴向扩散模型方程式(3.51)化为无量纲形式。

$$\theta = \frac{tu}{L}, \psi = \frac{c}{c_0}, \zeta = \frac{Z}{L}, Pe = \frac{uL}{D_a}$$

轴向扩散模型无量纲方程为:

$$\frac{\partial \psi}{\partial \theta} = \frac{1}{Pe} \frac{\partial^2 \psi}{\partial \zeta^2} - \frac{\partial \psi}{\partial \zeta} \tag{3.52}$$

式中,Pe 为贝克来数,其物理意义为对流传递速率与扩散传递速率的比值,表达了对流传递与扩散传递对轴向返混影响的相对性。

$$Pe = \frac{uL}{D_a} = \frac{\text{对流传递速率}}{\text{扩散传递速率}}$$

贝克来数 Pe 反映了返混的程度。贝克来数的倒数 D_a/uL,称为分散数。

Pe 值越小，说明扩散传递速率较大，$Pe=0$ 时，说明扩散传递速率远大于对流传递速率，可归为全混流模型。反之，$Pe\to\infty$ 时，说明对流传递速率远大于扩散传递速率，可归为平推流模型。

贝克来数 Pe 表达式中特征长度 L 在不同的资料中有不同的意义。如固定床催化反应器常用催化剂颗粒的直径 d_p 表征特征长度，即

$$Pe=\frac{ud_p}{D_a}$$

有的场合以反应器的直径 d_t 作为特征长度，即

$$Pe=\frac{ud_t}{D_a}$$

求解轴向扩散模型方程式(3.52)，根据停留时间分布函数的定义可得：

$$F(\theta)=1-e^{\frac{Pe}{2}}\sum_{n=1}^{\infty}\frac{8\omega_n\sin\omega_n\exp\left[-\frac{(Pe^2+4\omega_n)\theta}{4Pe}\right]}{Pe^2+4Pe+4\omega_n^2} \tag{3.53}$$

$$\tan\omega_n=\frac{4\omega_n Pe}{4\omega_n^2-Pe^2} \tag{3.54}$$

式中，ω_n 为方程式(3.54)的正根。

将式(3.53)对 θ 求导可得停留时间分布密度函数：

$$E(\theta)=e^{\frac{Pe}{2}}\sum_{n=1}^{\infty}\frac{(-1)^{n+1}8\omega_n^2\exp\left[-\frac{(Pe^2+4\omega_n^2)\theta}{4Pe}\right]}{Pe^2+4Pe+4\omega_n^2} \tag{3.55}$$

图3.14表示轴向扩散模型停留时间分布函数 $F(\theta)$ 曲线，图3.15表示停留时间分布密度函数 $E(\theta)$ 曲线。贝克来数 Pe 为轴向扩散模型的模型参数，取值范围为(0，∞)。随着 Pe 值的增大，停留时间分布 $E(\theta)$ 曲线变窄。

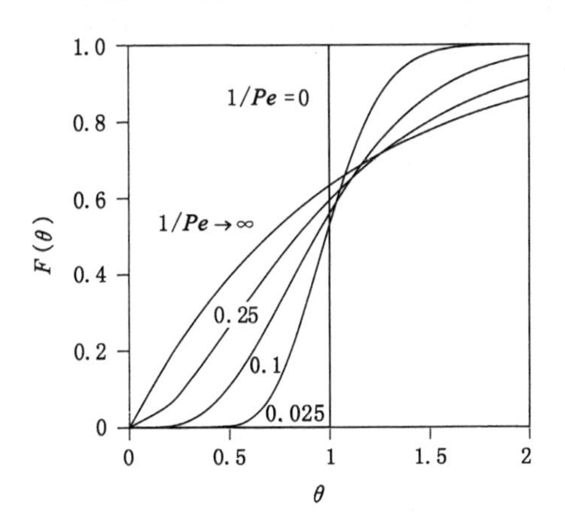

图3.14　轴向扩散模型 $F(\theta)$-θ

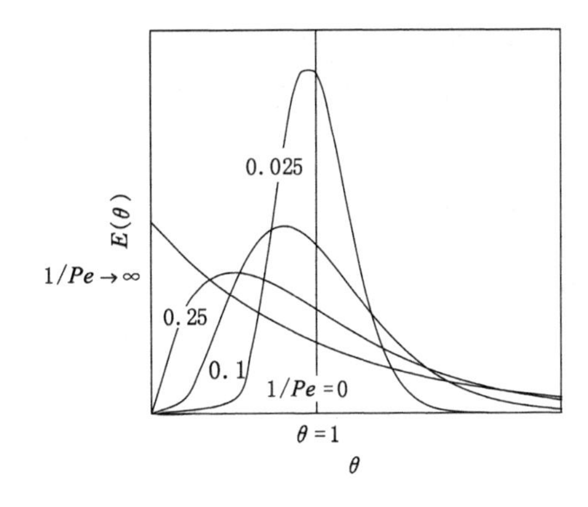

图3.15　轴向扩散模型 $E(\theta)$-θ

轴向扩散模型停留时间分布的特征值：

$$\bar{\theta}=1$$

$$\sigma_\theta^2=\frac{2}{Pe}-\frac{2}{Pe^2}(1-e^{-Pe}) \tag{3.56}$$

若返混程度不大，式(3.56)可近似计算：

$$\sigma_\theta^2 = \frac{2}{Pe} \tag{3.57}$$

比较式(3.56)和式(3.57)的计算结果列于表 3.7 中。

表 3.7　计算结果

σ_θ^2	式(3.56)计算的 Pe	式(3.57)计算的 Pe	Pe 相对误差	串联釜数 N
0.05	39	40	2.6%	20
0.1	18.9	20	5.8%	10
0.2	8.9	10	12.4%	5

实验测得实际反应器的停留时间分布，求出该分布的方差值，代入式(3.56)求出模型参数 Pe。若停留时间分布未知，可根据关联式估算 Pe。

例如，对于空管反应器：

$$\frac{1}{Pe} = \frac{1}{Sc \cdot Re} + \frac{Re \cdot Sc}{192} \tag{3.58}$$

式(3.58) 中，Pe 数是按管径定义的，$Pe = \frac{u d_t}{D_a}$，施密特数 $Sc = \frac{\mu}{\rho D}$。

式(3.58) 的适用范围：$1 < Re < 2\ 000$；$0.23 < Sc < 1\ 000$。

若为湍流，则

$$Pe = Re^{0.125} \tag{3.59}$$

轴向扩散模型方程的解随初值及边界条件的不同而异，但返混程度不大时，计算结果相近。

由于实际反应器中存在化学反应，因此应用轴向扩散模型模拟实际反应器的结果受到反应速率的影响，如等温一级不可逆反应轴向扩散模型计算。

关键组分 A 的物料衡算式为：

输入量＝输出量＋累积量＋反应量

定态操作条件下，浓度随时间的累积量为零，即式(3.51)中 $\frac{\partial c}{\partial t}=0$。所以，式(3.51)改写为：

$$D_a \frac{d^2 c_A}{dZ^2} - u \frac{dc_A}{dZ} + R_A = 0 \tag{3.60}$$

式(3.60)即轴向扩散模型模拟实际反应器时的模型方程。式(3.60)的边界条件为：

$$Z = 0, uc_{A0} = uc_A - D_a \left(\frac{dc_A}{dZ}\right)_{0^+}$$

$$Z = L_r, \left(\frac{dc_A}{dZ}\right)_{L_r^-} = 0$$

若实际反应器中进行等温一级不可逆反应，式(3.60)表示为：

$$D_a \frac{d^2 c_A}{dZ^2} - u \frac{dc_A}{dZ} + kc_A = 0 \tag{3.61}$$

结合边界条件，二阶线性常微分方程的解为：

$$\frac{c_A}{c_{A0}} = \frac{4a}{(1+a)^2\exp\left[-\frac{Pe}{2}(1-a)\right]-(1-a)^2\exp\left[-\frac{Pe}{2}(1+a)\right]} \tag{3.62}$$

式中，$a=(1+4k\tau/Pe)^{1/2}$，$c_A/c_{A0}=1-x_A$。

将轴向扩散模型应用于平推流反应器，由于对流传递速率远大于扩散传递速率，所以有 $Pe=\frac{uL}{D_a}\to\infty$，对应 $a\to 1$。a 的展开式：

$$a = 1+\frac{1}{2}\left(\frac{4k\tau}{Pe}\right)-\frac{1}{8}\left(\frac{4k\tau}{Pe}\right)^2+\cdots \tag{3.63}$$

将式(3.63)代入式(3.62)，整理得出一级不可逆反应出口浓度：

$$\frac{c_A}{c_{A0}} = \exp(-k\tau) \tag{3.64}$$

显然，式(3.64)与平推流模型对一级反应的计算结果一致。

将轴向扩散模型应用于全混流反应器，由于扩散传递速率远大于对流传递速率，所以有 $Pe=\frac{uL}{D_a}\to 0$，将 $\exp\left[-\frac{Pe}{2}(1-a)\right]$ 作级数展开并略去高次项后，代入式(3.62)得：

$$\frac{c_A}{c_{A0}} = \frac{1}{1+k\tau} \tag{3.65}$$

式(3.65)与连续釜式反应器进行一级不可逆反应时的计算结果一致。

以一级不可逆反应为例，恒温条件下反应速率方程 $r_A=16.4\,c_A$ mol/(L・min)，依式(3.62) 对 $\ln(1-x_A)$-$k\tau$ 作图，如图 3.16 所示。以 Pe 的不同取值模拟从平推流到全混流之间的返混情况。图 3.16 中，以分散数 $1/Pe=D_a/uL$ 为参数，其中，$1/Pe\to\infty$ 表示全混流，$1/Pe=0$ 表示平推流。空时相同时，由平推流到全混流反应器的出口转化率降低。空时越大，实际反应器偏离理想流动越加严重，对反应器出口转化率的影响也越大。

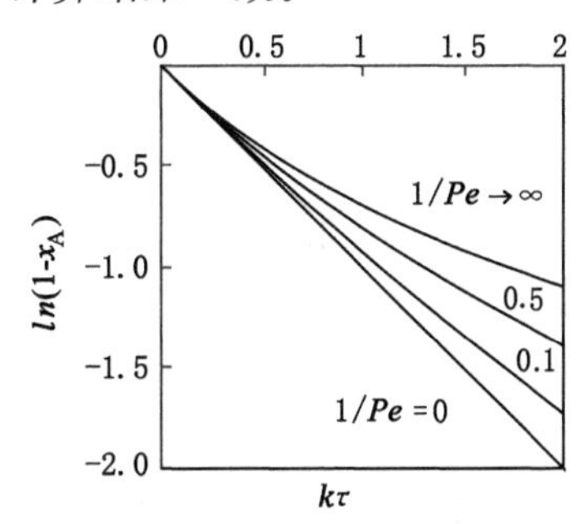

图 3.16　轴向扩散模型一级不可逆反应 $\ln(1-x_A)$-$k\tau$

对于非一级反应，出口转化率不仅与反应器内流体返混程度有关，还决定于反应速率。当反应器内返混程度增大，分散数 $1/Pe$ 增大时，出口转化率降低。相同空时时，全混流出口转化率最低，平推流出口转化率最高。相同条件下，反应级数越高返混对出口转化率影响越大。

例 3.4　在等温反应器中进行液相反应，反应器体积为 4.55 m^3，进料流量为 0.5 m^3/min，A 的进料浓度等于 1.6 kmol/m^3，反应速率 $r_A=2.4\times10^{-3}\,c_A^2$mol/(m^3・min)。脉冲实验法测得该反应器的停留时间分布如表 3.8 所示。试求：

(1) 多釜串联模型参数 N 和轴向扩散模型参数 Pe；

(2) 应用离析流模型计算反应器出口转化率 $\bar{x}_A$；

(3) 应用多釜串联模型计算 $\bar{x}_A$；

(4) 应用平推流模型计算 $\bar{x}_A$；

(5) 应用全混流模型计算 $\bar{x}_A$。

表 3.8　反应器的停留时间分布

t/min	0	2	4	6	8	10	12	14	16	18	20	22	24
$c(t)/(\mathrm{g/m^3})$	0	1	4	7	9	8	5	2	1.5	1	0.6	0.2	0

解　(1) 应用辛普森积分法，有

$$\int_0^{\infty} c(t)\mathrm{d}t = \int_0^{24} c(t)\mathrm{d}t = 78(\mathrm{min \cdot g/m^3})$$

$$\int_0^{\infty} tc(t)\mathrm{d}t = \int_0^{24} tc(t)\mathrm{d}t = 710.4(\mathrm{min^2 \cdot g/m^3})$$

$$\int_0^{\infty} t^2 c(t)\mathrm{d}t = \int_0^{24} t^2 c(t)\mathrm{d}t = 7\,629(\mathrm{min^3 \cdot g/m^3})$$

应用式(3.18)，停留时间分布密度函数见表 3.9。

表 3.9　停留时间分布密度函数

t/min	0	2	4	6	8	10	12	14	16	18	20	22	24
$E(t)\times 10^3$	0	13	51	90	115	103	64	26	19	13	8	3	0

应用式(3.19)，平均停留时间为：

$$\bar{t} = \frac{\int_0^{\infty} tc(t)\mathrm{d}t}{\int_0^{\infty} c(t)\mathrm{d}t} = \frac{710.4}{78} = 9.11\ (\mathrm{min})$$

应用式(3.20)，方差为：

$$\sigma_t^2 = \frac{\int_0^{\infty} t^2 c(t)\mathrm{d}t}{\int_0^{\infty} c(t)\mathrm{d}t} - \bar{t}^2 = \frac{7\,629}{78} - 9.11^2 = 14.8\ (\mathrm{min^2})$$

应用式(3.14)，无因次时间方差为：

$$\sigma_\theta^2 = \frac{\sigma_t^2}{\bar{t}^2} = \frac{14.8}{9.11^2} = 0.178$$

多釜串联模型参数，依式(3.50)，有

$$N = \frac{1}{\sigma_\theta^2} = \frac{1}{0.178} = 5.6 \approx 6$$

轴向扩散模型参数，依式(3.56) $\sigma_\theta^2 = \frac{2}{Pe} - \frac{2}{Pe^2}(1 - \mathrm{e}^{-Pe})$ 计算，有

$$Pe = 10.13$$

(2) 应用离析流模型计算反应器出口转化率

由二级反应速率方程变换和积分得：

$$c_\mathrm{A} = \frac{c_\mathrm{A0}}{1 + k\tau c_\mathrm{A0}}$$

依式(3.42)，应用辛普森积分法求出积分值即为反应器出口处 A 的浓度。

$$\bar{c}_\mathrm{A} = \int_0^{\infty} c_\mathrm{A}(t)E(t)\mathrm{d}t = 0.054\,47\ (\mathrm{kmol/m^3})$$

出口转化率为：

$$\bar{x}_A = \frac{1.6 - 0.054\ 47}{1.6} = 96.6\%$$

(3) 应用多釜串联模型计算反应器出口转化率

实际操作条件下，反应器的总空时为：

$$\tau_t = \frac{V_r}{Q_o} = \frac{4.55}{0.5} = 9.1\ \text{min}$$

N 个等体积釜串联，每个釜的空时为：

$$\tau = \frac{\tau_t}{N} = \frac{9.1}{6} = 1.52\ \text{min}$$

由连续釜设计方程，取串联釜中任一釜：

$$\tau = \frac{c_{AP-1} - c_{AP}}{kc_A^2} = \frac{x_{AP} - x_{AP-1}}{kc_{Ao}(1 - x_{AP})^2}$$

整理得：

$$\frac{x_{AP} - x_{AP-1}}{(1 - x_{AP})^2} = k\tau c_{Ao} = 2.4\times10^{-3}\times1.52\times1.6\times10^3 = 5.84$$

逐釜计算得出，$N=6$ 时釜出口的转化率为：

$$\bar{x}_A = 95.6\%$$

(4) 按平推流模型计算出口浓度和转化率

由平推流模型知，空时等于平均停留时间，即

$$\tau = 9.11\ \text{min}$$

按间歇釜计算，当反应时间与空时相等时，出口浓度为：

$$c_A = \frac{c_{Ao}}{1 + k\tau c_{Ao}} = \frac{1.6}{1 + 2.4\times10^{-3}\times9.11\times1.6\times1\ 000} = 0.044\ 5\ (\text{kmol/m}^3)$$

以平推流计算的出口转化率为：

$$\bar{x}_A = \frac{1.6 - 0.044\ 5}{1.6}\times100\% = 97.2\%$$

(5) 按全混流模型计算出口浓度和转化率

按单一全混流釜计算，总空时 $\tau_t = 9.1$ min，依连续釜设计方程：

$$\tau_t = \frac{x_A - x_{Ao}}{kc_{Ao}(1 - x_A)^2}$$

解得：

$$x_A = 71.9\%$$

应用不同的流动模型计算所得出口转化率列于表 3.10。

表 3.10　出口转化率　　单位：%

流动模型	离析流	多釜串联	平推流	全混流
出口转化率 $\bar{x}_A$	96.6	95.6	97.2	71.9

3.4.4　流体微观混合对反应的影响

如果流体物料粒子是孤立的，粒子之间不产生微观混合，则各个物料粒子处于完全离析状态，这种流体称为宏观流体。如果粒子之间发生分子尺度的混合称为微观混合，相应的流

体叫作微观流体。介乎两者之间则称为部分离析或部分微观混合。

物料粒子的停留时间不同，其反应进行的程度不同，因而使物料粒子的浓度存在差异。当不同状态下的物料粒子发生微观混合时，混合后的平均浓度不同于物料粒子混合前的浓度，从而影响反应速率。物料粒子发生微观混合后，平均浓度及反应速率的变化趋势与反应级数有关。当反应级数大于 1 时，反应速率与反应物浓度呈凹形曲线，微观混合使平均浓度减小，相应的反应速率下降。当反应级数小于 1 时，反应速率与反应物浓度呈凸形曲线，微观混合使平均浓度增大，相应的反应速率上升。当反应级数等于 1 时，反应速率与反应物浓度呈线性关系，微观混合后平均浓度不变，因而反应速率不改变。

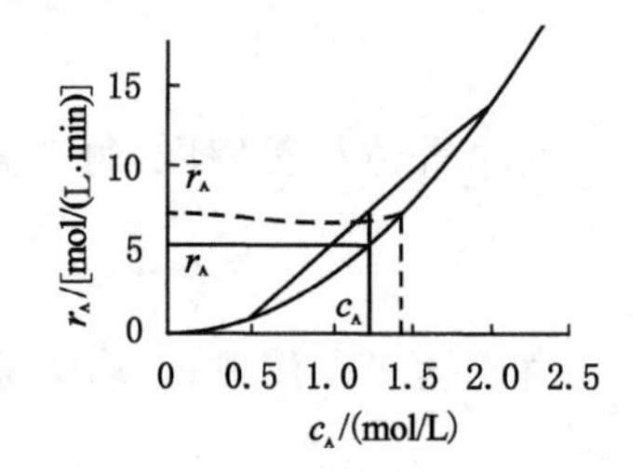

图 3.17 微观混合对浓度与反应速率的影响

如图 3.17 所示，以二级反应为例，$r_A = 3.5c_A^2$。假定两种浓度的物料粒子等体积微观混合，浓度与反应速率分别为：$c_{A1} = 0.5$ mol/L，$r_{A1} = 0.875$ mol/(L·min)，$c_{A2} = 2$ mol/L，$r_{A2} = 14.0$ mol/(L·min)。

微观混合后平均浓度为：

$$c_A = (c_{A1} + c_{A2})/2 = 1.25 \ (\text{mol/L})$$

相应的反应速率为：

$$r_A = 3.5 \times 1.25^2 = 5.47 \ [\text{mol/(L·min})])$$

如按两种浓度下物料粒子的平均反应速率计算：

$$\bar{r}_A = \frac{r_{A1} + r_{A2}}{2} = \frac{0.875 + 14.0}{2} = 7.44 \ [\text{mol/(L·min)}]$$

比较可知，$r_A < \bar{r}_A$，说明微观混合后二级反应速率降低。

间歇反应器中所有流体粒子均具有相同的停留时间，任何时刻反应物料的组成相同。平推流反应器同一截面上所有物料粒子停留时间相同，对应组成也相同。所以，微观混合对间歇反应器和平推流反应器的工况不产生影响。全混流反应器中物料粒子的停留时间不同，其组成也就不同，除一级反应外，微观混合将影响全混流反应器的工况。实际反应器中返混程度越严重，微观混合对工况的影响越大。

全混流反应器中进行单一反应时，计算结果表明完全离析状态下达到的转化率与微观混合最大时相差不大，并且随着停留时间分布方差σ_θ^2减小，两者的差别缩小。大多数情况下可以忽略微观混合的影响。对于某些快速反应和多相反应，不能忽略微观混合的影响。对于复合反应体系，微观混合会影响到产物的分布。

3.4.5 反应器组合对反应的影响

反应器的出口转化率，取决于反应速率和物料粒子的停留时间。对于单个反应器中，当反应速率确定后，反应器出口转化率取决于物料粒子的停留时间。然而，对于组合反应器系统的停留时间以及每个反应器中的反应速率会因组合方式不同产生差异。因而，不同型式的反应器组合，或组合方式不同时，组合反应器系统的最终转化率不相同。

以平推流和全混流反应器串联组合为例，如图 3.18 所示。平推流和全混流的串联可采用平推流串联全混流和全混流串联平推流两种方式。两种串联方式的停留时间分布一致。采用不同的组合方式时，各反应器中的反应物料浓度水平不同，反应速率也不同，导致组合系统的最终转化率不同。

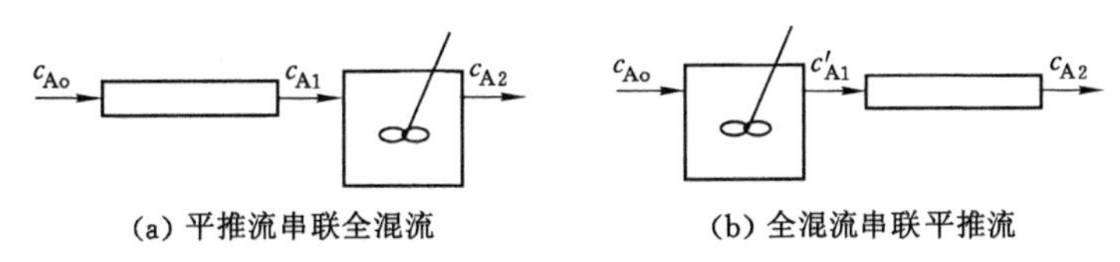

图 3.18　平推流与全混流反应器组合

如果在反应过程中发生微观混合，组合反应器系统的出口状态不仅受到组合方式的影响，而且还会受到微观混合程度（或离析程度）的影响。综上所述，流动反应器的工况不仅与所进行的反应的动力学及停留时间分布有关，而且还与流体的微观混合有关。

例 3.5　平推流和全混流串联成组合反应器系统（图 3.18），等温操作及总空时相同，单个反应器的空时均等于 1 min，进口流体中 $c_{Ao}=1\ \mathrm{kmol/m^3}$。试求：

(1) 两种串联方式下一级反应所达到的转化率；

(2) 二级反应所达到的转化率。一级反应的速率常数为 $1\ \mathrm{min^{-1}}$，二级反应的速率常数为 $1\times10^{-3}\ \mathrm{m^3/(mol\cdot min)}$。

解　(1) 活塞流反应器中进行一级反应时的出口转化率计算式为：

$$c_A = c_{Ao}e^{-k\tau}$$

全混流反应器中进行一级反应时的出口转化率计算式为：

$$c_A = \frac{c_{Ao}}{1+k\tau}$$

① 采用平推流串联全混流组合方式

平推流出口浓度：

$$c_{A1} = c_{Ao}e^{-k\tau} = 1\times e^{-1\times1} = 0.368\ (\mathrm{kmol/m^3})$$

全混流出口浓度：

$$c_{A2} = \frac{c_{A1}}{1+k\tau} = \frac{0.368}{1+1\times1} = 0.184\ (\mathrm{kmol/m^3})$$

② 采用全混流串联平推流组合方式

全混流出口浓度：

$$c_{A1} = \frac{c_{Ao}}{1+k\tau} = \frac{1}{1+1\times1} = 0.5\ (\mathrm{kmol/m^3})$$

平推流出口浓度：

$$c_{A2} = c_{A1}e^{-k\tau} = 0.5\times e^{-1\times1} = 0.184\ (\mathrm{kmol/m^3})$$

对于一级反应，两种组合方式结果相同。

(2) 活塞流反应器中进行二级反应时的出口转化率计算式为：

$$c_A = \frac{c_{Ao}}{1+k\tau c_{Ao}}$$

全混流反应器中进行二级反应时的出口转化率计算式为：

$$c_A = \frac{1}{2k\tau}\left(-1+\sqrt{1+4k\tau c_{Ao}}\right)$$

① 采用平推流串联全混流组合方式

平推流出口浓度：

$$c_{A1}=\frac{c_{Ao}}{1+k\tau c_{Ao}}=\frac{1}{1+1\times1\times1}=0.5\ (\text{kmol/m}^3)$$

全混流出口浓度：

$$c_{A2}=\frac{1}{2k\tau}(-1+\sqrt{1+4k\tau c_{A1}})$$

$$=\frac{1}{2\times1\times1}(-1+\sqrt{1+4\times1\times1\times0.5})=0.366\ (\text{kmol/m}^3)$$

最终转化率：

$$x_A=\frac{1-0.366}{1}\times100\%=63.4\%$$

② 采用全混流串联平推流组合方式

全混流出口浓度：

$$c_{A1}=\frac{1}{2k\tau}(-1+\sqrt{1+4k\tau c_{Ao}})$$

$$=\frac{1}{2\times1\times1}(-1+\sqrt{1+4\times1\times1\times1})=0.618\ (\text{kmol/m}^3)$$

平推流出口浓度：

$$c_{A2}=\frac{c_{A1}}{1+k\tau c_{A1}}=\frac{0.618}{1+1\times1\times0.618}=0.382\ (\text{kmol/m}^3)$$

最终转化率：

$$x_A=\frac{1-0.382}{1}\times100\%=61.8\%$$

对于二级反应，平推流串联全混流可得到更高的最终转化率。相同的空时，经过平推流反应器可获得更高的出口转化率。

习题三

3.1　$F(\theta)$及$E(\theta)$分别为闭式流动反应器的停留时间分布函数和停留时间分布密度函数，θ为无因次时间。试求：下列函数的值(表3.11)。

表3.11　停留时间分布函数和停留时间分布密度函数

平推流反应器	$F(1)$	$E(1)$	$F(0.8)$	$E(0.8)$	$E(1.2)$	
全混流反应器	$F(1)$	$E(1)$	$F(0.8)$	$E(0.8)$	$E(1.2)$	
非理想流动反应器	$F(0)$	$E(0)$	$F(\infty)$	$E(\infty)$	$\int_0^\infty E(\theta)\mathrm{d}\theta$	$\int_0^\infty \theta E(\theta)\mathrm{d}\theta$

3.2　用脉冲示踪法测停留时间分布，反应器容积为12 L，进入反应器的主流体流量为0.8 L/min，示踪剂量为80 g，反应器出口示踪剂浓度c_A与时间t的对应数值见表3-12。

试求：(1) 由实验测定数据绘出$E(t)$-t和$F(t)$-t曲线；

(2) 计算停留时间均值$\bar{t}$、方差σ_t^2和σ_θ^2。

表 3.12　反应器出口示踪剂浓度c_A与时间 t 的对应数值

t/min	0	5	10	15	20	25	30	35
c_A/(g/L)	0	3	5	5	4	2	1	0

3.3　用阶跃法测定某闭式流动反应器的停留时间分布，反应器出口示踪剂浓度c_A与时间 t 的对应数值见表 3.13。试求：停留时间均值$\bar{t}$、方差σ_t^2和σ_θ^2。

表 3.13　反应器出口示踪剂浓度c_A与时间 t 的对应数值

t/min	0	5	10	15	20	25	30	35	40	45
c_A/(g/L)	0	0.3	0.8	1.6	3	5	6.5	7.5	8	8

3.4　某反应器内的停留时间分布密度函数表达为 $E(t)=16\,t\exp(-4t)\,\text{min}^{-1}$。试求：(1) 平均停留时间$\bar{t}$；

(2) 停留时间方差σ_t^2和σ_θ^2；

(3) 停留时间小于 1 min 的物料所占的分率；

(4) 停留时间大于 1 min 的物料所占的分率。

3.5　实际操作的连续釜式反应器，反应体积$V_r=1\text{ m}^3$，反应器入口反应物料流入量$Q_0=1\text{ m}^3/\text{min}$，测得反应器内停留时间分布密度函数 $E(t)=0.025\exp(-t/40)\text{s}^{-1}$。

试求：(1) 反应器的空时；

(2) 反应器内停留时间的均值$\bar{t}$与方差σ_t^2；

(3) 分析反应器内是否存在流体流动死区。

3.6　测得反应物料在反应器中的停留时间分布，如表 3.14 所示。反应器内进行液相反应：

$$A+B\longrightarrow R$$

反应速率方程$r_A=5\times10^{-3}c_Ac_B\text{ mol/(m}^3\cdot\text{min)}$，初始浓度$c_{A0}=c_{B0}=20\text{ mol/m}^3$。试求：

(1) 应用离析流模型计算反应器出口转化率 x_A；

(2) 应用平推流模型计算出口转化率 x_A；

(3) 应用全混流模型计算出口转化率 x_A。

表 3.14　反应物料在反应器中的停留时间分布

t/min	0	5	10	15	20	25	30	35
$E(t)$	0	0.03	0.05	0.05	0.04	0.02	0.01	0

3.7　等温条件下，非理想反应器中进行一级不可逆反应：

$$A\longrightarrow R$$

反应速率方程$r_A=2c_A\text{ mol/(m}^3\cdot\text{min)}$。反应物料在反应器中的停留时间分布表达如下：

$$E(t)=\begin{cases}0, & t<1\text{ min}\\ \exp(1-t), & t\geqslant 1\text{ min}\end{cases}$$

试求：(1) 应用离析流模型计算反应器出口转化率 x_A；

(2) 应用轴向扩散模型计算反应器出口转化率 x_A；

(3) 应用多釜串联模型计算反应器出口转化率 x_A。

3.8　等温操作的非理想流动管式催化反应器中进行一级不可逆液相反应。反应速率方程 $r_A = 0.266\ c_A\ \text{kmol}/(\text{m}^3 \cdot \text{s})$，进料浓度 $c_{A0} = 1.6\ \text{kmol/m}^3$。反应管内催化剂床层空隙率为0.42，空床气速为14 mm/s。取管长为500 mm，测得停留时间分布的方差为 $42\ \text{s}^2$，试求：反应器出口转化率 x_A 及出口浓度 c_A。

3.9　拟在等温操作的连续釜式反应器（全混流）中进行液相一级不可逆反应：

$$A + B \longrightarrow R$$

反应速率方程为 $r_A = kc_A\ \text{mol}/(\text{L} \cdot \text{min})$，反应速率常数 $k = 0.4\ \text{min}^{-1}$。若反应物料在反应器内的平均停留时间 $\bar{t} = 16$ min，试求：下列两种情况下，反应器出口转化率 x_A：

(1) 若反应物料完全微观混合；

(2) 若反应物料宏观混合，微观完全不混合。

3.10　拟在等温操作的全混流连续釜式反应器中进行液相二级不可逆反应，$r_A = 0.01\ c_A^2\ \text{mol}/(\text{m}^3 \cdot \text{s})$，初始浓度 $c_{A0} = 1\ \text{mol/m}^3$。反应物料在反应器内的平均停留时间 $\bar{t} = 300$ s，试求下列两种情况下反应器出口转化率 x_A：

(1) 若反应物料为微观流体，反应器出口转化率 x_A；

(2) 若反应物料为宏观流体。

3.11　在连续釜式反应器（全混流）中等温进行零级反应。反应速率方程为 $r_A = 9\ \text{kmol}/(\text{m}^3 \cdot \text{min})$，进料浓度 $c_{A0} = 10\ \text{kmol/m}^3$，流体在反应器内的平均停留时间 $\bar{t} = 1$ min。试求：视反应物料分别为微观流体和宏观流体时，对应的反应器出口转化率 x_A。

第 4 章　多相催化反应与传递

平推流和全混流反应器内流动模型符合理想流动，常用于描述均相反应体系。全混流反应器内不存在浓度梯度和温度梯度，也称无梯度反应器。平推流反应器内浓度和温度沿轴向变化，但是在径向上相等。在搅拌充分的条件下，釜式反应器基本符合全混流模型。在反应管长径比较大时，基本符合平推流模型。

多相反应体系指存在两种或多种相态的反应体系，如气固反应、液固反应、气液反应、气液固三相反应等。多相反应的影响因素更加复杂，不仅需要分析反应自身的特性，还需要考虑传递过程对反应的影响。传递过程和反应过程同时进行并相互影响，共同作用于反应过程。

多数化学反应需要在催化剂的作用下进行。气固相催化反应是工业应用最为广泛的反应类型。在工业反应器设计中，反应过程应综合反应与传递两方面的影响因素，反应动力学应采用宏观反应速率方程。以本征动力学为基础对宏观动力学进行描述时，需要对传递过程进行分析和描述，以确定传递对反应速率的影响程度。

气固相催化反应在固体催化剂上进行。固体催化剂一般是多孔材料，丰富而复杂的孔道结构形成了较大的内孔表面积。与外表面积相比，催化剂内表面积占有更大的比例，内表面上分布的催化活性中心更多。因此，催化剂内孔是气固相催化反应的主要场所。

催化反应器内填充的催化剂床层由催化剂颗粒构成，催化剂颗粒具有一定的外观形貌和颗粒度。当流体流过催化剂床层时，反应物组分在催化剂颗粒外表面处及内孔表面上进行传递与反应。针对催化剂颗粒进行质量传递和热量传递及其对反应速率影响的分析描述，是建立多相反应体系宏观动力学的基础。

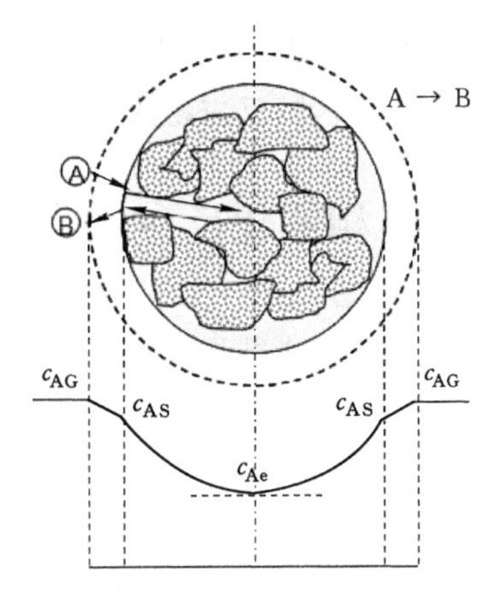

图 4.1　气固相催化反应的基本步骤

如图 4.1 所示，气固相催化反应过程的七个基本步骤为：

(1) 外扩散：反应物组分从气相主体向催化剂外表面扩散；

(2) 内扩散：反应物组分从催化剂外表面向孔内扩散；

(3) 表面吸附：反应物组分在催化剂表面的活性中心上吸附活化；

(4) 表面反应：吸附活化的反应物组分进行反应，生成吸附态的产物；

(5) 表面脱附：吸附态产物从表面活性位上脱附；

(6) 内扩散：产物组分从催化剂孔内向外表面扩散；

(7) 外扩散：产物组分从外表面向气相主体扩散。

反应步骤中表面吸附、表面反应和表面脱附是催化反应的本征反应步骤，对应的反应速率为催化反应的本征反应速率，或者说消除了外扩散和内扩散传递的反应速率为本征反应速率。实际的催化反应过程中存在传递现象，表现为反应物和产物的外扩散和内扩散。催化剂外表面处的滞流层是外扩散传递的主要阻力区。反应物分子在孔内扩散过程中与反应过程同时进行。内外扩散过程对催化反应速率，产生影响，相应的反应速率为宏观反应速率称为表观反应速率，或者说存在传递影响的反应速率为表观反应速率或宏观反应速率。工业催化反应器的设计中，应用宏观反应速率进行设计计算，因而需要对本征反应速率进行修正。

气固相催化反应过程分为外扩散、内扩散和表面催化反应三个部分。催化反应各步骤可区分为串联或并联过程，并且催化反应所包括的七个步骤并非都会依次出现。如某些强放热反应体系，为了强化传热过程而采用导热系数高和比表面积低的催化剂，这类催化剂几乎没有内孔结构，因此内扩散过程可以忽略。又如，当催化剂活性位仅分布在颗粒的内核区域时，反应组分必须先经过内孔扩散，而后到达内核并进行催化反应，此时在内孔扩散传递时不发生反应。当活性位均匀分布在整个催化剂表面时，表面反应和内扩散将同时进行。若反应的各步骤串联进行，反应的总速率由最慢的步骤所决定，因此称最慢的步骤为控速步骤。在本征反应中，吸附、反应和脱附步骤都可能是控速步骤。

多相催化反应中，由于反应与传递的共同作用，在传递过程中存在浓度梯度和温度梯度。如反应物组分 A 由主流区向催化剂内孔传递，其浓度分布为：气相主体浓度c_{AG}>催化剂外表面浓度c_{AS}>孔道内部浓度c_{AC}>反应平衡浓度c_{Ae}。产物组分 B 由内孔向主流区传递，其浓度分布为：$c_{BG}<c_{BS}<c_{BC}<c_{Be}$。对于放热反应体系，反应温度依次由气相主体、催化剂外表面至孔道内部逐渐升高，$T_G<T_S<T_C$。吸热反应则反之，$T_G>T_S>T_C$。

如果催化剂外表面处流体的滞流层，以及内孔的传质和传热阻力不存在，或者说消除了内、外扩散和传热过程对反应的影响，则反应过程中催化剂颗粒各处的浓度及反应温度相同，等于主流区的反应物浓度和反应温度。此时，多相反应体系可按拟均相模型进行计算。

4.1 多相催化反应动力学

4.1.1 固相催化剂表面吸附

工业生产中，大多数的反应是在催化剂的作用下进行的，多相催化反应是主要的形式。多相催化反应在催化剂表面进行，反应组分在活性位上吸附形成过渡态，通过形成新的化学键而生成产物分子。吸附在催化剂表面的反应组分称为吸附物种或吸附质。催化剂表面化学吸附为单层化学吸附。反应组分在催化剂表面的吸附具有一定的吸附形态，分为单点吸附和多点吸附。若一个吸附物种占据一个活性位为单点吸附，若占据两个及以上的活性位为多点吸附，若一分子解离为原子，各占一个活性位为解离吸附。吸附物种在催化剂表面占据活性位的量用覆盖率表示。覆盖率记为 θ，指吸附质在催化剂表面的吸附量与单层饱和吸附量之比。

吸附量以体积计，覆盖率表示为吸附量 υ(mL/g)与单层饱和吸附量 υ_m(mL/g)之比：

$$\theta=\upsilon/\upsilon_m \tag{4.1}$$

吸附量以面积计，覆盖率表示为吸附质占据催化剂的表面积 $S(m^2)$ 与单层饱和吸附的总面积 $S_m(m^2)$ 之比：

$$\theta = S/S_m \tag{4.2}$$

吸附量以质量计，覆盖率表示为催化剂表面积吸附的质量 $w(g)$ 与单层饱和吸附质量 $w_m(g)$ 之比：

$$\theta = w/w_m \tag{4.3}$$

固相催化剂表面分布的活性位对反应组分的吸附能力具有不均匀性。吸附过程伴随着放热，吸附热大小表征吸附作用的强弱。吸附热与催化剂表面能量分布、吸附质的性质、吸附温度等有关。温度恒定时的吸附过程称为等温吸附，压力恒定时的吸附过程称为等压吸附。吸附与脱附是一个可逆过程，以吸附速率和脱附速率表示吸附与脱附过程进行的快慢程度。吸附过程的表观速率是吸附速率与脱附速率之差。当吸附速率和脱附速率相等时，吸附达到平衡态，此时在催化剂表面上的吸附物种的浓度不随时间变化。平衡状态常用吸附平衡常数表示，即吸附速率常数与脱附速率常数之比。温度和压力是影响吸附和脱附过程的两个主要因素。当温度降低和压力升高时有利于吸附过程，吸附平衡常数增加。反之，高温和减压条件下有利于脱附过程，吸附平衡常数减小。

4.1.2　吸附模型

4.1.2.1　朗缪尔(Langmuir)吸附模型

朗缪尔吸附模型假定：固相表面上吸附位能量相同，吸附热取定值；一个吸附物种占据一个吸附位，忽略已吸附物种之间的作用力。朗缪尔吸附也称为理想吸附。

(1) 如单分子吸附

$$A + \sigma \rightleftharpoons A\sigma$$

依质量作用定律，吸附速率r_a和脱附速率r_d可表示为：

$$r_a = k_a p_A \theta_V = k_a p_A (1 - \theta_A) \tag{4.4}$$

$$r_d = k_d \theta_A \tag{4.5}$$

吸附达到平衡状态时　$r_a = r_d$

$$k_a p_A (1 - \theta_A) = k_d \theta_A \tag{4.6}$$

吸附分子 A 的覆盖率为：

$$\theta_A = \frac{k_a p_A}{k_d + k_a p_A} = \frac{K_A p_A}{1 + K_A p_A} \tag{4.7}$$

式中，p_A为吸附质的平衡分压，k_a、k_d分别表示吸附速率常数和脱附速率常数，K_A为吸附平衡常数。

$$K_A = \frac{k_a}{k_d} = K_o \exp\left(\frac{q}{RT}\right) \tag{4.8}$$

其中，K_A值与温度有关，温度越高时K_A值减小。K_o为指前因子，可近似地认为与温度无关。弱吸附时，$K_A \ll 1$，则有$\theta_A \approx K_A p_A$；一定温下K_A为定值，θ_A与p_A呈线性关系。强吸附时$K_A \gg 1$，$\theta_A \approx 1$。

(2) 若分子发生解离吸附

$$A_2 + 2\sigma \rightleftharpoons 2A\sigma$$

依质量作用定律，吸附速率r_a和脱附速率r_d可表示为

$$r_a = k_a p_{A_2} (1 - \theta_A)^2 \tag{4.9}$$

$$r_d = k_d \theta_A^2 \tag{4.10}$$

吸附达到平衡状态时

$$k_a p_{A_2} (1 - \theta_A)^2 = k_d \theta_A^2 \tag{4.11}$$

吸附分子A_2的覆盖率为：

$$\theta_A = \frac{\sqrt{K_A p_{A_2}}}{1 + \sqrt{K_A p_{A_2}}} \tag{4.12}$$

(3) 若有两种分子同时吸附在同一类吸附位上，如：

$$A + B + 2\sigma \rightleftharpoons A\sigma + B\sigma$$

依质量作用定律，吸附速率r_a和脱附速率r_d可表示为

$$r_{Aa} = k_{Aa} p_A (1 - \theta_A - \theta_B) \tag{4.13}$$

$$r_{Ba} = k_{Ba} p_B (1 - \theta_A - \theta_B) \tag{4.14}$$

$$r_{Ad} = k_{Ad} \theta_A \tag{4.15}$$

$$r_{Bd} = k_{Bd} \theta_B \tag{4.16}$$

吸附达到平衡状态时

$$k_{Aa} p_A (1 - \theta_A - \theta_B) = k_{Ad} \theta_A \tag{4.17}$$

$$k_{Ba} p_B (1 - \theta_A - \theta_B) = k_{Bd} \theta_B \tag{4.18}$$

吸附分子 A 的覆盖率为

$$\theta_A = \frac{K_A p_A}{1 + K_A p_A + K_B p_B} \tag{4.19}$$

$$\theta_B = \frac{K_B p_B}{1 + K_A p_A + K_B p_B} \tag{4.20}$$

以θ_V表示活性位空位率，如下有关系：

$$\theta_A + \theta_B + \theta_V = 1 \tag{4.21}$$

$$\theta_V = \frac{1}{1 + K_A p_A + K_B p_B} \tag{4.22}$$

同理，若多个组分同时吸附在同一类活性中心上，当达到平衡时的覆盖度为：

$$\theta_i = \frac{K_i p_i}{1 + \sum_{i=1}^{n} K_i p_i} \tag{4.23}$$

4.1.2.2 焦姆金(Temkin)吸附模型

催化剂表面能量的不均匀性决定了在吸附过程中，吸附活化能E_a、脱附活化能E_d和吸附热 q 随覆盖度θ 而变化。

如单分子吸附

$$A + \sigma \rightleftharpoons A\sigma$$

$$E_a = E_a^o + \alpha\theta_A \tag{4.24}$$

$$E_d = E_d^o - \beta\theta_A \tag{4.25}$$

$$q = E_d - E_a = q_o - \gamma\theta_A \tag{4.26}$$

式(4.26)中，$q_o = E_d^o - E_a^o$，$\gamma = \alpha + \beta$。

以耶洛维奇(Elovich)速率式表示吸附和脱附速率，表面空位率和表面覆盖率分别以

$e^{-g\theta}$和$e^{h\theta}$表示。

吸附速率r_a和脱附速率r_d可表示为：

$$r_a = k_{ao} p_A e^{-g\theta_A} \tag{4.27}$$

$$r_d = k_{do} e^{h\theta_A} \tag{4.28}$$

式中，g 和 h 为系数，$g = \dfrac{\alpha}{RT}$，$h = \dfrac{\beta}{RT}$。

达到吸附平衡时，

$$r_a = r_d$$

$$k_a p_A e^{-g\theta_A} = k_d e^{h\theta_A} \tag{4.29}$$

$$\theta_A = \frac{1}{f}\ln(K_o p_A) \tag{4.30}$$

其中

$$f = g + h,\quad K_o = k_{ao}/k_{do}$$

式(4.30)为真实吸附等温式，也称焦姆金吸附等温式。

4.1.2.3　弗兰德里希(Freundlich)模型

真实的吸附过程中，吸附活化能E_a、脱附活化能E_d表示为：

$$E_a = E_a^o + \mu \ln \theta_A \tag{4.31}$$

$$E_d = E_d^o - v \ln \theta_A \tag{4.32}$$

以管孝男(Kan Takao)速率式表示吸附与脱附速率，表面空位率和表面覆盖率分别以θ^{-w}和θ^{u}表示。

如单分子吸附

$$A + \sigma \rightleftharpoons A\sigma$$

吸附速率r_a和脱附速率r_d可表示为

$$r_a = k_{ao} p_A \theta_A^{-w} \tag{4.33}$$

$$r_d = k_{do} \theta_A^{u} \tag{4.34}$$

吸附平衡时

$$r_a = r_d$$

$$k_{ao} p_A \theta_A^{-w} = k_{do} \theta_A^{u} \tag{4.35}$$

$$\theta_A = K(p_A)^{1/n} \tag{4.36}$$

式中，$n = w + u$；$w = \dfrac{\mu}{RT}$；$u = \dfrac{v}{RT}$；$K = (k_{ao}/k_{do})^{1/n}$。

式(4.36)称为弗兰德里希吸附等温式。

4.1.3　多相催化反应速率方程

催化反应过程的本征反应各步骤中，吸附、反应和脱附的速率不同。催化反应速率取决于其中最慢的一步，其他步骤相对反应快，以平衡态作定态描述。用速率控制步骤和定态近似假定推导多相催化反应速率方程。

如反应，$A + B \rightleftharpoons R$，假设反应机理为：

$$A + \sigma \rightleftharpoons A\sigma$$

$$B + \sigma \rightleftharpoons B\sigma$$

$$A\sigma + B\sigma \rightleftharpoons R\sigma + \sigma$$

$$R\sigma \rightleftharpoons R + \sigma$$

在反应机理步骤中，速率最慢的步骤为反应的控制步骤，其速率即为反应的速率，其他步骤达到平衡态。

(1) 假定 A 的吸附步骤是控制步骤

$$A+\sigma \rightleftharpoons A\sigma$$

反应速率以吸附速率表示：

$$r = k_{Aa} p_A \theta_V - k_{Ad} \theta_A \tag{4.37}$$

其他步骤达到平衡态。

B 吸附平衡：

$$k_{Ba} p_B \theta_V = k_{Bd} \theta_B$$

B 的覆盖率：

$$\theta_B = K_B p_B \theta_V$$

R 脱附平衡：

$$k_{Ra} p_R \theta_V = k_{Rd} \theta_R$$

R 的覆盖率：

$$\theta_R = K_R p_R \theta_V$$

表面反应达到平衡：

$$\vec{k}_s \theta_A \theta_B = \overleftarrow{k}_s \theta_R \theta_V$$

反应平衡常数：

$$\frac{\theta_R \theta_V}{\theta_A \theta_B} = \frac{\vec{k}_s}{\overleftarrow{k}_s} = K_s$$

A 的覆盖率：

$$\theta_A = \frac{K_R p_R \theta_V}{K_s K_B p_B}$$

催化剂表面各组分覆盖率与空位率关系：

$$\theta_A + \theta_B + \theta_R + \theta_V = 1$$

催化剂表面空位率：

$$\theta_V = \frac{1}{1 + \dfrac{K_R p_R}{K_s K_B p_B} + K_B p_B + K_R p_R}$$

将θ_A、θ_V代入式(4.37)，速率方程式为：

$$r = \frac{k_{Aa} p_A - \dfrac{k_{Ad} K_R p_R}{K_s K_B p_B}}{1 + \dfrac{K_R p_R}{K_s K_B p_B} + K_B p_B + K_R p_R} = \frac{k_{Aa}\left(p_A - \dfrac{p_R}{K_p p_B}\right)}{1 + \dfrac{K_A p_R}{K_p p_B} + K_B p_B + K_R p_R}$$

式中

$$K_p = \frac{K_s K_A K_B}{K_R}$$

(2) 假定表面反应步骤是控制步骤

反应速率为：

$$r = \vec{k}_s \theta_A \theta_B - \overleftarrow{k}_s \theta_R \theta_V \tag{4.38}$$

A 吸附平衡：

$$k_{Aa} p_A \theta_V = k_{Ad} \theta_A$$

A的覆盖率：

$$\theta_A = K_A p_A \theta_V$$

B吸附平衡，

$$k_{Ba} p_B \theta_V = k_{Bd} \theta_B$$

B的覆盖率：

$$\theta_B = K_B p_B \theta_V$$

R脱附平衡：

$$k_{Ra} p_R \theta_V = k_{Rd} \theta_R$$

R的覆盖率：

$$\theta_R = K_R p_R \theta_V$$

催化剂表面各组分覆盖率与空位率关系：

$$\theta_A + \theta_B + \theta_R + \theta_V = 1$$

催化剂表面空位率：

$$\theta_V = \frac{1}{1 + K_A p_A + K_B p_B + K_R p_R}$$

将θ_A、θ_B、θ_R、θ_V代入式(4.38)，速率方程式为：

$$r = \vec{k}_s \theta_A \theta_B - \overleftarrow{k}_s \theta_R \theta_V = \frac{\vec{k}_s K_A K_B p_A p_B - \overleftarrow{k}_s K_R p_R}{(1 + K_A p_A + K_B p_B + K_R p_R)^2}$$

$$= \frac{k(p_A p_B - p_R / K_p)}{(1 + K_A p_A + K_B p_B + K_R p_R)^2}$$

式中
$$k = \vec{k}_s K_A K_B,\quad K_p = \frac{\vec{k}_s K_A K_B}{\overleftarrow{k}_s K_R} = \frac{K_s K_A K_B}{K_R}$$

(3) 假定组分R脱附速率控制

反应速率为：

$$r = k_{Rd} \theta_R - k_{Ra} p_R \theta_V \tag{4.39}$$

A吸附平衡：

$$k_{Aa} p_A \theta_V = k_{Ad} \theta_A$$

A的覆盖率：

$$\theta_A = K_A p_A \theta_V$$

B吸附平衡：

$$k_{Ba} p_B \theta_V = k_{Bd} \theta_B$$

B的覆盖率：

$$\theta_B = K_B p_B \theta_V$$

表面反应达到平衡，

$$\vec{k}_s \theta_A \theta_B = \overleftarrow{k}_s \theta_R \theta_V$$

反应平衡常数：

$$\frac{\theta_R \theta_V}{\theta_A \theta_B} = \frac{\vec{k}_s}{\overleftarrow{k}_s} = K_s$$

R的覆盖率：

$$\theta_R = \frac{K_s \theta_A \theta_B}{\theta_V} = K_s K_A K_B p_A p_B \theta_V$$

催化剂表面各组分覆盖率与空位率关系：

$$\theta_A + \theta_B + \theta_R + \theta_V = 1$$

催化剂表面空位率：

$$\theta_V = \frac{1}{1 + K_A p_A + K_B p_B + K_s K_A K_B p_A p_B}$$

将θ_R、θ_V代入式(4.39)，速率方程式为：

$$r = k_{Rd} \theta_R - k_{Ra} p_R \theta_V = \frac{k_{Rd} K_s K_A K_B p_A p_B - k_{Ra} p_R}{1 + K_A p_A + K_B p_B + K_s K_A K_B p_A p_B}$$

$$= \frac{k(p_A p_B - p_R/K_p)}{1 + K_A p_A + K_B p_B + K_R K_p p_A p_B}$$

式中

$$k = k_{Rd} K_s K_A K_B$$

反应组分在催化剂表面的吸附反应机理呈现多样性的特征。吸附形态表现为单点吸附、解离吸附和多分子同时吸附。活性位的类型表现为单一活性位和多个活性位类型。反应分子可经历吸附路径参与反应，也有不在催化剂表面吸附而通过碰撞直接参与反应。反应机理步骤中的反应有可逆反应，也有不可逆反应。整个机理步骤中的反应过程有并列的过程，也有连串的过程。控制步骤表现为吸附控制、脱附控制和表面反应控制，也有控制步骤中的反应组分不在表面吸附。因此，推导出的双曲线型速率方程的表现形式各有不同。双曲线型动力学方程推动力与吸附项表达式见表 4.1。多相催化反应双曲线型速率方程的推导和建立归纳为以下步骤：

① 假设催化反应机理步骤；

② 确定速率控制步骤，以该步骤的速率为反应速率；

③ 其他各步骤视为达到平衡，依吸附或反应平衡式求出各组分覆盖率的表达式；

④ 以各吸附组分的覆盖率和空位率之和为 1，求出空位率的表达式；

⑤ 将各组分覆盖率及空位率表达式代入速率方程，写出速率表达式并整理简化。

反应速率的表达形式可表示为：

$$反应速率 = \frac{(动力学项)(推动力项)}{(吸附项)^n}$$

表 4.1　双曲线型动力学方程推动力与吸附项表达式

(反应 $A+B \rightleftharpoons R$，单分子吸附形态)

控制步骤	推动力项	吸附项	n
A 吸附	$p_A - \frac{p_R}{K_p p_B}$	$1 + \frac{K_A p_R}{K_p p_B} + K_B p_B + K_R p_R$	1
B 吸附	$p_B - \frac{p_R}{K_p p_A}$	$1 + K_A p_A + \frac{K_B p_R}{K_p p_A} + K_R p_R$	1
R 脱附	$p_A p_B - \frac{p_R}{K_p}$	$1 + K_A p_A + K_B p_B + K_R K_p p_A p_B$	1
表面反应	$p_A p_B - \frac{p_R}{K_p}$	$(1 + K_A p_A + K_B p_B + K_R p_R)^2$	2

反应动力学模型表达有幂函数型速率方程和双曲线型速率方程。两类动力学模型既可用于均相反应体系，也可用于非均相反应体系。两类速率方程具有统一性，幂函数型速率方程可视为双曲线型的一种简化表达形式。当双曲线型速率方程的分母中的吸附项的值远小于1时，双曲线型即简化为幂函数型。幂函数模型参数较双曲线型少，可简单直观反映反应组分浓度和反应温度对反应速率的影响，实验数据处理和参数估值都比较容易，能够精确地拟合实验数据。双曲线型模型具有更强的拟合实验数据的能力。

化学反应的机理十分复杂，有些机理难以完全弄清楚。在工程应用中，不论是幂函数型还是双曲线型模型多是用来拟合反应动力学实验数据的函数形式。工程应用中依实验数据拟合得出的动力学方程不宜在实验条件内大幅度外推。

例 4.1　催化反应：$A+B_2 \longrightarrow R$，假设反应步骤表示为：

$$A+\sigma \rightleftharpoons A\sigma \tag{R1}$$

$$B_2+2\sigma \rightleftharpoons 2B\sigma \tag{R2}$$

$$A\sigma+B\sigma \rightleftharpoons R\sigma+\sigma \tag{R3}$$

$$R\sigma \rightleftharpoons R+\sigma \tag{R4}$$

假定(R3)是速率控制步骤，试推导其动力学方程。

解　控制步骤(R3)的速率即反应速率

$$r=\vec{k}\,\theta_A\,\theta_B-\overleftarrow{k}\,\theta_R\,\theta_V$$

(R1)，(R2)，(R4)达到平衡态，有

$$\theta_A=K_A p_A\,\theta_V$$

$$\theta_B=\sqrt{K_B p_B}\,\theta_V$$

$$\theta_R=K_R p_R\,\theta_V$$

总覆盖率为1，有

$$\theta_A+\theta_B+\theta_R+\theta_V=1$$

$$\theta_V=\frac{1}{K_A p_A+\sqrt{K_B p_B}+K_R p_R}$$

将θ_A、θ_B、θ_R、θ_V代入速率式，并整理得：

$$r=\frac{k\left(p_A\sqrt{p_B}-p_R/K\right)}{\left(1+K_A p_A+\sqrt{K_B p_B}+K_R p_R\right)^2}$$

其中，$k=\vec{k}K_A\sqrt{K_B}$，$K=k/\overleftarrow{k}K_R$。

例 4.2　反应 $A \longrightarrow B+D$，反应步骤为：

$$A+\sigma \rightleftharpoons A\sigma \tag{R1}$$

$$A\sigma \longrightarrow BK\sigma+D \tag{R2}$$

$$B\sigma \rightleftharpoons B+\sigma \tag{R3}$$

假定(R1)是速率控制步骤，试推导其动力学方程。

解　控制步骤(R1)的速率即反应速率，有

$$r_1=k_{Aa}p_A\,\theta_V-k_{Ad}\,\theta_A$$

(R2)为一不可逆反应，其速率受制于控制步骤速率，

$$r_2=k_s\,\theta_A=r_1$$

即有：

$$k_{Aa} p_A \theta_V - k_{Ad} \theta_A = k_s \theta_A$$

整理得出 A 覆盖率：

$$\theta_A = \frac{k_{Aa} p_A \theta_V}{k_s + k_{Ad}}$$

(R3)达到平衡态，有

$$r_3 = k_{Bd} \theta_B - k_{Ba} p_B \theta_V$$

其中，$K_B = K_{Ba}/K_{Bd}$，$r_3 = 0$，整理得出 B 覆盖率：

$$\theta_B = K_B p_B \theta_V$$

总覆盖率为 1，有

$$\theta_A + \theta_B + \theta_V = 1$$

故，空位率：

$$\theta_V = \frac{1}{1 + \dfrac{k_{Aa} p_A}{k_s + k_{Ad}} + K_B p_B}$$

将 θ_A、θ_B、θ_V 代入速率式，并整理得：

$$r_1 = \frac{k_s k_{Aa} p_A}{k_s + k_{Ad} + k_{Aa} p_A + (k_s + k_{Ad}) K_B p_B}$$

例 4.3 氨合成反应，$N_2 + 3H_2 = 2NH_3$，反应机理步骤为：

$$N_2 + 2\sigma \rightleftharpoons 2N\sigma \quad (R1)$$

$$H_2 + 2\sigma \rightleftharpoons 2H\sigma \quad (R2)$$

$$N\sigma + H\sigma \rightleftharpoons NN\sigma + \sigma \quad (R3)$$

$$NN\sigma + H\sigma \rightleftharpoons NH_2\sigma \quad (R4)$$

$$NH_2\sigma + H\sigma \rightleftharpoons NH_3\sigma \quad (R5)$$

$$NH_3\sigma \rightleftharpoons NH_3 + \sigma \quad (R6)$$

反应(R1)N_2的解离吸附是控制步骤，试用焦姆金吸附模型推导速率方程。

解 控制步骤(R1)，N_2的吸附速率：

$$r = k_a p_{N_2} \exp(-g\theta_N) - k_d \exp(g\theta_N)$$

合并非控制步骤，有：

$$2N\sigma + 3H_2 \rightleftharpoons 2NH_3 + 2\sigma$$

各步骤达到平衡态，有平衡式：

$$K_p^2 = \frac{p_{NH_3}^2}{p_{H_2}^3 p_N^*}$$

p_N^* 为与 p_{H_2}、p_{NH_3} 成平衡时的 N_2的分压。

由焦姆金吸附等温式，有

$$\theta_N = \frac{1}{f} \ln(K_\circ p_N^*) = \frac{1}{f} \ln\left(K_\circ \frac{p_{NH_3}^2}{p_{H_2}^3 K_p^2}\right)$$

θ_N代入速率式，并整理得出：

$$r = \vec{k} p_{N_2} \left(\frac{p_{NH_3}^2}{p_{H_2}^3}\right)^{-a} - \overleftarrow{k} \left(\frac{p_{NH_3}^2}{p_{H_2}^3}\right)^{b}$$

式中，$a=g/(g+h)$，$b=h/(g+h)$，$\vec{k}=k_a\ (K_o/K_p^2)^{-a}$，$\overleftarrow{k}=k_d\ (K_o/K_p^2)^b$。

实验得出　　$a=b=0.5$

故速率方程表达式为：

$$r=\vec{k}p_{N_2}\frac{p_{H_2}^{1.5}}{p_{NH_3}}-\overleftarrow{k}\frac{p_{NH_3}}{p_{H_2}^{1.5}}$$

4.2　多相催化外扩散传递

4.2.1　外扩散传质

固定床催化反应器中，当反应物流过催化剂床层颗粒间空隙时，在催化剂颗粒的表面处形成一层滞流层。由此，可将流过催化剂颗粒空隙的流体区分为两个区域，即主流区流体和滞流层流体。主流区流体往往处于湍流状态，可认为不存在浓度梯度。而在滞流层则存在较大的浓度梯度，是传递的主要阻力区。在滞流层内质量传递主要以分子扩散的形式进行。反应物或产物分子在主流区和催化剂表面之间的质量传递，称为外扩散。

在气固相催化反应中，反应物组分需从主流区穿过滞流层达到催化剂外表面。气相主体向固体催化剂外表面的质量传递和热量传递的推动力是气相主体与催化剂表面之间的浓度差和温度差。

反应物 A 的传质速率 N_A的表达式为：

$$N_A=k_G a_m(c_{AG}-c_{AS}) \tag{4.40}$$

式中，k_G为传质系数，a_m为单位质量催化剂的外表面积，c_{AG}为主流区浓度，c_{AS}为催化剂外表面处浓度。

若反应放热，则$T_s>T_G$，相应的传热速率 q 的表达式为：

$$q=h_s a_m(T_s-T_G) \tag{4.41}$$

其中h_s为传热系数，T_s为催化剂外表面处的温度，T_G为主流区温度。

式(4.40)和式(4.41)为气固相催化反应相间传递基本方程。

当催化反应过程处于定态条件下，滞流层内各处物料的浓度和温度不随时间变化。传质速率与反应速率相等，并且传热速率与反应放热速率相等。

即：

$$N_A=(-R_A) \tag{4.42}$$

$$q=(-R_A)(-\Delta H_r) \tag{4.43}$$

其中$(-R_A)$为基于单位质量的催化剂反应物 A 的消耗速率，$(-\Delta H_r)$为反应热效应。

4.2.2　外扩散传递系数

如图 4.2 所示，流过固相催化剂外表面的流体可分为两个区域，即催化剂表面的滞流层和体相区域，体相内为流体流动的主流区。主流区内流体流动处于剧烈的湍动状态，可视为无浓度梯度和无温度梯度，因此可忽略传质阻力和传热阻力。催化剂表面流体形成的滞流层厚度取决于流体流动的边界层厚度。滞流层厚度与流体流过催化剂床层时的湍动程度及反应物料的物性有关。边界层又可分为流体流动边界层和传热边界层。传

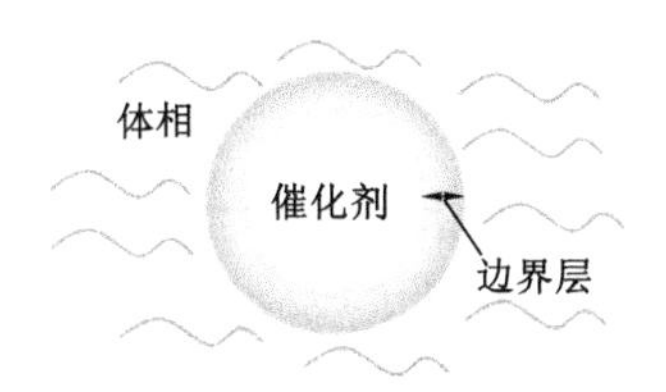

图 4.2　气固相催化反应外扩散传递

热边界层厚度受限于流体流动边界层，并与流体的物性有关。

外扩散传递过程中，传递阻力集中于催化剂表面流体流动的滞流层内。传质过程中，当流体湍动程度剧烈时，催化剂外表面处滞流层厚度减薄，相应的传质和传热阻力减小。流过催化剂床层的流体，其湍动程度与催化剂颗粒的大小、粒径分布、外观形状，以及流体的物性有关。催化剂床层流通渠道越复杂时，流体的湍动程度越大。反应物料的物性与温度和压强等操作条件有关。

传递过程的影响因素众多，使得传递系数的理论求解更加复杂。因此，通常采用以实验为基础的半经验求解方法。假定流体流动的边界层厚度均一，浓度和温度均视为传递方向上的一维变量，气相主流区无浓度梯度和温度梯度，催化剂表面处的浓度相等和温度相同。在此简化的基础上，结合传递类似律对实验数据进行分析。采用 j 因子法得出传质系数和传热系数。

定义无量纲的传质 j 因子j_D和传热 j 因子j_H：

$$j_D = \frac{k_G \rho}{G}(Sc)^{2/3} \tag{4.44}$$

$$j_H = \frac{h_s}{GC_p}(Pr)^{2/3} \tag{4.45}$$

其中，ρ 和 G 分别为流体的密度以及质量速度，C_p为恒压热容。

施密特准数：

$$Sc = \frac{\mu}{\rho D}$$

普朗特准数：

$$Pr = \frac{C_p \mu}{\lambda}$$

式中，μ 为流体黏度，D 为分子扩散系数，λ 为导热系数。

实验表明，j_D和j_H与雷诺数 Re 可以相互关联，其函数形式与流体通过催化剂床层时的流动形态有关。

在固定床中，当 $3 \leqslant Re \leqslant 1\,000$，$0.6 \leqslant Sc \leqslant 5.4$ 时，传质 j 因子j_D有：

$$\varepsilon j_D = \frac{0.357}{Re^{0.359}} \tag{4.46}$$

在固定床中，当 $30 \leqslant Re \leqslant 10^5$，$0.6 \leqslant Pr \leqslant 3\,000$ 时，传热 j 因子j_H有：

$$\varepsilon j_H = \frac{0.395}{Re^{0.36}} \tag{4.47}$$

式中，ε 为床层空隙率，Re 为流体流过催化剂床层时的雷诺数。

$$Re = \frac{d_p G}{\mu}$$

雷诺数 Re 的特征尺寸为催化剂颗粒直径d_p。

通过求取流体流过固定床的雷诺数，可计算出传质j_D和传热j_H，进而得到传质系数k_G和传热系数h_s。

传质系数和传热系数均随着气相质量速率的增大而提高，相应的外扩散传递阻力对反应速率的影响将会下降。这也是实际生产中减小外扩散影响、提高生产能力的有效方法。

从外扩散速率与反应速率相对性的角度看，某些高温条件下的反应过程，其本征反应速率很大，此时外扩散可能成为整个反应的控速步骤。

比较经验关系式(4.46)和(4.47)，在一定范围内$j_D \approx j_H$。由此，传质系数和传热系数的值可以相互代替进行计算。在气固相反应器传递系数的实验求取过程中，传热实验的准确性比传质实验高，且更容易实施，因此可以通过传热系数的实验值推算传质系数的值。

例 4.4　固定床内，二元气体混合物以流速 $u=0.1\ \mathrm{m/s}$，流过直径$d_p=5\ \mathrm{mm}$ 的球形催化剂装填的床层，床层空隙率 $\varepsilon=0.35$，气体密度 $\rho=1\ \mathrm{kg/m^3}$，黏度 $\mu=3\times10^{-5}\ \mathrm{Pa\cdot s}$，扩散系数 $D=4\times10^{-5}\ \mathrm{m^2/s}$。试求：催化剂外扩散传质系数$k_G$。

解　施密特准数：

$$Sc=\frac{\mu}{\rho D}=\frac{3\times10^{-5}}{1\times4\times10^{-5}}=0.75$$

雷诺准数：

$$Re=\frac{d_p u\rho}{\mu}=\frac{5\times10^{-3}\times0.1\times1}{3\times10^{-5}}=16.7$$

依式(4.44)和式(4.46)，外扩散传质系数k_G

$$k_G=\frac{0.357u}{\varepsilon Re^{0.359}(Sc)^{2/3}}=\frac{0.357\times0.1}{0.35\times16.7^{0.359}\times0.75^{2/3}}=4.72\times10^{-2}(\mathrm{m/s})$$

4.2.3　催化剂外表面的浓度和温度

当气固相催化反应处于定态时，扩散传质速率等于反应速率，传热速率等于反应释放热量的速率。将定态条件下的传质和传热结合，由式(4.40)～式(4.43)有：

$$k_G a_m(c_{AG}-c_{AS})(-\Delta H_r)=h_s a_m(T_s-T_G) \tag{4.48}$$

由式(4.44)和式(4.45)，将k_G和h_s以无量纲参数j_D和j_H代入式(4.48)并整理：

$$T_s-T_G=(c_{AG}-c_{AS})\frac{(-\Delta H_r)}{\rho C_p}\left(\frac{Pr}{Sc}\right)^{\frac{2}{3}}\left(\frac{j_D}{j_H}\right) \tag{4.49}$$

对于多数气体，$Pr/Sc\approx1$。在一定条件下，固定床中有$j_D\approx j_H$。式(4.49)可以简化为：

$$\Delta T=\frac{(-\Delta H_r)}{\rho C_p}\Delta c \tag{4.50}$$

其中，$\Delta T=T_s-T_G$ 表示催化剂外表面与气相主体的温度差，$\Delta c=c_{AG}-c_{AS}$表示浓度差。

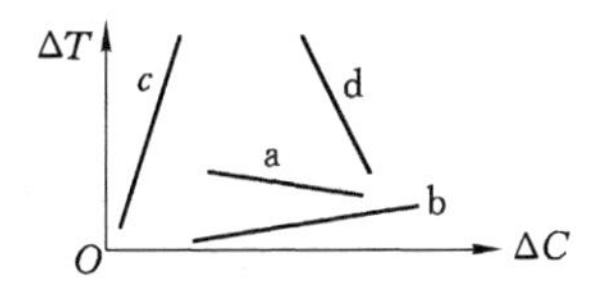

图 4.3　催化剂外表面与气相主体浓度差及温度差

式(4.50)表示了催化剂外表面与体相之间温度差 ΔT 与浓度差 ΔC 的关系。对于吸热反应和放热反应及其热效应的大小，ΔT-ΔC 关系及变化趋势如图 4.3 所示。吸热反应 ΔT-ΔC 斜率为负，如图中(a,d)，放热反应 $\Delta T\sim\Delta C$ 斜率为正，如图中(b,c)。对于热效应较小的吸热反应(a)或者放热反应(b)，其斜率绝对值较小，当催化剂表面和气相主体浓度差 ΔC 较大时，催化剂表面温度变化不大。对于热效应较大的反应(c,d)，其斜率绝对值较大，较小的浓度差 ΔC 将导致催化剂表面较大的温度变化。吸热反应(a,d)催化剂表面温度总是小于气相主体的温度。放热反应时(b,c)，催化剂表面温度总是大于气相主体。对于强放热反应须严格控制反应物浓度，避免催化剂表面温度过高，从而发生结构损坏而导致失活。

例 4.5 管式反应器内装填直径 6 mm 的球形银催化剂颗粒，进行乙烯氧化反应：

$$C_2H_4+\frac{1}{2}O_2 \longrightarrow C_2H_4O \quad \Delta H_1 = -9.61\times10^4\ \text{J/(mol } C_2H_4)$$

$$C_2H_4+3O_2 \longrightarrow CO_2+2H_2O \quad \Delta H_2 = -1.25\times10^6\ \text{J/(mol } C_2H_4)$$

在反应器某截面处测得气体主流区温度T_G为 473 K，乙烯转化率为 35.7%，环氧乙烷收率为 23.2%，已知颗粒外扩散区的传热系数为 2.1×10^5 J/(m^2·K·h)，颗粒密度为 1.89 g/cm^3，乙烯氧化的反应速率为 10.2 mol/(kg·h)。试求：该截面处催化剂外表面的温度。

解 在该截面处平行反应体系总的热效应：

$$(-\Delta H_r)=\frac{23.2}{35.7}\times(-\Delta H_1)+\left(1-\frac{23.2}{35.7}\right)\times(-\Delta H_2)=5.0\times10^5\text{J/(mol } C_2H_4)$$

定态条件下，有：

$$h_s a_m (T_s - T_G) = (-R_A)(-\Delta H_r)$$

其中，

$$(-R_A) = 10.2\ \text{mol/(kg·h)}$$

$$h_s = 2.1\times10^5\ \text{J/(m}^2\text{·K·h)}$$

$$a_m = \frac{S_p}{V_p\rho_p} = \frac{\pi d_p^2}{\frac{\pi d_p^3}{6}\rho_p} = 0.53\ (\text{m}^2/\text{kg})$$

催化剂外表面的温度为：

$$T_s = T_G + \frac{(-R_A)(-\Delta H_r)}{h_s a_m} = 473 + \frac{10.2\times5.0\times10^5}{2.1\times10^5\times0.53} = 518.8\ (\text{K})$$

4.2.4 外扩散有效因子

反应物料流过催化剂表面形成的滞流层，产生了气固相催化反应的外扩散阻力和传热阻力，进而使主流区与催化剂表面之间产生浓度差和温度差。若消除了外扩散的影响，则催化剂表面处的反应速率与主流区相同。引入外扩散有效因子反映外扩散对反应的影响。外扩散有效因子定义为：

$$\eta_x=\frac{\text{外扩散影响下催化剂外表面处的反应速率}}{\text{外扩散无影响时催化剂外表面处的反应速率}}$$

如一级不可逆反应，基于单位质量催化剂颗粒的本征反应速率为 $r_A = k_W c_{AS}$。当外扩散传质和传热阻力存在时，催化剂外表面处的反应速率记为 $(r_A)_S = k_{WS} c_{AS}$。若外扩散无影响时，催化剂表面处的浓度和温度与主流区一致，此时催化剂外表面处的反应速率为 $(r_A)_G = k_{WG} c_{AG}$。

若不计外扩散区传热阻力，有 $T_s = T_G$，则 $k_{WG} = k_{WS}$，记为 $k_{WG} = k_{WS} = k_W$。在不计传热阻力和内扩散阻力的条件下，在整个催化剂表面上的反应速率一致，等于催化剂外表面的反应速率。因而，一级不可逆反应的外扩散有效因子表示为：

$$\eta_x = \frac{k_W c_{AS}}{k_W c_{AG}} = \frac{c_{AS}}{c_{AG}} \tag{4.51}$$

定态条件下，外扩散传质速率等于外表面反应速率：

$$k_G a_m (c_{AG} - c_{AS}) = k_W c_{AS}$$

解得催化剂外表面处浓度为：

$$c_{AS} = \frac{c_{AG}}{1 + \frac{k_W}{k_G a_m}} \tag{4.52}$$

将式(4.52)代入式(4.51)，得：

$$\eta_x = \frac{1}{1 + D_a} \tag{4.53}$$

其中D_a称为丹克莱尔数，反映催化剂外表面反应速率与外扩散速率相对大小。

$$D_a = k_W / (k_G a_m)$$

当催化剂表面反应速率很快，或外扩散阻力很大时，外扩散影响相对越严重，表现为外扩散为控制步骤。反应过程受外扩散影响越大，相应的表观反应速率越小。外扩散影响越大时，D_a值较大，而η_x值较小。反之，当外扩散速率远大于反应速率时，可忽略外扩散对反应的影响，此时，$D_a \approx 0$，而$\eta_x \approx 1$。

同理，反应级数$\alpha=2$时，$r_A = k_W c_{AS}^2$，外扩散有效因子表达式：

$$\eta_x = \frac{1}{4D_a^2} \left(\sqrt{1 + 4D_a} - 1 \right)^2 \tag{4.54}$$

反应级数$\alpha=1/2$时，$r_A = k_W c_{AS}^{-1/2}$，外扩散有效因子表达式：

$$\eta_x = \left[\left(1 + \frac{D_a^2}{2}\right) \left(1 - \sqrt{1 - \frac{4}{(2 + D_a^2)^2}}\right) \right]^{1/2} \tag{4.55}$$

反应级数$\alpha=-1$时，$r_A = k_W c_{AS}^{-1}$，外扩散有效因子表达式：

$$\eta_x = \frac{2}{1 + \sqrt{1 - 4D_a}} \tag{4.56}$$

其中，反应级数为α时，丹克莱尔数定义为：

$$D_a = \frac{k_W c_{AG}^{\alpha-1}}{k_G a_m} \tag{4.57}$$

外扩散有效因子η_x与D_a的函数关系式因反应级数不同而异。图4.4为双对数坐标图，给出了等温条件下不同反应级数对应的外扩散有效因子η_x与丹克莱尔数D_a的关系曲线。

反应级数一般都是正数。因此，图4.4中外扩散传质阻力的存在使反应速率降低，且反应级数越高，反应速率下降越明显。

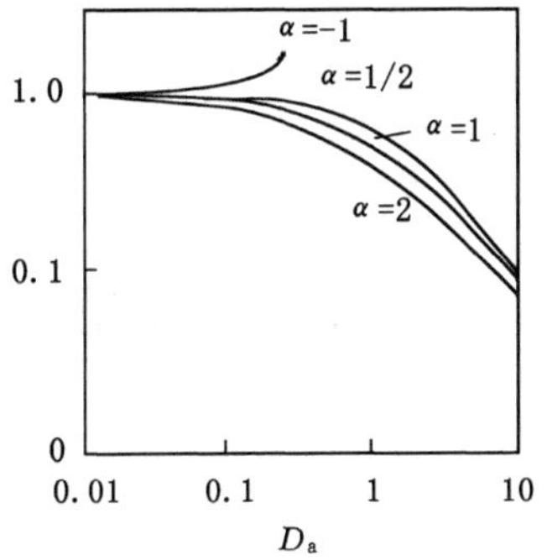

图4.4　等温下η_x-D_a关系

例4.6　在固定床催化反应器中进行反应，反应速率方程$r_A = kc_A$ mol/(m³·h)，以床层体积为基准的反应速率常数$k = 7.06 \times 10^7 \exp\left(\frac{-61\ 570}{RT}\right)$ h^{-1}。测得某处床层的压力$P=0.10$ MPa，温度$T=400$ ℃，气体密度$\rho=0.330\ 3$ kg/m³。催化剂颗粒直径$d_p=0.5$ cm，床层空隙率$\varepsilon=0.35$，颗粒密度$\rho_p=1.6$ g/cm³，反应组分A的扩散系数$D_A=7.3\times10^{-5}$ m²/s，气体黏度$\mu=2.35\times10^{-5}$ Pa·s，床层中气体的质量流速$G=0.24$ kg/(m²·s)。试求：若传热阻力可忽略时，该处的外扩散有效因子η_x。

解 求外扩散系数。

气体流过床层的雷诺数：

$$Re=\frac{d_{p}G}{\mu}=\frac{0.5\times10^{-2}\times0.24}{2.35\times10^{-5}}=51.1$$

施密特准数：

$$Sc=\frac{\mu}{\rho D_{A}}=\frac{2.35\times10^{-5}}{0.3303\times7.3\times10^{-5}}=0.9746$$

依式(4.46)，传质 j 因子 j_{D} 为：

$$j_{D}=\frac{0.357}{\varepsilon Re^{0.359}}=\frac{0.357}{0.35\times51.1^{0.359}}=0.2485$$

依式(4.44)外扩散传质系数 k_{G} 为：

$$k_{G}=\frac{j_{D}G}{\rho\ (Sc)^{2/3}}=\frac{0.2485\times0.24}{0.3303\times0.9746^{2/3}}=0.1837\ (\text{m/s})$$

以床层体积为基准的反应速率常数：

$$k=7.06\times10^{7}\exp\left(\frac{-61570}{8.314\times673}\right)=1174.6\ (\text{h}^{-1})=0.3263\ (\text{s}^{-1})$$

以单位质量催化剂为基准的反应速率常数：

$$k_{w}=\frac{k}{(1-\varepsilon)\rho_{p}}=\frac{0.3263}{(1-0.35)\times1.6\times10^{3}}=3.138\times10^{-4}[\text{m}^{3}/(\text{kg}\cdot\text{s})]$$

催化剂比表面积：

$$a_{m}=\frac{\pi d_{p}^{2}}{\frac{1}{6}\pi d_{p}^{3}\rho_{p}}=\frac{6}{0.5\times10^{-2}\times1.6\times10^{3}}=0.75\ (\text{m}^{2}/\text{kg})$$

一级不可逆反应的丹克莱尔数：

$$D_{a}=\frac{k_{W}}{k_{G}a_{m}}=\frac{3.138\times10^{-4}}{0.1837\times0.75}=2.278\times10^{-3}$$

由式(4.53)，外扩散有效因子：

$$\eta_{x}=\frac{1}{1+D_{a}}=\frac{1}{1+2.278\times10^{-3}}=0.9977$$

计算结果可见，$\eta_{x}\approx1$，可视为外扩散可以忽略。

4.3 催化剂内扩散反应与传递

多数固相催化剂都具有多孔结构，孔道内壁形成的表面积远大于颗粒外表面积。因此，内表面是催化反应的主要场所。反应组分在催化剂内孔的质量传递以扩散的形式进行，即内扩散。反应物组分自催化剂外表面向内孔扩散的同时进行催化反应。传递与反应共同形成了内孔扩散的浓度梯度。当反应速率较快时，由于内扩散阻力的存在，催化剂颗粒中心部位的反应物浓度显著低于外表面，甚至反应物组分在未达到中心区之前已经完全反应，造成内表面活性位利用率低。内扩散对反应的影响往往比外扩散更显著。内扩散以菲克定律描述，扩散通量与孔径密切相关。催化剂颗粒的孔径具有一定的分布。若反应伴随有热效应，则在催化剂颗粒的内部存在温度梯度和热量的传递。

4.3.1　固相催化剂颗粒性质

多相催化反应过程中反应物在内孔的扩散行为，以及催化剂内孔表面的有效利用率，与催化剂的孔结构相关。催化剂的孔结构包括比表面积、孔容积、孔径及其分布等。比表面积指单位质量的催化剂颗粒所具有的表面积，单位为m^2/g。孔容积也称孔容，是指单位质量的催化剂颗粒所具有的孔体积，单位为m^3/g。比表面积、孔容和孔径分布由实验测定。多孔催化材料的孔径大小不均一，孔的形状不规则。催化剂的孔结构受到制备条件和组成的影响。孔径大于 50 nm 的为大孔，2～50 nm 之间的为中孔，小于 2 nm 的为微孔。

为了简化计算，常用平均孔半径$\bar{r}_a$表示催化剂孔径的大小。若实验测定得出不同孔径对应的孔容分布，则平均孔径计算式为：

$$\bar{r}_a = \frac{1}{V_g}\int_0^{V_g} r_a \mathrm{d}V \tag{4.58}$$

式中，V 为孔径r_a所对应的孔容，V_g为催化剂的总孔容。

若已知催化剂比表面积S_g和总孔容V_g，可估算出平均孔径。假定单位质量的催化剂颗粒中包含有 n 个、平均长度为 L、平均半径为$\bar{r}_a$的互不相交的圆柱形孔道，则有：

$$S_g = n(2\pi \bar{r}_a)L$$

$$V_g = n(\pi \bar{r}_a^2)L$$

平均孔半径为：

$$\bar{r}_a = 2V_g / S_g \tag{4.59}$$

与式(4.58)相比，式(4.59)是平均孔半径的简化计算。在缺乏孔径分布数据时，式(4.59)可用于平均孔半径的估算。

催化剂颗粒的体积包括孔体积和固相体积。颗粒体积与孔体积之差即是固相体积。孔体积与颗粒体积之比，称为孔隙率或孔率，以ε_p表示。

催化反应器床层体积由颗粒体积和颗粒堆积形成的空隙体积构成，空隙体积与床层体积之比，称为床层空隙率，以 ε 表示。

单位体积的固相所具有的质量称为真密度，以ρ_t表示。

$$\rho_t = \frac{\text{固体质量}}{\text{固相体积}}$$

单位体积的颗粒所具有的质量称为颗粒密度或称表观密度，以ρ_p表示。

$$\rho_p = \frac{\text{固体质量}}{\text{颗粒体积}}$$

单位体积的床层所具有的质量称为堆密度，以ρ_b表示。床层体积也称堆体积。

$$\rho_b = \frac{\text{固体质量}}{\text{床层体积}}$$

真密度与颗粒密度和颗粒孔隙率的关系：

$$\rho_t = \frac{\rho_p}{1-\varepsilon_p} \tag{4.60}$$

催化剂颗粒的孔隙率与颗粒密度和真密度的关系：

$$\varepsilon_p = 1 - \frac{\rho_p}{\rho_t} \tag{4.61}$$

颗粒密度与堆密度和床层空隙率的关系：

$$\rho_p = \frac{\rho_b}{1-\varepsilon} \tag{4.62}$$

床层空隙率与颗粒密度和床层堆密度的关系：

$$\varepsilon = 1 - \frac{\rho_b}{\rho_p} \tag{4.63}$$

固相催化剂颗粒具有一定形状和大小，如片状、条形、球形、粒状、薄片、粉状等。在设计计算中，多采用当量的球体直径来表示颗粒的粒度尺寸。当量的球体直径常以以下三种形式描述：

(1) 以与实际颗粒等体积的球体直径表示；

(2) 以与实际颗粒等外表面积的球体直径表示；

(3) 以与实际颗粒比外表面积相等的球体直径表示。

实际颗粒接近球形的程度称为球形度，以形状系数ψ_s表示，指与实际颗粒等体积的球体的外表面积a_s与实际颗粒外表面积a_p之比。

$$\psi_s = \frac{a_s}{a_p} \tag{4.64}$$

显然，$\psi_s \leqslant 1$。若$\psi_s = 1$，表示颗粒为球形。

例 4.7 一氧化碳低温变换催化剂经还原处理后的孔径分布，如图 4.5 所示。测定的总孔容V_g为 0.256 mL/g，总表面积S_g为 36.0 m^2/g，试计算催化剂平均孔半径$\bar{r}_a$。

解 依式(4.59) 平均孔半径简化计算为：

$$\bar{r}_a = \frac{2V_g}{S_g} = \frac{2\times 0.256}{36.0\times 10^4} = 1.422\times 10^{-6}\,(\text{cm}) = 14.22\,(\text{nm})$$

若取图 4.5 中对应数据并整理，如表 4.2 所示。

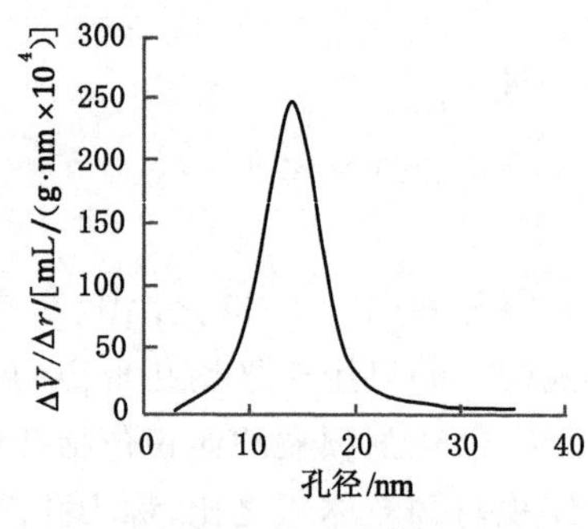

图 4.5 孔径分布

表 4.2 计算结果

r_a/nm	$\Delta V/\Delta r_a\times 10^4$ /[mL/(g·nm)]	Δr_a/nm	$\Delta V\times 10^4$ /[mL/(g·nm)]	r_a/nm	$\Delta V/\Delta r_a\times 10^4$ /[mL/(g·nm)]	Δr_a/nm	$\Delta V\times 10^4$ /[mL/(g·nm)]
0	0	0	0	17.5	130	2.5	325
2.5	3	2.5	7.5	20	50	2.5	125
5	30	2.5	75	22.5	25	2.5	62.5
7.5	85	2.5	212.5	25	15	2.5	37.5
10	200	2.5	500	27.5	11	2.5	27.5
12.5	250	2.5	625	30	9	2.5	22.5
15	210	2.5	525	32.5	6	2.5	15

应用式(4.58)计算，$r_a = \frac{1}{V_g}\int_0^{V_g} r_a \mathrm{d}V, V_g = \sum \Delta V = 0.255$ mL/g，其中，计算得出的催化剂平均孔半径值为：$r_a = 13.72$ nm。

例 4.8 已知催化剂的真密度$\rho_t = 3.60$ g/cm³，颗粒密度$\rho_p = 1.65$ g/cm³，比表面积$S_g = 100$ m^2/g。试求：该催化剂的孔容V_g、孔隙率ε_p和平均孔半径$\bar{r}_a$。

解　以单位体积 1 cm^3 的催化剂颗粒为计算基准，依真密度和颗粒密度的定义有：

$$\rho_p = (1-\varepsilon_p)\rho_t$$

孔隙率ε_p为：

$$\varepsilon_p = \frac{\rho_t - \rho_p}{\rho_t} = \frac{3.60-1.65}{3.60} = 0.542$$

单位体积 1 cm^3 的颗粒所具有的质量：

$$w = \rho_p = 1.65\ (g)$$

单位体积 1 cm^3 的颗粒所具有的孔的体积为：

$$V_g w = \varepsilon_p = 0.542\ (cm^3)$$

所以，孔容为：

$$V_g = \frac{0.542}{1.65} = 0.328\ (cm^3/g)$$

平均孔半径为：

$$\bar{r}_a = \frac{2V_g}{S_g} = \frac{2\times 0.328}{100\times 10^4} = 6.56\times 10^{-7}(cm) = 6.56\ (nm)$$

4.3.2　内扩散系数

催化剂颗粒的内孔多为微孔结构，在孔道内反应组分主要以扩散形式传递。扩散现象的本质是分子的运动，气体分子的平均自由程 λ 与压强 p 相关，可以通过下式估算：

$$\lambda = 1.013/p \tag{4.65}$$

式中，λ 单位为 cm；p 单位为 Pa。

依据孔道半径r_a和分子运动平均自由程 λ 的相对大小，将内扩散分为三种情况：

(1) 当 $\lambda/(2r_a) \geqslant 10^{-2}$ 时，催化剂孔径远大于分子平均自由程，与分子间的相互碰撞相比，较大的孔道空间使分子与孔内壁碰撞概率很小，此时的扩散过程称为分子扩散。分子扩散系数D_{AB}(二组分时)或D_{1m}(多组分时)与体系的温度、压力、各组分的摩尔质量以及组成相关。可以通过实验测定、手册查询或者经验式估算得到分子扩散系数。

(2) 当 $\lambda/(2r_a) \geqslant 10$ 时，催化剂孔径小于分子运动平均自由程，孔道提供给分子运动的空间较小，气体分子与孔道内壁的碰撞概率显著高于分子间碰撞概率，此时的扩散过程称为努森扩散。努森扩散系数D_K主要受孔半径r_a、体系温度 T 以及气体摩尔质量 M 的影响，可以按照下式估算：

$$D_K = 9.7\times 10^3 r_a \sqrt{T/M} \tag{4.66}$$

其中，r_a单位为 cm，D_K单位为 cm^2/s，T 为绝对温度，其单位为 K。

(3) 当$10^{-2} \leqslant \lambda/(2r_a) \leqslant 10$ 时，分子扩散和努森扩散均需要考虑，此时的扩散过程称为复合扩散。对于 A-B 二组分体系，A 组分的复合扩散系数D_A是其分子扩散系数D_{AB}以及努森扩散系数$(D_K)_A$的函数：

$$D_A = \frac{1}{1/(D_K)_A + (1-by_A)/D_{AB}} \tag{4.67}$$

$$b = 1 + N_B/N_A$$

式中　N_A，N_B——气体 A 和 B 的扩散通量；

y_A——组分 A 的摩尔分数。

由于扩散通量是扩散系数的函数，若 A 和 B 为等摩尔二组分逆向扩散，则 $N_A = -N_B$。因此，式(4.67)简化为：

$$D_A = \frac{1}{1/(D_K)_A + 1/D_{AB}} \tag{4.68}$$

扩散的推动力是浓度梯度，组分 i 的摩尔扩散通量与扩散系数以及浓度梯度的关系为：

$$N_i = -\frac{p}{RT} D_i \frac{dy_i}{dZ} = -D_i \frac{dc_i}{dZ} \tag{4.69}$$

式中，Z 为组分 i 的扩散距离。

多孔催化材料的孔道内径和长度各不相同，孔道相互交错且形状各异，组分 i 的扩散距离 Z 受到孔道结构的影响。因此，引入催化剂的曲节因子 τ_m 对扩散距离进行校正，其值可通过实验确定。

内扩散通量受到催化剂孔隙率 ε_p 的影响。孔隙率越大，表明孔道体积占催化剂总体积比例越大。较大的内扩散通道和空间使得扩散通量也越大。综合扩散距离的修正及孔隙率的影响，相应的有效扩散系数表示为：

$$D_{ei} = \varepsilon_p D_i / \tau_m \tag{4.70}$$

例 4.9 测得常压下，200 ℃，CO 催化燃烧催化剂 $Pt\text{-}Pd/Al_2O_3$ 的孔容 $V_g = 0.3\ cm^3/(g$ 催化剂$)$，比表面积 $S_g = 200\ m^2/(g$ 催化剂$)$，颗粒密度 $\rho_p = 1.2\ g/cm^3$。曲节因子取 $\tau_m = 3.7$，CO 的正常扩散系数为 $0.192\ cm^2/s$。试求：CO 在该催化剂颗粒中的有效扩散系数。

解 平均孔半径：

$$\bar{r}_a = \frac{2V_g}{S_g} = \frac{2 \times 0.3}{200 \times 10^4} = 3 \times 10^{-7} (cm)$$

依式(4.65)，常压下气体分子的平均自由程 λ：

$$\lambda = 1.013/p = \frac{1.013}{1.013 \times 10^5} = 1 \times 10^{-5} (cm)$$

因为 $\lambda/(2\bar{r}_a) = 1 \times 10^{-5}/(2 \times 3 \times 10^{-7}) = 16.7 \geqslant 10$

所以，孔内扩散属于努森扩散。

依式(4.66)，努森扩散系数为：

$$D_K = 9.7 \times 10^3 r_a \sqrt{T/M} = 9.7 \times 10^3 \times 3 \times 10^{-7} \times \sqrt{473/28}$$
$$= 1.196 \times 10^{-2} (cm^2/s)$$

催化剂颗粒孔隙率：

$$\varepsilon_p = V_g \rho_p = 0.3 \times 1.2 = 0.36$$

依式(4.70)有效扩散系数表示为：

$$D_e = \frac{\varepsilon_p D_K}{\tau_m} = \frac{0.36 \times 1.196 \times 10^{-2}}{3.7} = 1.164 \times 10^{-3} (cm^2/s)$$

4.3.3 内扩散有效因子

反应物从催化剂外表面向孔内传递过程中，受到内扩散阻力和反应两方面的作用，使反应物的浓度从催化剂外表面到中心部位逐渐降低。当不考虑传热阻力时，定态条件下催化剂颗粒的温度恒定。反应物在催化剂内孔的浓度分布决定了内孔表面上的反应速率。引入内扩散有效因子表示孔内传递对反应速率的影响。内扩散有效因子定义为：

$$\eta=\frac{\text{内扩散影响下催化剂内表面上的反应速率}}{\text{内扩散无影响时催化剂内表面上的反应速率}}$$

以薄片催化剂为例，催化剂的厚度小于催化剂的长度和宽度，对于圆片状催化剂，厚度小于直径。如图 4.6 所示，取催化剂厚度为 2 L，假设催化剂内部孔道结构均匀，有效扩散系数D_e为定值，扩散面积为a，反应物 A 由两侧表面向中心的扩散视为一维扩散。取催化剂内微元厚度区间，对反应物 A 进行物料衡算。当扩散传质和反应达到定态时，微元反应体积内，单位时间扩散输入量与扩散输出量之差等于反应消耗量。

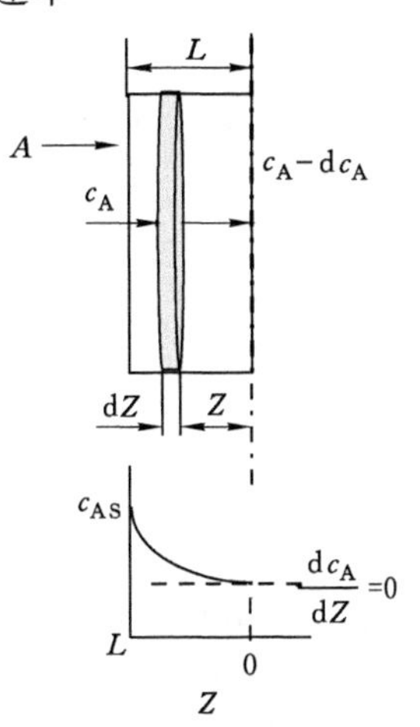

图 4.6　薄片催化剂内孔物料衡算及浓度分布

4.3.3.1　*若催化反应为一级不可逆反应*

$$r_A=k_p c_A$$

k_p为基于催化剂颗粒体积的反应速率常数。

反应物 A 组分物料衡算式：

$$D_e a\left(\frac{dc_A}{dZ}\right)_{Z+dZ}-D_e a\left(\frac{dc_A}{dZ}\right)_Z=k_p c_A a dZ \qquad (4.71)$$

微元区间对应扩散距离为$(Z+dZ)$处的浓度为：

$$(c_A)_{Z+dZ}=(c_A)_Z+\left(\frac{dc_A}{dZ}\right)_Z dZ$$

所以

$$\left(\frac{dc_A}{dZ}\right)_{Z+dZ}=\left(\frac{dc_A}{dZ}\right)_Z+\frac{d}{dZ}\left[\left(\frac{dc_A}{dZ}\right)_Z dZ\right] \qquad (4.72)$$

将式(4.72)代入式(4.71)可得薄片催化剂上一级不可逆反应的反应-扩散微分方程：

$$\frac{d^2 c_A}{(dZ)^2}=\frac{k_p}{D_e}c_A \qquad (4.73)$$

式(4.73)的边界条件为：

$$Z=L, c_A=c_{AS}$$
$$Z=0, dc_A/dZ=0$$

引入下列无量纲量

$$\xi=c_A/c_{AS}$$
$$\zeta=Z/L$$
$$\phi^2=L^2\frac{k_p}{D_e}$$

显然，ξ和ζ的数值范围均为(0,1)之间。ϕ称为梯尔模数，反映了内孔反应速率与内扩散速率的相对大小。

$$\phi^2=L^2\frac{k_p}{D_e}=\frac{aLk_p c_{AS}}{D_e a(c_{AS}-0)/L}=\frac{\text{表面反应速率}}{\text{内扩散速率}}$$

若内孔表面反应速率远大于内扩散速率，则内扩散对反应速率影响严重，相应ϕ值越大。若内扩散速率远大于反应速率，则可忽略内扩散对反应的影响，相应ϕ值越小。

式(4.73)微分方程的无量纲化形式为：

$$\frac{d^2\xi}{d\zeta^2}=\phi^2\xi \qquad (4.74)$$

式(4.74)的边界条件为：

$$\zeta = 1, \quad \xi = 1$$
$$\zeta = 0, \quad \mathrm{d}\xi/\mathrm{d}\zeta = 0$$

结合边界条件，解式(4.74)二阶常系数线性齐次微分方程，得出反应物 A 的浓度分布方程为：

$$\xi = \frac{\mathrm{e}^{\phi\zeta} + \mathrm{e}^{-\phi\zeta}}{\mathrm{e}^{\phi} + \mathrm{e}^{-\phi}} = \frac{\cosh(\phi\zeta)}{\cosh(\phi)} \tag{4.75}$$

则：

$$\frac{c_{\mathrm{A}}}{c_{\mathrm{AS}}} = \frac{\cosh(\phi Z/L)}{\cosh(\phi)} \tag{4.76}$$

内扩散过程中，反应物浓度由催化剂外表面向中心处逐渐降低。ϕ 值越大，浓度下降趋势显著。ϕ 值较小对应内扩散过程中浓度降低的梯度较小。图 4.7 表示薄片催化剂一级不可逆反应孔内浓度分布，以梯尔模数 ϕ 为参数，无因次浓度 ξ 随无因次扩散距离 ζ 的变化。

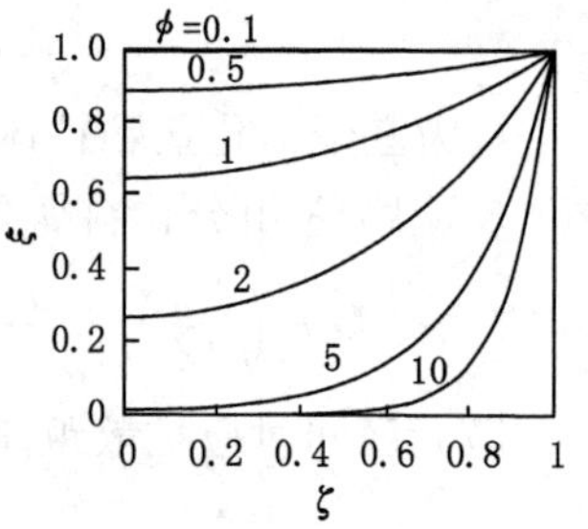

图 4.7 薄片催化剂孔内浓度分布

依式(4.76)，反应物 A 在薄片催化剂内孔中的浓度分布为：

$$c_{\mathrm{A}} = \frac{\cosh(\phi Z/L)}{\cosh(\phi)} c_{\mathrm{AS}}$$

基于薄片厚度的平均反应速率：

$$\bar{r}_{\mathrm{A}} = \frac{1}{L}\int_0^L k_{\mathrm{p}} c_{\mathrm{A}} \mathrm{d}Z = \frac{k_{\mathrm{p}} c_{\mathrm{AS}}}{L\cosh\ \phi}\int_0^L \cosh\ (\phi Z/L)\mathrm{d}Z = \frac{k_{\mathrm{p}} c_{\mathrm{AS}} \tanh(\phi)}{\phi}$$

当内扩散无影响时，催化剂内各处浓度均为c_{AS}，对应反应速率 $r_{\mathrm{A}} = k_{\mathrm{p}} c_{\mathrm{AS}}$。因此，薄片催化剂上一级不可逆反应的内扩散有效因子 η 为：

$$\eta = \frac{\bar{r}_{\mathrm{A}}}{r_{\mathrm{A}}} = \frac{\tanh(\phi)}{\phi} \tag{4.77}$$

仿照薄片催化剂内扩散有效因子的推导方法：

(1) 建立催化剂颗粒内反应物浓度分布的微分方程，即扩散反应方程，确定边界条件解得浓度分布；

(2) 求取催化剂颗粒内表面上的平均反应速率；

(3) 由内扩散有效因子的定义，推导出其表达式，可推导出球形和圆柱催化剂的内扩散有效因子。

一级不可逆反应，球形催化剂的内扩散有效因子为：

$$\eta = \frac{1}{\phi}\left[\frac{1}{\tanh(3\phi)} - \frac{1}{3\phi}\right] \tag{4.78}$$

一级不可逆反应，圆柱催化剂的内扩散有效因子为：

$$\eta = \frac{I_1(2\phi)}{\phi I_0(2\phi)} \tag{4.79}$$

式(4.79)中，I_0为零阶一类变型贝塞尔函数，I_1为一阶一类变型贝塞尔函数，其值可从贝塞尔函数表中查得。

对于不同形状的催化剂颗粒，梯尔模数 ϕ 可由下式计算：

$$\phi=\frac{V_p}{a_p}\sqrt{\frac{k_p}{D_e}} \tag{4.80}$$

式中　V_p，a_p——颗粒的体积与外表面积。

图4.8表示薄片、球状、圆柱等规整形状催化剂的内扩散有效因子 η 值与梯尔模数 ϕ 的关系。

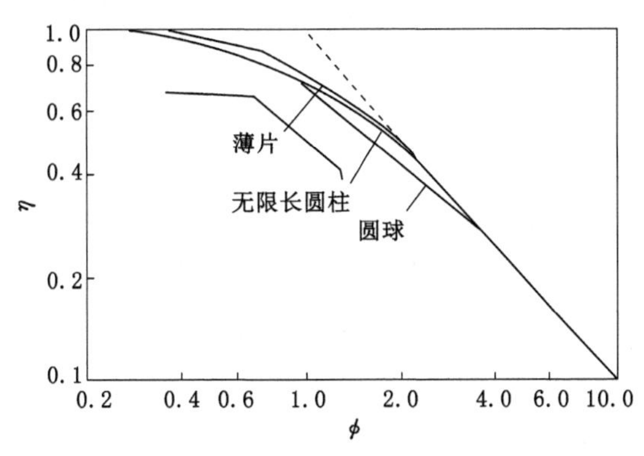

图4.8　等温一级不可逆反应不同形状催化剂 η-ϕ 的关系

当 $\phi<0.4$ 时，$\eta\approx1$，可视为可以忽略内扩散影响。

当 $\phi>3$ 时，内扩散影响严重，η 与 ϕ 呈倒数关系（图中的虚线渐近线），$\eta=1/\phi$。

当 $0.4<\phi<3$ 时，不同形状的催化剂颗粒的 η 值相差在10%～20%之间。

由此可见，不同颗粒形状的内扩散有效因子的计算结果差别不大。某一规整形状催化剂颗粒内扩散有效因子的计算结果，可用于代替其他形状催化剂颗粒的计算。

内扩散有效因子随着梯尔模数的增大而降低，相应的表观反应速率下降。由梯尔模数的定义式可知，减小催化剂粒径可减小梯尔模数值，从而减小内扩散对反应速率的影响。增大催化剂的孔容和孔径可提高内扩散的有效扩散系数 D_e，减小内扩散阻力可提高孔内反应物浓度和强化反应速率。

例4.10　固定床反应器床层由直径 $d_p=6$ mm的球形催化剂堆积而成，床层空隙率 $\varepsilon=0.5$。在催化剂上进行一级不可逆反应，$A\longrightarrow B+C$，$r_A=kc_A$，基于单位床层体积的反应速率常数 $k=0.333\ s^{-1}$，气相主体A的摩尔分率 $y_{AG}=0.5$，操作压力 $P=0.1013$ MPa，反应温度500 ℃，A在催化剂内孔的有效扩散系数 $D_e=0.00296\ cm^2/s$，外扩散传质系数 $k_G=40$ m/h。试求：

（1）内扩散有效因子 η；

（2）催化剂外表面处浓度 c_{AS}；

（3）表观反应速率 r_A^*。

解　（1）依式(4.80)，球形催化剂上进行一级不可逆反应的梯尔模数为：

$$\phi=\frac{V_p}{a_p}\sqrt{\frac{k_p}{D_e}}=\frac{d_p}{6}\sqrt{\frac{k}{(1-\varepsilon)D_e}}=\frac{0.6}{6}\times\sqrt{\frac{0.333}{(1-0.5)\times0.00296}}=1.5$$

依式(4.78)，催化剂内扩散有效因子 η 为：

$$\eta=\frac{1}{\phi}\left[\frac{1}{\tanh(3\phi)}-\frac{1}{3\phi}\right]=0.52$$

由 η 值或 ϕ 值判断，$0.3<\phi<3$，内扩散影响比较严重。

(2) 主流体 A 的浓度：

$$c_{AG}=\frac{py_{AG}}{RT}=\frac{0.1013\times10^6\times0.5}{8.314\times773}=7.88\ (mol/m^3)$$

基于单位体积($1\ m^3$)的传质面积：

$$a_m=\frac{6(1-\varepsilon)}{d_p}=\frac{6\times(1-0.5)}{0.006}=500\ (m^2/m^3)$$

定态条件下

$$k_G a_m(c_{AG}-c_{AS})=\eta k c_{AS}$$

整理得

$$\frac{c_{AG}-c_{AS}}{c_{AS}}=\frac{\eta k}{k_G a_m}=\frac{0.52\times0.333}{\frac{40}{3600}\times500}=0.0312$$

解得$c_{AS}=7.64\ mol/m^3$，$c_{AG}\approx c_{AS}$，说明外扩散影响可以忽略。

(3) 定态条件下，外扩散传质速率与反应速率相等。所以，基于单位床层体积的表观反应速率可以传质速率表示：

$$r_A^*=k_G a_m(c_{AG}-c_{AS})=\frac{40}{3600}\times500\times(7.88-7.64)=1.33\ [mol/(m^3\cdot s)]$$

4.3.3.2 *若反应为非一级反应*

反应速率方程一般性表达式：

$$r_A=k_p f(c_A)$$

薄片催化剂的内扩散有效因子为：

$$\eta=\frac{\sqrt{2D_e}}{L\sqrt{k_p}f(c_{AS})}\left[\int_{c_{AC}}^{c_{AS}}f(c_A)dc_A\right]^{1/2}\tag{4.81}$$

其他形状的催化剂的内扩散有效因子的表达式为：

$$\eta=\frac{a_p\sqrt{2D_e}}{V_p\sqrt{k_p}f(c_{AS})}\left[\int_{c_{AC}}^{c_{AS}}f(c_A)dc_A\right]^{1/2}\tag{4.82}$$

式(4.81)和式(4.82)中，c_{AC}为反应物 A 在催化剂中心的浓度。

由于c_{AC}难以通过实验测定，因而采取近似处理的办法估算 η 值。对于不可逆反应，当内扩散阻力严重时，有$c_{AC}\approx0$。对于可逆反应，则 $c_{AC}\approx c_{Ae}$。c_{Ae} 为可逆反应的平衡浓度，可由热力学关系计算获得。

4.4 内、外扩散影响有效因子

若内扩散和外扩散均存在时，总有效因子定义为：

$$\eta_0=\frac{\text{内外扩散都有影响时的反应速率}}{\text{无扩散影响时的反应速率}}$$

定态条件下催化反应串联进行的各步速率相等。即外扩散传质速率、内扩散影响下的反应速率和以总有效因子表示的表观反应速率均相等。

如催化反应为一级不可逆反应，表观反应速率有：

$$(-R_A)=k_G a_m(c_{AG}-c_{AS})=\eta k_W c_{AS}=\eta_o k_W c_{AG}$$

总有效因子η_o的表达式为：

$$\eta_o=\frac{\eta}{1+\eta D_a} \tag{4.83}$$

当忽略内扩散阻力时，$\eta=1$，总有效因子与外扩散有效因子表达式相同：

$$\eta_o=\frac{1}{1+D_a}=\eta_x$$

当忽略外扩散阻力时，$c_{AG}=c_{AS}$，$D_a=0$，则总有效因子等于内扩散有效因子：

$$\eta_o=\eta$$

以薄片催化剂上进行一级不可逆反应为例，将式(4.77)和 $D_a=k_W/(k_G a_m)$代入式(4.83)得总有效因子：

$$\eta_o=\frac{\tanh(\phi)}{\phi\left(1+\frac{k_W}{k_G a_m\phi}\tanh(\phi)\right)} \tag{4.84}$$

将一级不可逆反应梯尔模数 $\phi^2=L^2\frac{k_p}{D_e}$ 与式(4.84)中$\frac{k_W}{k_G a_m\phi}$ 项整理得

$$\frac{k_W}{k_G a_m\phi}=\frac{k_W\phi}{k_G a_m\phi^2}=\frac{k_W\phi D_e}{k_G a_m L^2 k_p} \tag{4.85}$$

其中，k_p为基于催化剂颗粒单位体积的反应速率常数，k_W为基于单位质量催化剂的反应速率常数。

薄片催化剂k_p与k_W的关系为：

$$k_W=a_m L k_p \tag{4.86}$$

将式(4.86)代入式(4.85)得：

$$\frac{k_W}{k_G a_m\phi}=\frac{\phi D_e}{k_G L}=\frac{\phi}{Bi_m} \tag{4.87}$$

其中，$Bi_m=k_G L/D_e$，称为传质的拜俄特数。Bi_m反映了内、外扩散阻力的相对大小。

将式(4.87)代入式(4.84)，得出薄片催化剂上进行一级不可逆反应的总有效因子：

$$\eta_o=\frac{\tanh(\phi)}{\phi\left(1+\frac{\phi\tanh(\phi)}{Bi_m}\right)} \tag{4.88}$$

当$Bi_m\to\infty$时，外扩散阻力可以忽略不计，因而外扩散与内扩散总有效因子等同于只有内扩散的影响。式(4.88)表达为：

$$\eta_o=\frac{\tanh(\phi)}{\phi}=\eta$$

当$Bi_m\to 0$ 时，内扩散阻力忽略不计，即 $\eta=\frac{\tanh(\phi)}{\phi}=1$。结合式(4.86)、式(4.88)及 $\phi^2=L^2\frac{k_p}{D_e}$，整理得出总有效因子表达式为：

$$\eta_o=\frac{1}{1+\frac{k_W}{k_G a_m}}=\frac{1}{1+D_a}=\eta_x$$

实际生产中，通常采取较大物料流量以提高生产强度。因此，外扩散阻力对反应的影响往往较小，而内扩散阻力的影响较大。内扩散有效因子在生产和设计中是一项重要的参数。一般情况下，可忽略外扩散的影响，简化反应器的设计计算过程。

4.5 内、外扩散的影响与判定

反应气流过固定床层时，在固相催化剂颗粒表面形成的滞流内层，形成外扩散阻力区。外扩散对反应速率的影响程度与催化剂颗粒尺寸、颗粒形状、气流速度以及反应物料的物性有关。在本征反应速率的实验研究中，需要确保反应是在动力学控制区域进行，即要求内、外扩散对反应速率的影响可以忽略不计。所以，需要判定内、外扩散对反应的影响是否消除。

4.5.1 外扩散影响的判定

本征动力学研究在实验用反应器内进行，如无梯度反应器和管式反应器。实验测定反应速率时，首先需要消除外扩散的影响。通过提高气流速度，增加气流通过催化剂床层时的湍动程度，可以减小滞流内层厚度，从而消除外扩散阻力。

如图 4.9 所示，当气体质量速度 G 大于临界值G_o时，转化率 x_A维持恒定，表明已消除了外扩散的影响。临界值G_o受反应温度的影响，当反应温度升高时，反应速率加快，消除外扩散影响所需的G_o值越大。

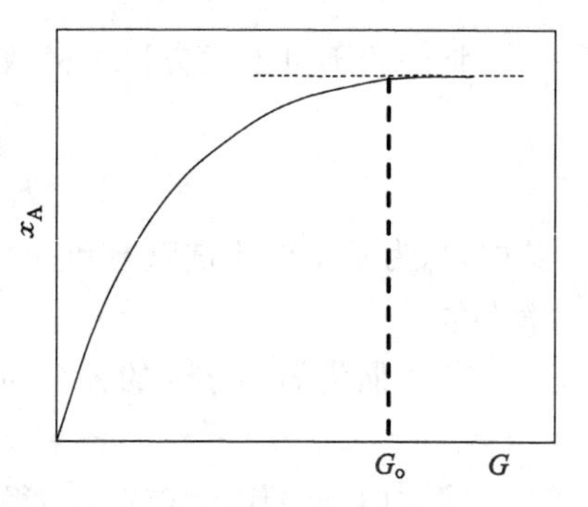

图 4.9 质量速度对转化率的影响

实际操作中，对于一定体积的催化剂床层，当气流速度提高时，通过催化剂床层的空时减小。虽然较大的气速有利于减小外扩散的阻力，但是空时减小会使实验反应器出口转化率降低。因此，在确定临界值G_o时应保持空时一致。

在实际生产中，由于生产规模庞大，不易判断外扩散是否消除。可由式(4.89)和式(4.90)判定催化剂外表面与气相主流区的浓度差和温度差能否忽略：

$$\frac{R_A^* L}{k_G c_{AG}} < \frac{0.15}{\alpha} \tag{4.89}$$

$$\frac{R_A^* L(-\Delta H_r)}{h_s T_G} < 0.15\frac{RT_G}{E} \tag{4.90}$$

$$L = V_p / a_p$$

式中 L——催化剂尺寸；

E——反应的活化能；

R_A^*——表观反应速率；

V_p，a_p——分别为颗粒的体积和外表面积；

α——反应级数。

4.5.2 内扩散影响的判定

假定催化剂颗粒等温，当催化剂孔结构和反应条件一定时，梯尔模数 ϕ 随催化剂粒径的减小而减小，催化剂的粒度可表示为V_p/a_p。由内扩散有效因子 η 与梯尔模数 ϕ 的关系可知，当 $\phi<0.4$ 时，对应的内扩散有效因子 $\eta\approx1$，可认为内扩散影响已消除。在消除外扩散

影响的条件下，$c_{AS}=c_{AG}$，$T_S=T_G$。

实验中，首先在消除外扩散影响的条件下，改变催化剂的粒径，测试表观反应速率和粒径的关系，如图 4.10 所示。当催化剂粒径小于临界粒径R_c时，表观反应速率趋于恒定的值，说明内扩散对反应的影响被消除，此时所得的反应速率为本征反应速率。

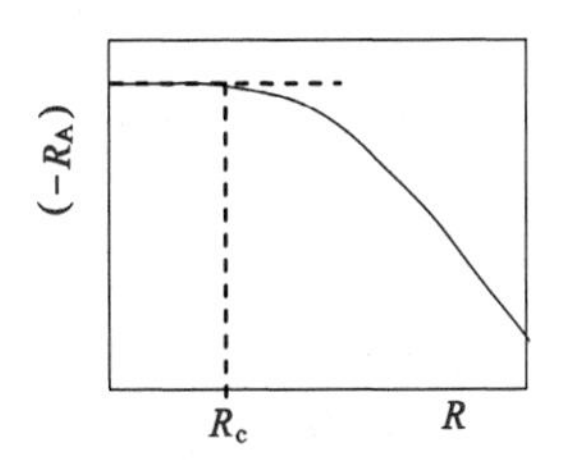

图 4.10　粒径对表观反应速率的影响

由扩散速率与反应速率的相对性分析，当催化剂本征反应速率越高时，内扩散影响的消除越难。如高温使反应速率加快，消除内扩散时对应的颗粒粒径越小。正常动力学情况下，非一级反应的反应物浓度越高使反应速率越快，消除内扩散所需催化剂粒径更小。

实际生产中，可采用估算的方法判断反应器中内扩散的影响。如非一级反应，若忽略外扩散影响，$c_{AS}=c_{AG}$，内扩散影响下的表观反应速率为：

$$R_A^* = k_p f(c_{AG})\eta \tag{4.91}$$

依据内扩散有效因子表达式(4.81)，可以定义梯尔模数的一般表达式：

$$\phi^2 = \frac{L^2 k_p [f(c_{AG})]^2}{2D_e \int_{c_{AC}}^{c_{AG}} f(c_A)\mathrm{d}c_A} \tag{4.92}$$

式(4.91)除以式(4.92)，得

$$\phi_s = \frac{R_A^* L^2 f(c_{AG})}{2D_e \int_{c_{AC}}^{c_{AG}} f(c_A)\mathrm{d}c_A} = \eta\phi^2 \tag{4.93}$$

由于ϕ_s可通过实验数据计算得出，只要$\phi_s \ll 1$，则表明内扩散对反应的影响已经消除。

例 4.11　颗粒直径$d_p=3$ mm 的球形催化剂上进行一级不可逆放热反应，反应热效应$(-\Delta H_r)=1.62\times10^5$ J/mol，反应活化能$E=8.0\times10^4$ J/mol，气相主体 A 的浓度$c_{AG}=2.0\times10^{-4}$ mol/m^3，温度$T_G=350$ ℃，相应的 A 的表观反应速率$R_A^*=2.783\times10^{-5}$ mol/(m^3·s)，催化剂颗粒内孔有效扩散系数$D_e=1.25\times10^{-8}$ m^2/s，颗粒外表面气膜传热系数$h_s=44.72$ W/(m^2·K)，气膜传质系数$k_G=8.611\times10^{-2}$ m/s，试估算：(1) 外扩散的影响；(2) 内扩散的影响。

解　(1) 依式(4.89)，判别外扩散传质阻力的影响：

$$\frac{R_A^* L}{k_G c_{AG}} = \frac{2.783\times10^{-5}\times\dfrac{3\times10^{-3}}{6}}{8.611\times10^{-2}\times2.0\times10^{-4}} = 8.08\times10^{-4}$$

$$\frac{0.15}{\alpha} = \frac{0.15}{1} = 0.15$$

比较两式计算结果，有

$$\frac{R_A^* L}{k_G c_{AG}} < \frac{0.15}{\alpha}$$

由此判断，外扩散传质阻力的影响可忽略。

依式(4.90)，判别外扩散传热阻力的影响：

$$\frac{R_A^* L(-\Delta H_r)}{h_s T_G} = \frac{2.783\times10^{-5}\times\dfrac{3\times10^{-3}}{6}\times1.62\times10^5}{44.72\times623} = 8.091\times10^{-8}$$

$$0.15\frac{RT_G}{E}=0.15\times\frac{8.314\times 623}{8.0\times 10^4}=9.712\times 10^{-3}$$

比较两式计算结果，有

$$\frac{R_A^* L(-\Delta H_r)}{h_s T_G}<0.15\frac{RT_G}{E}$$

由此判断，外扩散传热阻力的影响可忽略。

(2) 一级不可逆反应，$f(c_{AG})=c_{AG}$，催化剂颗粒中心浓度$c_{AC}=0$，依式(4.93)，有

$$\phi_s=\frac{R_A^*\ L^2}{D_e c_{AG}}=\frac{2.783\times 10^{-5}\times\left(\frac{3\times 10^{-3}}{6}\right)^2}{1.25\times 10^{-8}\times 2.0\times 10^{-4}}=2.783$$

由ϕ_s值可判断内扩散影响严重。

例 4.12 常压，400 ℃，一级不可逆气固催化反应，本征速率 $r_A=0.1c_A$ mol/(cm^3 · s)，球形催化剂内孔有效扩散系数$D_e=0.001$ cm^2/s，试求：消除内扩散时颗粒粒径。

解 当 $\phi<0.3$ 时，可视为内扩散影响消除，依式(4.80)，有

$$\phi=\frac{V_p}{a_p}\sqrt{\frac{k_p}{D_e}}=\frac{d_p}{6}\sqrt{\frac{0.1}{0.001}}$$

取 $\phi=0.3$，对应消除内扩散时的最大颗粒粒径$d_p=0.18$ cm。

4.5.3 内、外扩散对反应级数的影响

本征动力学实验需要消除传递的影响，否则所得动力学方程为表观反应速率方程。若以表观反应速率设计反应器和进行工业放大就可能出现误差。扩散传质对反应速率的影响主要表现在反应级数和活化能实验值的偏差上。

若反应属外扩散传质控制，则外扩散速率即表观反应速率。

$$R_A^*=k_G a_m(c_{AG}-c_{AS})$$

由此，表观反应速率R_A^*和反应物浓度c_{AG}成正比，反应速率总表现为一级反应。

若消除了外扩散阻力，反应仅受内扩散影响，则表观反应速率方程表示为：

$$R_A^*=k_a c_{AG}^{\alpha_a} \tag{4.94}$$

式中 k_a，α_a——分别为表观反应速率常数和表观反应级数。

若本征反应级数为 α，仅在内扩散影响下的表观反应速率表示为：

$$R_A^*=\eta k_p c_{AG}^{\alpha} \tag{4.95}$$

式中 k_p——本征反应速率常数。

当催化剂内部等温时，本征反应速率常数k_p和表观反应速率常数k_a均为定值。对式(4.94)和式(4.95)分别取对数并求导，得：

$$\frac{\mathrm{dln}\ R_A^*}{\mathrm{dln}\ c_{AG}}=\alpha_a$$

$$\frac{\mathrm{dln}\ R_A^*}{\mathrm{dln}\ c_{AG}}=\alpha+\frac{\mathrm{dln}\ \eta}{\mathrm{dln}\ c_{AG}}$$

比较两式，得：

$$\alpha_a=\alpha+\frac{\mathrm{dln}\ \eta}{\mathrm{dln}\ c_{AG}}=\alpha+\frac{\mathrm{dln}\ \eta}{\mathrm{dln}\ \phi}\times\frac{\mathrm{dln}\ \phi}{\mathrm{dln}\ c_{AG}}$$

对于薄片催化剂，ϕ 表达式为：

$$\phi = L\sqrt{\frac{k_p}{2D_e}}\ \frac{c_{AG}^{\alpha}}{\left(\int_0^{c_{AG}} c_A^{\alpha}\ dc_A\right)^{1/2}} = L\left[\frac{(\alpha+1)k_p}{2D_e}\right]^{1/2} c_{AG}^{(\alpha-1)/2} \tag{4.96}$$

整理得：

$$\frac{\mathrm{dln}\ \phi}{\mathrm{dln}\ c_{AG}} = \frac{\alpha-1}{2}$$

所以：

$$\alpha_a = \alpha + \frac{\alpha-1}{2} \times \frac{\mathrm{dln}\ \eta}{\mathrm{dln}\ \phi} \tag{4.97}$$

式(4.97)表示仅在内扩散影响下表观反应级数与本征反应级数的关系。

当忽略内扩散阻力时，$\eta=1$，依式(4.97)得出：

$$\alpha_a = \alpha$$

说明消除了内、外扩散影响后，实验所求反应级数即是本征反应级数。

当内扩散影响严重时，$\eta=1/\phi$，则：$\dfrac{\mathrm{dln}\ \eta}{\mathrm{dln}\ \phi}=-1$，依式(4.97)得出：

$$\alpha_a = \frac{\alpha+1}{2}$$

说明内扩散严重时，实验所求反应级数为$(\alpha+1)/2$，与本征反应级数相差较大。

特别地，仅当本征反应级数 $\alpha=1$ 时，内扩散对反应的影响与浓度无关，$\alpha_a=\alpha$。其他情况下，随着内扩散影响程度不同，表观反应级数在$(\alpha+1)/2$ 和 α 之间变化。

4.5.4　内、外扩散对活化能的影响

反应速率常数与温度的关系符合阿伦尼乌斯方程。分别对式(4.94)和式(4.95)取对数后并对$(1/T)$求导，得：

$$\frac{\mathrm{dln}\ R_A^*}{\mathrm{d}(1/T)} = \frac{\mathrm{dln}\ k_0}{\mathrm{d}(1/T)} = -\frac{E_a}{R} \tag{4.98}$$

$$\frac{\mathrm{dln}\ R_A^*}{\mathrm{d}(1/T)} = \frac{\mathrm{dln}\ k_p}{\mathrm{d}(1/T)} + \frac{\mathrm{dln}\ \eta}{\mathrm{d}(1/T)} = -\frac{E}{R} + \frac{\mathrm{dln}\ \eta}{\mathrm{d}(1/T)} \tag{4.99}$$

比较式(4.98)和式(4.99)，表观活化能E_a与本征活化能 E 的关系为：

$$E_a = E - R\frac{\mathrm{dln}\ \eta}{\mathrm{dln}\ \phi} \times \frac{\mathrm{dln}\ \phi}{\mathrm{d}(1/T)} \tag{4.100}$$

若温度对有效扩散系数D_e无影响，则由 α 级反应的梯尔模数表达式(4.96)，可求得：

$$\frac{\mathrm{dln}\ \phi}{\mathrm{d}(1/T)} = \frac{1}{2} \times \frac{\mathrm{dln}\ k_p}{\mathrm{d}(1/T)} = -\frac{E}{2R} \tag{4.101}$$

将式(4.101)代入式(4.100)，得：

$$E_a = E + \frac{E}{2} \times \frac{\mathrm{dln}\ \eta}{\mathrm{dln}\ \phi} \tag{4.102}$$

若内扩散速率很大或表面反应很慢时，相应的 ϕ 值很小，内扩散有效因子 $\eta\approx1$。依式(4.102)可得，表观活化能与本征活化能相等，即：

$$E_a = E$$

若内扩散影响严重，相应的 ϕ 值很大，$\eta=1/\phi$。依式(4.102)可得：

$$E_a = E/2$$

这说明内扩散影响严重时，实验所得表观活化能仅为本征活化能的一半。

对于给定反应体系，当忽略外扩散阻力时，表观活化能的实验测定值在 E 和 $E/2$ 之间。催化剂粒径越大，内扩散影响越严重，实验所测的表观活化能就越小。

4.6 内、外扩散对选择性和收率的影响

4.6.1 外扩散对选择性的影响

对于复合反应，目的产物的选择性受浓度和温度的影响。外扩散的存在会影响到复合反应的选择性。

如平行反应，P 为目的产物，有

$$A \longrightarrow P \quad r_p = k_1 c_{AS}^{\alpha}$$

$$A \longrightarrow Q \quad r_Q = k_2 c_{AS}^{\beta}$$

目标产物 P 的瞬时选择性：

$$S_P = \frac{r_P}{r_P + r_Q} = \frac{1}{1 + \frac{k_2}{k_1} c_{AS}^{\beta-\alpha}} \tag{4.103}$$

当忽略外扩散阻力时，$c_{AS} = c_{AG}$，对应 P 产物的瞬时选择性为：

$$S'_P = \frac{1}{1 + \frac{k_2}{k_1} c_{AG}^{\beta-\alpha}} \tag{4.104}$$

当存在外扩散阻力时，$c_{AG} > c_{AS}$。比较式(4.103)和式(4.104)，可得：

当 $\alpha > \beta$ 时，$S < S'$，表明外扩散阻力的存在使目标产物选择性下降；

当 $\alpha = \beta$ 时，$S = S'$，表明外扩散阻力不影响目的产物选择性；

当 $\alpha < \beta$ 时，$S > S'$，表明外扩散阻力的存在使目标产物选择性提高。

外扩散阻力的存在，使反应物浓度降低，相应的表观反应速率减小。

如连串反应，P 为目的产物，有

$$A \xrightarrow{k_1} P \xrightarrow{k_2} Q$$

假定反应物 A 和产物 P、Q 的传质系数均相等，定态条件下各组分的传质速率等于反应速率或生成速率：

$$k_G a_m (c_{AG} - c_{AS}) = k_1 c_{AS}$$

$$k_G a_m (c_{PS} - c_{PG}) = k_1 c_{AS} - k_2 c_{PS}$$

$$k_G a_m (c_{QS} - c_{QG}) = k_2 c_{PS}$$

联立求解催化剂外表面 A 和 P 的浓度：

$$c_{AS} = \frac{c_{AG}}{1 + D_{a1}} \tag{4.105}$$

$$c_{PS} = \frac{D_{a1} c_{AG}}{(1 + D_{a1})(1 + D_{a2})} + \frac{c_{PG}}{1 + D_{a2}} \tag{4.106}$$

其中，$D_{a1} = k_1/(k_G a_m)$，$D_{a2} = k_2/(k_G a_m)$。

目的产物 P 的瞬时选择性为：

$$S_P = \frac{k_1 c_{AS} - k_2 c_{PS}}{k_1 c_{AS}} = \frac{1}{1 + D_{a2}} - \frac{k_2 c_{PG}(1 + D_{a1})}{k_1 c_{AG}(1 + D_{a2})} \tag{4.107}$$

当忽略外扩散阻力时，传质速率远大于反应速率，$D_{a1}=D_{a2}=0$，对应目标产物 P 的瞬时选择性为：

$$S'_P = 1 - \frac{k_2 c_{PG}}{k_1 c_{AG}} \tag{4.108}$$

比较式(4.107)和式(4.108)，有

$$S'_P - S_P = \frac{(k_1 c_{AG} - k_2 c_{PG}) D_{a2} + k_2 c_{PG} D_{a1}}{k_1 c_{AG}(1 + D_{a2})} > 0$$

其中，连串反应过程中，$k_1 c_{AG} \geqslant k_2 c_{PG}$。

外扩散阻力的存在使得目标产物 P 的选择性降低。为了提高连串反应中间产物的选择性，需要减小外扩散阻力。

以上讨论均是在忽略传热阻力的情况下进行的。催化反应过程中外扩散区域存在传热阻力时，催化剂外表面温度与气相主体温度不同，对复合反应选择性的影响与各反应的活化能相关。

例 4.13　固定床催化反应器中进行一级不可逆放热平行反应：

$$A \longrightarrow P \quad k_1 = 6.0 \times 10^8 \exp\left(-\frac{9\,622}{T}\right) \text{ cm}^3/(\text{g} \cdot \text{s})$$

$$A \longrightarrow Q \quad k_2 = 1.2 \times 10^6 \exp\left(-\frac{7\,217}{T}\right) \text{ cm}^3/(\text{g} \cdot \text{s})$$

反应器某截面处的催化剂表面与主流区温差为 15 K，主流区温度为 620 K，忽略外扩散传质阻力。试求：外扩散热阻对目的产物选择性的影响。

解　目的产物 P 的瞬时选择性，不计传质阻力时

$$c_{AS} = c_{AG}$$

$$S = \frac{r_P}{r_P + r_Q} = \frac{1}{1 + r_Q/r_P} \tag{1}$$

$$\frac{r_Q}{r_P} = 2 \times 10^{-3} \times \exp\left(\frac{2\,405}{T}\right) \tag{2}$$

若不计外扩散传热阻力，式(2)中的 $T = T_S = T_G = 620$ K

$$\frac{r_Q}{r_P} = 2 \times 10^{-3} \times \exp\left(\frac{2\,405}{620}\right) = 0.096\,75$$

代入式(1)，目的产物选择性：

$$S = \frac{1}{1 + r_Q/r_P} = 0.911\,8$$

若考虑外扩散传热阻力，式(2)中的$T' = T_S = 620 + 15 = 635$ (K)

$$(r_Q/r_P)' = 2 \times 10^{-3} \times \exp\left(\frac{2\,405}{635}\right) = 0.050\,08$$

代入式(1)，目的产物选择性：

$$S' = \frac{1}{1 + (r_Q/r_P)'} = 0.952\,3$$

由于主反应活化能大于副反应活化能，所以温度升高有利于目的产物选择性的提高。

$$\frac{S'-S}{S'}\times 100\% = \frac{0.9523-0.9118}{0.9523}\times 100\% = 4.25\%$$

4.6.2 内扩散对反应选择性的影响

如平行反应：

$$A \longrightarrow P \quad r_P = k_1 c_A^{\alpha}$$

$$A \longrightarrow Q \quad r_Q = k_2 c_A^{\beta}$$

内扩散使 A 的浓度从催化剂外表面到中心逐渐减小，取 A 的平均浓度值$\bar{c}_A$。内扩散有影响时，目的产物 P 的瞬时选择性为：

$$S_P = \frac{r_P}{r_P + r_Q} = \frac{1}{1+\dfrac{k_2}{k_1}\bar{c}_A^{\beta-\alpha}}$$

忽略内扩散影响时，目的产物 P 的瞬时选择性为：

$$S'_P = \frac{r_P}{r_P + r_Q} = \frac{1}{1+\dfrac{k_2}{k_1}c_{AS}^{\beta-\alpha}}$$

由于 $c_{AS} > \bar{c}_A$，因而内扩散对目标产物 B 的影响与主副反应的反应级数相关：

当 $\alpha=\beta$ 时，$S=S'_P$

当 $\alpha>\beta$ 时，$S<S'_P$

当 $\alpha<\beta$ 时，$S>S'_P$

如连串反应：

$$A \xrightarrow{k_1} P \xrightarrow{k_2} Q$$

假定两个反应均为一级不可逆反应，且有效扩散系数$D_{eA}=D_{eP}$。定态条件下，A 和 P 在催化剂中的内扩散速率与反应速率或生成速率相等。

当内扩散有影响时，目的产物 P 的瞬时选择性：

$$S_P = \frac{1}{1+\sqrt{k_2/k_1}} - \sqrt{\frac{k_2}{k_1}} \times \frac{c_{PS}}{c_{AS}} \tag{4.109}$$

当忽略内扩散影响时，目的产物 P 的瞬时选择性：

$$S'_P = \frac{k_1 c_{AS} - k_2 c_{PS}}{k_1 c_{AS}} = 1 - \frac{k_2}{k_1} \times \frac{c_{PS}}{c_{AS}} \tag{4.110}$$

比较式(4.109)和式(4.110)可知，内扩散的存在使得目标产物 P 的瞬时选择性下降。由此可见，达到相同的转化率时，内扩散的存在使目的产物 P 的收率降低。所以，消除内扩散有利于提高目的产物的收率。

例 4.14 固定床催化反应器内装填直径$d_p=6$ mm 的球形催化剂颗粒，床层空隙率 $\varepsilon=0.5$，催化剂颗粒密度$\rho_p=1.3\ g/cm^3$。催化反应为一级连串反应，$A \xrightarrow{k_1} P \xrightarrow{k_2} Q$，以床层体积为基准的反应速率常数 $k_1=4.37\ s^{-1}$，$k_2=0.42\ s^{-1}$。催化剂内孔有效扩散系数 $D_{eA}=D_{eP}$，外扩散传质系数$k_G=40$ m/h。反应器某截面处的压强和温度分别为 0.1 MPa 和 360 ℃，气相主体 A 的摩尔分率$y_{AG}=0.5$，$y_{PG}=0.1$。试求：内扩散对目的产物 P 选择性的影响。

解 单位质量催化剂颗粒的外表面积：

$$a_m = \frac{6}{d_p \rho_p} = \frac{6}{0.006 \times 1\,300} = 0.769\,2\ (m^2/kg)$$

以床层体积为基准的反应速率常数：

$$k_{w1} = \frac{k_1}{(1-\varepsilon)\rho_p} = \frac{4.37}{(1-0.5)\times 1\,300} = 6.723\times 10^{-3}[m^3/(kg\cdot s)]$$

$$k_{w2} == \frac{k_2}{(1-\varepsilon)\rho_p} = \frac{0.42}{(1-0.5)\times 1\,300} = 6.462\times 10^{-4}[m^3/(kg\cdot s)]$$

假定反应物 A 和产物 P、Q 的传质系数均相等，外扩散丹克莱尔数：

$$D_{a1} = \frac{k_{w1}}{k_G\ a_m} = \frac{6.723\times 10^{-3}}{\frac{40}{3\,600}\times 0.769\,2} = 0.786\,6$$

$$D_{a2} = \frac{k_{w2}}{k_G\ a_m} = \frac{6.462\times 10^{-4}}{\frac{40}{3\,600}\times 0.769\,2} = 0.075\,61$$

主流体浓度：

$$c_{AG} = \frac{y_{AG}P}{RT} = \frac{0.5\times 10^5}{8.314\times 633} = 9.501\ (mol/m^3)$$

$$c_{PG} = \frac{y_{PG}P}{RT} = \frac{0.1\times 10^5}{8.314\times 633} = 1.900\ (mol/m^3)$$

依式(4.54)和式(4.55)，定态条件下催化剂外表面 A 和 P 的浓度：

$$c_{AS} = \frac{c_{AG}}{1+D_{a1}} = \frac{9.501}{1+0.786\,6} = 5.318\ (mol/m^3)$$

$$c_{PS} = \frac{D_{a1}c_{AG}}{(1+D_{a1})(1+D_{a2})} + \frac{c_{PG}}{1+D_{a2}}$$

$$c_{PS} = \frac{0.786\,6\times 9.501}{(1+0.786\,6)(1+0.075\,61)} + \frac{1.900}{1+0.075\,61} = 5.655\ (mol/m^3)$$

依式(4.58)，当内扩散有影响时，目的产物 P 的瞬时选择性：

$$S_P = \frac{1}{1+\sqrt{k_{w2}/k_{w1}}} - \sqrt{\frac{k_{w2}}{k_{w1}}}\times\frac{c_{PS}}{c_{AS}} = 0.433\,8$$

当忽略内扩散影响时，目的产物 P 的瞬时选择性：

$$S_P' = 1 - \frac{k_{w2}}{k_{w1}}\times\frac{c_{PS}}{c_{AS}} = 0.897\,8$$

比较内扩散的目标产物 P 的瞬时选择性的影响，$S_P < S'_P$，内扩散阻力使连串反应中间目的产物选择性下降。

习题四

4.1　某催化剂上，假设 A $\rightleftharpoons$ R＋S 的反应机理如下，其中 S 不吸附。试求下列三种情况下相应的反应动力学方程：

(1) A 的吸附为速率控制步骤；

(2) 表面反应为速率控制步骤；

(3) R 的脱附为速率控制步骤。

$$A+\sigma \rightleftharpoons A\sigma \tag{1}$$

$$A\sigma \rightleftharpoons R\sigma + S \tag{2}$$

$$R\sigma \rightleftharpoons R+\sigma \tag{3}$$

4.2　钯催化剂上，乙烯制醋酸乙烯的反应：

$$C_2H_4(A)+CH_3COOH(B)+\frac{1}{2}O_2(C) \rightleftharpoons CH_3COOC_2H_3(D)+H_2O(E)$$

假设反应步骤如下，若反应步骤(3) 为速率控制步骤，试推导动力学方程。

$$A+\sigma \rightleftharpoons A\sigma \tag{1}$$

$$O_2+2\sigma \rightleftharpoons 2O\sigma \tag{2}$$

$$A\sigma+B+O\sigma \rightleftharpoons D\sigma+E\sigma \tag{3}$$

$$D\sigma \rightleftharpoons D+\sigma \tag{4}$$

$$E\sigma \rightleftharpoons E+\sigma \tag{5}$$

4.3　氧化铁催化剂上，变换反应 $CO+H_2O = CO_2+H_2$ 的动力学方程为：

$$r=\frac{k(p_{CO}p_{H_2O}-p_{CO_2}p_{H_2}/K_p)}{1+K_{CO}p_{CO}+K_{CO_2}p_{CO_2}}$$

试推测反应机理及控制步骤。

4.4　催化剂烧炭再生属于外扩散控制的放热反应，已知烧炭反应用空气，在 500 ℃常压下进行。反应热为 −136.3 kJ/mol，气体热容为 1.09 kJ/(kg・K)，密度为 0.46 kg/m³，试求催化剂的表面温度。若要控制颗粒催化剂温度不超过 800 ℃，应如何采取措施？

4.5　在流化床反应器中进行气-固催化反应，反应速率为 $r_A=kc_A$。已知 $k=0.741\ s^{-1}$，气速为 0.2 m/s，气体扩散系数为 $8\times10^{-5}\ m^2/s$，密度为 0.558 kg/m³，黏度为 3×10^{-5} Pa・s，床层空隙率为 0.5，颗粒平均直径为 0.4 mm，试求：外扩散传递影响程度。

4.6　某氧化铝催化剂的真密度为 3.675 g/cm³，颗粒密度为 1.547 g/cm³，比表面积为 175 m²/g。试求其孔体积、孔隙率和平均孔径。若将上述催化剂装入反应器中，测得其堆积密度为 0.81 g/cm³，试求：其床层空隙率。

4.7　某一级不可逆反应在恒温条件下进行，测得基于催化剂床层体积为基准的反应速率常数 $k=2\ s^{-1}$，催化剂为直径与高均是 5 mm 的圆柱体，床层空隙率 $\varepsilon=0.4$，内扩散有效因子 $\eta=0.672$，试求下述两种情况下的表观反应速率常数：

(1) 催化剂颗粒改为直径和高均为 3 mm 的圆柱体；

(2) 粒度不变，改变充填方法，使 $\varepsilon=0.5$。

4.8　苯加氢反应中，Ni 系催化剂的有效导热系数为 1.507×10^{-3} J/(cm・s・K)。该加氢反应的反应热为 −209.34 kJ/mol，反应物的有效扩散系数为 0.052 cm²/s，气相中苯的浓度为 4.718×10^{-8} mol/cm³。若颗粒外扩散的影响可以忽略，试求催化剂颗粒内的最大温差。

4.9　在 30 ℃常压下，二氧化碳在氢气中扩散，该催化剂的孔容及比表面分别为 0.36 cm²/g 及 150 m²/g，颗粒密度为 1.4 g/cm³，曲节因子为 3.9。试估算有效扩散系数。

4.10　用空气在常压下烧去球形催化剂上的积碳，催化剂颗粒直径为 5 mm，导热系数为 0.35 J/(m・s・K)，每燃烧 1 kmol 氧放出热量 3.4×10^8 J。燃烧温度 760 ℃时，氧在催化剂颗粒内的有效扩散系数 D_e 为 $5\times10^{-7}\ m^2/s$，试估算稳态下催化剂颗粒表面与中心的最大温差。

4.11　当外扩散消除时,在某等温反应装置中测得直径为 6 mm 的催化剂的一级不可逆反应的表观反应速率常数为 100 s^{-1},已知催化剂中组分的有效扩散系数为 $2\times10^{-5}\ m^2/s$,试求:直径为 9 mm 的催化剂的内扩散有效因子与表观反应速率常数。

4.12　在一填充床高速循环流动反应器中进行气固相一级反应,已知基于床层体积的反应速率为 $2\times10^5\ kmol/(m^3\cdot s)$,反应物浓度为 $0.6\times10^{-5}\ kmol/m^3$,催化剂颗粒直径为 2 mm,颗粒孔隙率为 0.46,催化剂真密度为 1 750 kg/m^3,床层堆密度为 600 kg/m^3,催化剂表面积为 $3\times10^{-5}\ m^2/g$,有效扩散系数为 $8\times10^{-8}\ m^2/s$。试求内扩散有效因子及基于单位催化剂表面的反应速率常数。

4.13　异丙苯在氧化硅-氧化铝催化剂上发生催化裂化反应。已知该反应为一级反应,催化剂具有微孔和大孔二元结构,大孔的平均孔径为 3×10^{-5} cm,孔体积 0.085 cm^3/g,小孔的平均孔径为 25×10^{-8} cm,孔体积为 0.415 cm^3/g,曲折因子取 3.0。在实验条件下测得反应速度为 $2.9\times10^{-3}\ mol/(kg\cdot s)$,在催化剂表面异丙基苯的浓度为 0.106 mol/m^3,反应温度为 828 K,催化剂颗粒为球形,颗粒半径为 1.62×10^{-4} m,颗粒密度为 1 200 kg/m^3,异丙苯的相对分子质量为 120,扩散系数为 $3.99\times10^{-5}\ m^2/s$。试求催化剂内扩散有效因子 η 和反应速度常数 k。

4.14　在全混流反应器中进行一级不可逆反应 $A\longrightarrow R$,该反应器内装有 10 g 粒径为 1.5 mm 的多孔催化剂,反应温度为 336 ℃,压力为常压。原料 A 以 4 cm^3/s 的速度进入反应器,实验测得转化率为 80%。已知催化剂的密度为 2.0 g/cm^3,A 的有效扩散系数为 $1\times10^{-6}\ m^2/s$,反应热为 0。试求梯尔模数和催化剂的内扩散有效因子。

4.15　在实验室采用两种颗粒粒径的催化剂,在同样条件下进行催化反应研究。颗粒 B 半径是颗粒 A 的一半,两者的宏观反应速率分别为 R_A 和 R_B。当(1) $R_B = 1.5R_A$;(2) $R_B = 2R_A$;(3) $R_B = R_A$ 时,试推导:采用两种颗粒催化剂时的梯尔模数和内扩散效率因子。

4.16　在球形催化剂颗粒上进行一级不可逆反应 $A\longrightarrow P$,气体主流区 A 的浓度 $c_{AG}=0.01\ kmol/m^3$,单位床层体积表观反应速率 $R_A^*=400\ kmol/(m^3\cdot h)$,床层空隙率为 $\varepsilon=0.4$,催化剂颗粒直径 $d_p=1$ mm,A 在颗粒内有效扩散系数 $D_e=1\times10^{-3}\ m^2/h$,外扩散传质系数 $k_G=50$ m/h。试求内、外扩散对反应过程影响的程度。

4.17　某一级气-固催化反应,改变流速发现对反应速率没有影响,改变催化剂粒径 d_p 发现,$d_p=6$ mm 时,表观反应速率为 0.9 mol/(g 催化剂·h);$d_p=3$ mm 时,表观反应速率为 1.162 mol/(g 催化剂·h),试求:当 $d_p=1$ mm 时,扩散是否有影响?反应速率是多少?

4.18　球形催化剂上进行 α 级不可逆反应 $A\longrightarrow B$,当反应为内扩散控制时,试推导:

(1) 内扩散有效因子与粒径成反比;

(2) 表观反应级数 α_a 与本征反应级数 α,表观活化能 E_a 与本征活化能 E 的关系为 $\alpha_a=(\alpha+1)/2$,$E_a=E/2$。

第5章　固定床催化反应器

工业生产中的大多数化学反应是在催化剂作用下进行的，其中多相催化反应的应用最为广泛。如合成氨、合成甲醇、CO变换制氢、CO_2资源化利用、硫酸和硝酸的生产、石油炼制，以及工业废气和汽车尾气的净化等，都是通过多相催化反应实现的。新型高效催化剂的研究与开发为催化反应提供了条件，催化反应器内反应速率与传递过程的模拟为反应器设计、反应过程优化和维持反应器稳定操作提供了基础。

根据反应器中固体催化剂颗粒的运动状态，可将多相催化反应器分为两大类：一类是反应器床层中催化剂颗粒相对位置固定，如固定床反应器和滴流床反应器；另一类是反应器内催化剂颗粒处于运动状态，如流化床、移动床和浆态床反应器。其中固定床催化反应器是工业生产中常用的一类，如用于乙烯环氧化制环氧乙烷、乙炔与氯化氢生产氯乙烯、乙苯脱氢制苯乙烯、烃类水蒸气重整制合成气、氨的合成等。

按反应物料流动方向，固定床反应器分为轴向反应器和径向反应器。轴向反应器指反应物料进入反应器后沿轴向流过催化剂床层并从出口流出。径向反应器指反应物料沿径向流过催化剂床层。径向流动方向有离心流动和向心流动两种。

固定床反应器的操作方式有绝热式和换热式两种。绝热式反应器是指反应过程中催化剂床层与外界无热交换，而换热式反应器与外界有热交换。若冷却介质为原料气，称为自热式固定床反应器。自热式反应器是换热式反应器的一种类型。按换热式固定床反应器内原料气与换热介质的流向，可分为逆流和并流式反应器。一般情况下，反应管内装填催化剂床层，反应物料在管内流动，而载热体走管间。

绝热式反应器具有结构简单、操作可控性好、维修方便等优点，是设计和应用优先考虑的类型。实际生产中可选用单段绝热式反应器和多段绝热式反应器串联的型式。对于放热反应，由于转化率受到热力学的限制，反应温度不能超过催化剂的最高使用温度，并且要求反应过程贴近最佳温度，因而常采用多段绝热式反应器串联的形式。绝热式反应器内部空间全部用于装填催化剂，可加大催化剂的装填量，提高反应器的生产能力，如图5.1(c)所示。

换热式反应器又称非绝热变温反应器，其结构多为列管式反应器。催化剂装填在反应管内是常用的方式，反应气体在管内催化剂床层中进行化学反应的同时，通过管壁与管间换热介质进行热交换。调控管间换热介质的流量和进出口温度，可维持恒温操作或特定的变温操作。与绝热式相比，换热式固定床反应器床层轴向温度分布比较均匀。吸热反应和强放热反应，宜选用换热式反应器。

对于列管换热式反应器，合理选择载热体是控制反应温度和保持反应器稳定操作的关键。从传热的角度，反应管内外的温差、换热面积和传热系数是影响传热速率的三个方面。换热式反应器管间载热体温度与管内床层反应温度之间的温度差不宜过大。如放热反应，

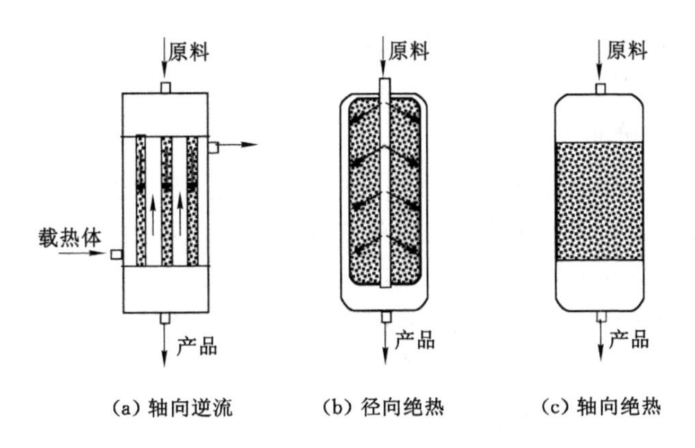

图 5.1　固定床反应器

就需要有较大的传热面积或传热系数才能移走反应放出的热量。换热式固定床反应器的反应管直径较小,多为 20～35 mm。较小的管径可减小床层径向温度差,同时使单位床层体积具有较大的换热面积。

依据反应温度、反应热效应和反应过程对温度波动的敏感程度,应选择合适的载热体。如反应温度在 473 K 左右时,宜采用加压热水;反应温度在 523～573 K 可采用挥发性低的有机物,矿物油、联苯与联苯醚的混合物等;反应温度在 573 K 以上可采用无机熔盐;对于 873 K 以上的反应,可用烟道气。载热体在管间的流动循环方式有沸腾式、外加循环泵强制循环式和内部循环等几种形式。

若采用原料气冷却催化剂床层,原料气被预热至反应器入口所需温度后进入反应器,该反应器称为自热式固定床反应器。自热式固定床反应器只适用于放热反应体系,冷却介质的温度随管长而变化。绝热式反应器与自热式反应器的组合也可较好地调控反应温度,达到反应器设计优化的目的。

5.1　固定床内传递与反应过程分析

由固体催化剂颗粒堆积而成的床层,颗粒之间的空隙是流体的流通渠道。床层内颗粒堆积形成的空隙率呈现不均匀的特点,主要表现在径向方向上随半径而变化。径向方向上不均匀的空隙分布造成流体流动阻力的差异。流体流过不规则的床层空隙时,流体流动的动能和静压能呈现复杂的转换过程,流体的流动形态更接近于湍流流动。流过固定床层的流体,在催化剂表面形成滞流层,在催化剂空隙的大部分区域内呈现湍流。因此,可将流过床层空隙的流体分为滞流层流体和主流体两部分。催化剂表面的滞流层是主流体与颗粒之间相间传质和传热的主要阻力区,传质方式以扩散传递为主,传热以热传导为主,滞流层内存在较大的浓度梯度和温度梯度。主流体受到反应过程和传递过程的共同作用,从反应器入口到出口沿催化剂床层形成浓度分布和温度分布。

在固定床催化剂床层中包括了两个方面的传递过程,一是催化剂表面处相间外扩散传递和催化剂内孔内扩散传递,二是固定床层内轴向与径向的传递。催化剂外扩散和内扩散传递与反应过程引入有效因子进行模拟计算,通过内、外扩散有效因子的求取表达出宏观反应速率。应用物料衡算和热量衡算方法得出主流体在轴向和径向的浓度和温度分布。结合两个方面的传递过程与反应过程，确定固定床层中随反应进程或与浓度和温度相对应的宏观反应速率，以此可对催化剂用量或反应器体积进行设计计算。

5.1.1 固定床层空隙分布

固定床层的空隙率和空隙分布是影响反应物料流过床层的流速和产生压降的主要因素。流速和压降分布影响床层中反应组分的浓度和温度。床层空隙率及空隙分布与颗粒形状、粒度分布、颗粒直径与床层直径之比，以及颗粒的充填方式有关。由于器壁的影响(或称壁效应)，床层空隙率在径向上不均匀。器壁附近的空隙率较大，而床层中心区的空隙率较小且均匀一致。固定床层空隙率分布如图 5.2 所示，图中 ε 为床层空隙率、d_t为床层直径、d_p为颗粒直径。如由粒度均一的颗粒构成的床层，在距离器壁 1～2 倍粒径处的空隙率最大，床层中心的空隙率较小且一致。如非球形颗粒的床层中，除壁效应影响外床层空隙呈均匀分布，如拉西环和鲍尔环。如球形或圆柱形颗粒充填的床层，除壁效应影响较大外，空隙率围绕某一平均值波动。床层直径与颗粒直径比值越大，床层空隙的分布越均匀。设计计算中涉及的床层空隙率指床层平均空隙率。

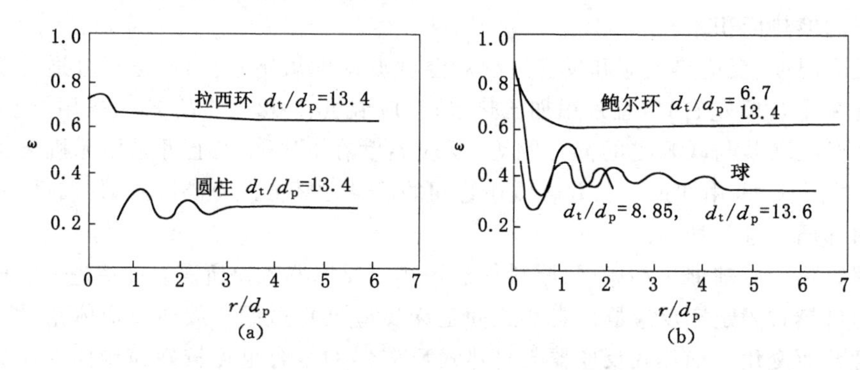

图 5.2 床层空隙率及分布

5.1.2 固定床层流体流动阻力

流体流过固定床层产生的阻力主要来自流体与颗粒表面产生的摩擦阻力，流体流过颗粒的形体阻力，以及流过床层空隙不规则孔道突然扩大和收缩产生的阻力。当流体处于层流流动时以摩擦阻力为主，湍流流动时以形体阻力为主。一般地，流体在复杂空隙结构的床层中流过时易呈湍流状态。

由粒度均匀的催化剂颗粒装填的床层，截面上自由面积所占的百分率可以等同于床层的空隙率。床层内催化剂颗粒相对位置固定，床层的空隙率恒定。在固定床层轴向方向上，流体通过固定床层的流速与流量呈正比关系。由于径向空隙分布不均匀，在距离器壁 1～2 倍粒径范围内轴向流速较大。

非球形颗粒的直径以当量直径表示。当量直径定义为：与实际颗粒比外表面积相等的球体的直径，记为d_p。颗粒的比外表面积定义为：单位体积的颗粒具有的外表面积，以 α 表示。

$$\alpha = \frac{a_p}{V_p} \tag{5.1}$$

式中 a_p, V_p ——分别表示非球形颗粒的外表面积和体积。

$$d_p=\frac{6}{\alpha} \tag{5.2}$$

若定义当量直径为与实际颗粒体积相等的球体直径，记为d_s，则有：

$$V_p=\frac{\pi}{6}d_s^3$$

或

$$d_s=(6V_p/\pi)^{1/3}$$

若定义形状系数为与实际颗粒体积相等的球体的外表面积a_s与实际颗粒外表面积a_p之比，记为ψ_s，则有：

$$\psi_s=a_s/a_p$$

所以，非球形颗粒形状系数及两种当量直径 d_p 和d_s 之间有关系为：

$$d_p=\psi_s d_s \tag{5.3}$$

ε 表示固定床层的空隙率，u_o表示流体流过固定床的空床气速，床层空隙内的流速为：

$$u=\frac{u_o}{\varepsilon} \tag{5.4}$$

固定床层颗粒堆积形成不规则流通渠道，其直径以当量直径d_e表示：

$$d_e=4r_H$$

r_H为水力半径，定义为流通截面积 A 与润湿周边长 L 之比。

$$r_H=\frac{A}{L}$$

取 1 m^3床层，则 $A=\varepsilon$，$L=(1-\varepsilon)\alpha$，则有：

$$d_e=\frac{2\varepsilon}{3(1-\varepsilon)}d_p$$

圆形直管压力降计算式：

$$\Delta p_f=\lambda\frac{L_r}{d_e}\frac{\rho u^2}{2}$$

对流体流过圆形直管压力降计算式进行修正，可用于固定床压力降计算式，则流体流过固定床层压力降整理为：

$$\Delta p_f=f\frac{L_r u_o^2\rho(1-\varepsilon)}{d_p\varepsilon^3} \tag{5.5}$$

式中　L_r——床层高度；

ρ——流体密度。

摩擦系数 f 与雷诺数 Re 的关系如下：

$$f=\frac{150}{Re}+1.75 \tag{5.6}$$

其中，流体流过床层空隙的雷诺数 Re 计算式：

$$Re=\frac{d_p u_o\rho}{\mu(1-\varepsilon)} \tag{5.7}$$

当 $Re<10$ 时，流体在床层中呈层流流动。式(5.6)近似表达为：

$$f=\frac{150}{Re} \tag{5.8}$$

当 $Re>1\ 000$ 时，流体在床层中呈湍流流动。由式(5.6)可得出：$f=1.75$。

床层空隙率及流体的流速是影响压力降的两个主要因素。如采用较大的颗粒，床层空隙率提高，在处理量一定时床层内的流速和压力降会降低，但是会使相间的传质和传热变差。因此，固定床操作时应确定最佳流速。

例 5.1 绝热固定床反应器在 4 MPa 恒压下操作，固定床反应器内充填直径为 10 mm 的球形催化剂，床层的平均温度为 689 K，反应气体的平均摩尔质量为 18.96，空床质量流速 3.0 kg/(m^2·s)，反应气体的平均黏度为 2.5×10^{-5} Pa·s，催化剂的颗粒密度为 2 000 kg/m^3，床层的堆密度为 1 400 kg/m^3。试求：单位床层高度的压力降。

解 床层空隙率：

$$\varepsilon=1-\frac{\rho_b}{\rho_p}=1-\frac{1\ 400}{2\ 000}=0.3$$

反应气体的密度：

$$\rho=\frac{18.96}{22.4}\times\frac{4}{0.101\ 3}\times\frac{273}{689}=13.24\ (\text{kg/m}^3)$$

空床气速：

$$u_o=\frac{G}{\rho}=\frac{3.0}{13.24}=0.226\ 6\ (\text{m/s})$$

床层内流体流动雷诺数：

$$Re=\frac{d_sG}{\mu(1-\varepsilon)}=\frac{10\times10^{-3}\times3.0}{2.5\times10^{-5}\times(1-0.3)}=1\ 714$$

摩擦系数 f：

$$f=\frac{150}{Re}+1.75=\frac{150}{1\ 714}+1.75=1.838$$

单位床层高度的压力降为：

$$\frac{\Delta p_f}{L_r}=f\frac{u_o^2\rho(1-\varepsilon)}{d_p\varepsilon^3}=1.838\times\frac{0.226\ 6^2\times13.24\times(1-0.3)}{10\times10^{-3}\times0.3^3}=3\ 238\ (\text{Pa/m})$$

5.1.3 轴向传递

固定床反应器内流体流过床层空隙时会产生返混现象，因此存在质量传递和热量传递。返混的程度与颗粒的粒度、流体的流速和流体分子的扩散系数有关。返混可采用轴向扩散模型和多釜串联模型模拟。

轴向质量传递和混合现象表现为质量扩散，也称质扩散，以质扩散贝克来数表示：

$$(Pe_m)_a=\frac{d_pu}{D_a}$$

式中，d_p 为颗粒当量直径，D_a 为轴向扩散系数。

雷诺数 $Re=d_pu\rho/\mu>10$ 时，气体流过固定床轴向质扩散贝克来数取值 $(Pe_m)_a=2$；液体流过固定床轴向质扩散贝克来数取值 $(Pe_m)_a=0.3\sim1$。

轴向热量传递和混合现象表现为热扩散，以热扩散贝克来数表示：

$$(Pe_h)_a=\frac{d_pu\rho C_p}{(\lambda_e)_a}$$

其中，$(\lambda_e)_a$ 为床层轴向有效导热系数，有效导热系数是催化剂颗粒表面滞流层与颗粒内部两方面导热能力的综合表征。

若将固定床层长度L_r用 N 个等体积串联全混流釜模拟，则与每个釜相当的轴向扩散距离：

$$L = \frac{L_r}{N}$$

流体流过每个釜经历的时间：

$$t = \frac{L}{u}$$

流体流过每个釜相应的扩散时间：

$$t_D = \frac{L^2}{2D_a}$$

流体流过某段床层经历的时间即是该段床层内的扩散时间，即 $t = t_D$。整理得出与一个全混流釜相当的床层轴向高度：

$$L = \frac{2D_a}{u}$$

轴向多釜串联模型参数：

$$N = \frac{uL_r}{2D_a} = \frac{L_r}{2d_p} \cdot \frac{d_p u}{D_a} = \frac{L_r}{2d_p}(Pe_m)_a \tag{5.9}$$

当气体流过固定床时，取 $(Pe_m)_a = 2$，则有：

$$N = \frac{L_r}{d_p} \tag{5.10}$$

对于大多数工业应用的固定床反应器，$N = L_r/d_p > 50$。只要固定床层轴向L_r/d_p足够大就可以忽略轴向返混，此时固定床内气体的流动状况可用平推流模型模拟。多数情况下，用平推流模型可较好地模拟固定床反应器。对于绝热式固定床反应器，可以不考虑径向的传热和传质。

如果床层太薄时，应用平推流模型模拟实际反应器将会带来较大的误差，此时应考虑轴向扩散的影响。对于非等温固定床反应器，轴向热扩散贝克来数取值 $(Pe_h)_a = 0.6$。以 $N = L_r/d_p > 150$ 为准则，作为应用平推流模型的前提条件更为稳妥。

5.1.4　径向传递

固定床反应器床层径向存在浓度差和温度差时，径向也存在传递现象。径向传热的主要阻力区表现在两个区域，颗粒外表面和器壁处的滞流边界层，即滞流膜热阻；颗粒内部的传热，即床层热阻。这两个区域内主要的传热方式是热传导，采用径向有效导热系数$(\lambda_e)_r$表征综合因素作用下的传热能力。在颗粒表面温度不高时，可忽略辐射传热。

对于换热式反应器，温度分布和温度梯度可从径向和轴向两个维度表示。若反应器壁为换热面，沿径向器壁处温度与中心区温度存在温差。反应器内进行放热反应时，径向温度表现为反应管中心处温度最高，壁处最低，存在径向温度梯度。床层横截面上，同一半径处可视为温度相等，但是径向平均温度不一定出现在 1/2 半径处。从反应器入口到出口，一方面同一半径的床层温度沿轴向存在温度梯度，另一方面在轴向不同的床层横截面上径向温度梯度不一致。图 5.3 为换热式固定床反应器内进行邻二甲苯氧化放热反应时的床层轴向和径向温度分布。$r/R=0$ 表示反应管中心位置，$r/R=1$ 表示反应管壁处，图 5.3 中曲线表

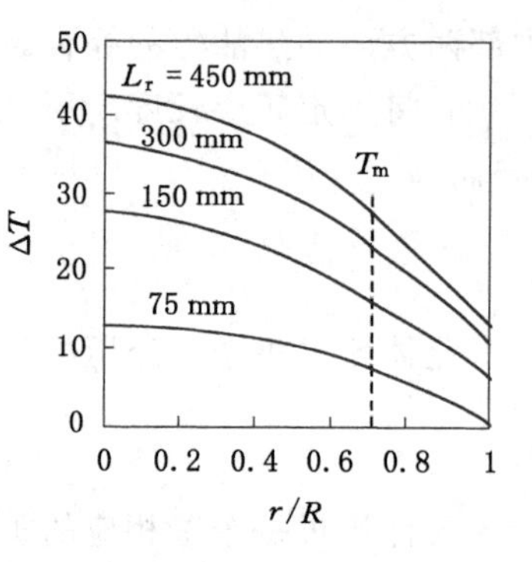

图 5.3 固定床反应器轴向和径向温度分布

示从入口到出口轴向不同截面上的径向温度分布。一般情况下，从反应器入口到出口轴向温差减小，径向温差增大。

用多釜串联模型模拟径向返混，以d_t表示固定床层直径，l_r表示模拟单个全混流釜内的扩散距离，则模型参数N为：

$$N=\frac{d_t}{l_r}$$

流体沿轴向方向流动，以空隙内的流速u流过扩散距离l_r所经历的时间为：

$$t=\frac{l_r}{u}$$

单个全混流釜内的扩散时间为：

$$t_D=\frac{l_r^2}{2D_r}$$

其中，D_r为径向扩散系数。

流动时间与扩散时间一致，$t=t_D$，整理得出：

$$l_r=\frac{2D_r}{u}$$

径向多釜串联模型参数N为：

$$N=\frac{d_t}{l_r}=\frac{d_t}{2d_p}\left(\frac{d_p u}{D_r}\right)=\frac{d_t}{2d_p}(Pe_r)_m \tag{5.11}$$

当$Re>20$时，实验测定结果为$(Pe_r)_m=10$。代入式(5.11)，则有：

$$N=5\frac{d_t}{d_p} \tag{5.12}$$

由于固定床层直径d_t大于催化剂颗粒直径d_p，由式(5.12)可以看出径向多釜串联模型参数$N>1$，即径向方向存在浓度梯度。为保证床层截面上流速均匀，一般要求$d_t/d_p>10$。因此，不易通过降低d_t/d_p比值的途径使模型参数N值降低，径向存在浓度梯度。为简化计算，取径向浓度和温度的平均值，将两维模型简化为轴向一维模型。

5.2 固定床反应器的数学模型

催化剂用量和床层体积的计算是固定床催化反应器设计计算的主要任务。催化反应表观反应速率和床层内传递模型是催化剂用量设计计算的两个基础。催化反应表观反应速率可采用内、外扩散有效因子η_0修正本征反应速率获得，反应速率和有效因子皆为浓度和温度的函数。多数情况下，内扩散是影响催化剂颗粒内传递与反应的主要因素，表观反应速率多用内扩散有效因子修正。

固定床反应器的主体结构为圆筒体，有轴向和径向两维空间变量。轴向和径向均存在浓度和温度梯度。在建立固定床催化反应器的传递模型时，通常取径向的平均温度和平均浓度，将反应器合理简化为轴向一维传递模型。通过物料衡算和热量衡算得出轴向浓度分布和温度分布的常微分方程，求解可得轴向浓度和温度随管长的分布。当反应管长径比较大时，可采用平推流模型模拟流体在固定床层内的流动状况。

5.2.1　固定床反应器轴向浓度分布

设原料进入固定床层的质量速度为G[单位 kg/(m^2·s)]，关键组分A的质量分率为w_{Ao}，摩尔质量记为M_A。基于单位质量催化剂的本征反应速率为R_A[单位 mol/(kg·s)]，催化剂床层的堆密度为ρ_b[单位 kg/m^3]。取反应器床层微元体积为dV，床层截面积为A，微元床层高度为dZ。定态条件下，在微元体积dV内，对组分A进行物料衡算：

组分A输入量(摩尔流量)：　GAw_A/M_A

组分A输出量(摩尔流量)：　$GA(w_A+\mathrm{d}w_A)/M_A$

组分A反应量：　$\eta_o\rho_b(-R_A)A\mathrm{d}Z$

组分A物料衡算式：

$$\frac{GAw_A}{M_A}=\frac{GA(w_A+\mathrm{d}w_A)}{M_A}+\eta_o\rho_b(-R_A)A\mathrm{d}Z$$

整理得：

$$\frac{\mathrm{d}x_A}{\mathrm{d}Z}=\frac{M_A}{Gw_{Ao}}\eta_o\rho_b(-R_A) \tag{5.13}$$

式(5.13)为固定床催化反应器轴向一维浓度分布方程。

式(5.13)初值条件为：

$$Z=0,x_A=0$$

式(5.13)的表达形式虽与管式反应器一维拟均相模型方程相同，但两者的差异在于拟均相模型忽略了多相催化反应中相间与催化剂颗粒内孔反应组分浓度和温度的差异，而式(5.13)考虑了两相间的浓度和温度的不同。显然，两种模型中反应速率项的表达存在本质的差异。

5.2.2　固定床反应器轴向温度分布

定态条件下，对微元床层进行热量衡算：

$$GC_{pt}\frac{\mathrm{d}T}{\mathrm{d}Z}=\eta_o\rho_b(-R_A)(-\Delta H_r)-\frac{4U}{d_t}(T-T_c) \tag{5.14}$$

式(5.14)为固定床催化反应器轴向一维温度分布方程。

其中，C_{pt}指固定床内流体的平均定压热容，可取平均温度下流体混合物的平均热容值，C_{pt}的SI单位为J/(kg·K)。反应热ΔH_r的SI单位为J/mol，吸热反应取$(-\Delta H_r)<0$，放热反应取$(-\Delta H_r)>0$。U为反应管内、外总传热系数。d_t为催化剂床层直径，或反应管内径。T_c为冷却介质或加热介质即载热体的温度，对于放热反应($T>T_c$)，冷却介质从反应器移除热量；对于吸热反应($T_c>T$)，加热介质向反应器提供热量。

对于绝热反应器，热量衡算关系式为：

$$GC_{pt}\frac{\mathrm{d}T}{\mathrm{d}Z}=\eta_o\rho_b(-R_A)(-\Delta H_r) \tag{5.15}$$

式(5.15)的初值条件为：

$$Z=0,T=T_o$$

如果T_c随反应器管长变化，对载热体进行热量衡算，可得出T_c的轴向分布方程：

$$G_cC_{pc}\frac{\mathrm{d}T_c}{\mathrm{d}Z}=\frac{4U}{d_t}(T-T_c) \tag{5.16}$$

式中，G_c为基于空床截面积的载热体质量流速，C_{pc}可取冷却或加热介质的平均定压热容。

式(5.16)的初值条件为：

$$Z=0, T=T_{co}$$

5.2.3 固定床反应器轴向压降分布

对微元床层进行动量衡算，可得固定床催化反应器轴向一维压力分布方程：

$$-\frac{dp}{dZ}=\frac{fG^2(1-\varepsilon)}{\rho d_p \varepsilon^3} \tag{5.17}$$

式(5.17)的初值条件为：

$$Z=0, P=P_o$$

固定床反应器设计中，物料衡算式(5.13)和热量衡算式(5.14)是求解轴向浓度分布和温度分布的基本关系式。固定床层在高压下，且压力降较大时需考虑压降分布式(5.17)。

5.2.4 复杂反应体系数学模型

若反应体系共有 M 个反应，独立反应数为 K，则可取 K 个关键组分，分别进行物料衡算，可得含有 k 个方程的方程组：

$$\frac{d(u_o c_i)}{dZ}=\rho_b \sum_{j=1}^{M} \eta_j \nu_{ij} \bar{r}_j (i=1,2,\cdots,k) \tag{5.18}$$

式(5.18)初值条件为：

$$Z=0, c_i=c_{io}(i=1,2,\cdots,k)$$

式(5.18)中，η_j 为第j 个反应的有效因子。$\bar{r}_j$ 为第j 个反应基于单位质量催化剂的反应速率。i 组分在第j 个反应的反应速率表示为：$r_{ij}=v_{ij}\bar{r}_j$。

固定床层热量衡算式改写成：

$$u_o C_{pt} \rho_f \frac{dT}{dZ}=\rho_b \sum_{j=1}^{M} \eta_j |\nu_{ij}| \bar{r}_j (-\Delta H_r)_j-\frac{4U}{d_t}(T-T_c) \tag{5.19}$$

式中，ρ_f 为进入固定床层的流体的平均密度。

式(5.19)初值条件为：

$$Z=0, T=T_o$$

5.2.5 薄床层固定床反应器数学模型

固定床床层太薄时，流体在床层内的流动偏离平推流假定，应考虑返混的影响。如恒容条件下进行单一反应时，仿照轴向扩散模型方程的推导方法得出固定床反应器模型方程：

$$\varepsilon D_a \frac{d^2 c_A}{dZ^2}-u_o \frac{dc_A}{dZ}-\eta_o \rho_b(-R_A)=0 \tag{5.20}$$

式中，D_a为轴向扩散系数。

热量衡算式为：

$$\lambda_{ea} \frac{d^2 T}{dZ^2}-\rho_f u_o C_{pt} \frac{dT}{dZ}+\eta_o \rho_b(-R_A)(-\Delta H_r)-\frac{4U}{d_t}(T-T_c)=0 \tag{5.21}$$

式中，λ_{ea}为床层轴向有效导热系数。

式(5.20)和式(5.21)的边界条件为：

$$Z=0, u_o(c_{Ao}-c_A)=-\varepsilon D_a \frac{dc_A}{dZ}$$

$$u_o \rho_f C_{pt}(T_o - T) = \lambda_{ea} \frac{dT}{dZ}$$

$$Z = L, \quad \frac{dc_A}{dZ} = 0, \quad \frac{dT}{dZ} = 0$$

模型方程为二阶常微分方程，返混的存在使模型方程在平推流模型方程的基础上叠加一个轴向扩散项。若反应体系中包含多个反应，反应速率项应作相应的改写。对于正常动力学的反应，返混的存在会使转化率降低。

综上所述，建立与应用固定床催化反应传递数学模型方程，需要三类基础数据：① 反应动力学数据，即反应速率方程；② 热力学数据，如反应热、比热容、化学平衡常数等；③ 与传递相关的数据，如黏度、扩散系数、导热系数，催化剂和床层结构数据，如孔分布、颗粒密度、堆密度和比表面等。

5.2.6　固定床反应器催化剂用量

完成一定的生产任务和转化率指标所需要的催化剂用量，是反应器设计的基本内容之一。基于单位催化剂质量的反应速率 $[-R_A(x_A, T)]$，单位 mol/(kg・s)，引入催化剂床层堆密度 ρ_b，则基于单位床层堆体积的反应速率表示为：$[-R_A(x_A, T)]/\rho_b$，单位 mol/(m^3・s)。

催化剂质量记为 W(kg)，催化剂床层体积表达为：

$$V_r = W/\rho_b$$

由式(5.13)积分，得出固定床催化剂床层高度：

$$L_r = \frac{G w_{Ao}}{M_A \rho_b} \int_{x_{Ao}}^{x_{AL}} \frac{dx_A}{\eta_o(x_A, T)[-R_A(x_A, T)]} \tag{5.22}$$

式中，$[-R_A(x_A, T)]$ 为基于单位催化剂质量的本征反应速率，mol/(kg・s)。

以 F_{Ao} 表示反应器入口处的关键组分 A 的摩尔流量(mol/s)，催化剂床层堆体积计算式为：

$$V_r = \frac{F_{Ao}}{\rho_b} \int_{x_{Ao}}^{x_{AL}} \frac{dx_A}{\eta_o(x_A, T)[-R_A(x_A, T)]} \tag{5.23}$$

圆筒体反应器的体积由截面积和床层高度决定。若反应器截面积已定，由催化剂床层体积可确定床层高度。反应器截面积和催化剂床层高度的取值，涉及床层压降和床层内流动状态的模拟。若取较小的反应器截面积，则相应的催化剂床层较高，床层压降较大，流动状态更接近于平推流模型。

5.3　绝热式固定床反应器

绝热式固定床反应器可分为单段和多段串联方式。单段反应器中反应物料从反应器入口到出口单程反应。多段串联反应器由多个反应器组合而成，上段反应器的出口连接下段反应器的入口，反应物料依次经过多个反应器，每个反应器为一段，相邻的两反应器段间可进行质量和热量的交换。

单段绝热式固定床反应器多用于反应热效应较小，温度对目的产物收率影响不大，虽反应热效应较大，但单程转化率较低或有大量惰性物料存在的场合。对于一些热效应大的反应，若采用单段绝热反应器，过大的温升易使反应器出口温度超过允许使用温度。对于可逆放热反应，反应平衡常数随温度升高而减小，因而受平衡的限制出口转化率随温度的升高而降低。并且单段反应器轴向温度分布难以符合可逆放热反应最佳操作温度，从而使反应器的生产能力降低。为使反应器优化设计，要求反应器轴向温度接近最佳温度分布，可采用多段反应器。

多段绝热式固定床反应器多用于放热反应体系，如合成氨、合成甲醇、CO 变换、SO_2 氧化等。按段间换热方式，多段绝热固定床反应器有间接换热式、原料气冷激式和非原料气冷激式三类，如图 5.4 所示。实际生产中也有将间接换热式与冷激式联合使用的情况。图 5.4(a)为间接换热式，冷却介质采用反应物原料，经段间换热后进入反应器。段间间接换热方式的特点是上段出口温度经换热降温后进入下段反应器，段间换热不改变组成。图 5.4(b)和(c)为直接换热式，其中(b)采用的原料气为冷却介质，(c)采用的非原料气为冷却介质。段间直接换热使进入下段反应器的温度和浓度均有变化。

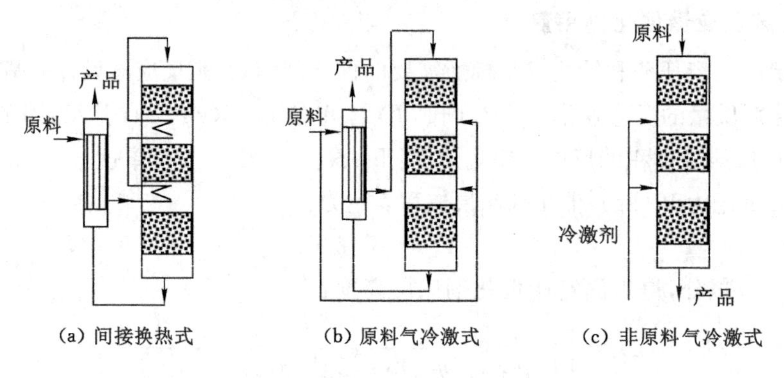

图 5.4　多段绝热固定床反应器段间换热方式

5.3.1　单段绝热固定床反应器轴向温度分布

由物料衡算式(5.13)和热量衡算式(5.15)，及初值条件 $Z=0, x_A=0, T=T_o$，得出绝热反应条件下反应温度与转化率的关系：

$$\frac{\mathrm{d}T}{\mathrm{d}x_A}=\frac{w_{Ao}(-\Delta H_r)_{T_o}}{M_A C_{pt}} \tag{5.24}$$

式(5.24)中，C_{pt}为反应混合物的恒压比热容，若热容值随温度及组成变化不大时，常以平均温度及平均组成下的比热容$\overline{C}_{pt}$代替C_{pt}，单位 kJ/(kg·K)。w_{Ao}为绝热反应器入口组分 A 的质量分率。$(-\Delta H_r)_{T_o}$ 为反应器入口温度T_o下的反应热，单位 J/mol。M_A为组分 A 的摩尔质量。

绝热温升：

$$\lambda=\frac{w_{Ao}(-\Delta H_r)_{T_o}}{M_A C_{pt}} \tag{5.25}$$

绝热条件下，反应温度随转化率变化的关系式为：

$$T=T_o+\lambda x_A \tag{5.26}$$

式(5.25)中，若反应热 ΔH_r的单位取 J/mol，热容C_{pt}单位取 J/(mol·K)，可由绝热固定床物料衡算式和热量衡算式导出绝热温升表达式为：

$$\lambda=\frac{y_{Ao}(-\Delta H_r)_{T_o}}{C_{pt}}$$

其中，y_{A0}表示反应器入口原料气中 A 组分的摩尔分数。

例 5.2　绝热固定床反应器中进行变换反应 $CO+H_2O \longrightarrow CO_2+H_2$。原料气处理量为 3.241×10^5 m^3/h，组成（体积分数）H_2：36.62%，CO：9.33%，CO_2：4.72%，H_2O 为 31.03%，其余为惰性气体，不参与反应。要求反应器出口 CO 干基含量为 4%，反应器入口温度为 370 ℃，压力为 4.2 MPa，绝热温升取 105 K。基于催化剂床层堆体积的反应速率方程式：

$$r_{CO}=k(y_{CO}\cdot y_{H_2O}-y_{CO_2}\cdot y_{H_2}/K_p)\quad m^3/(m^3 催化剂 \cdot h)$$

反应速率常数 $\ln k=19.15-6\,630/T$，反应平衡常数 $\lg K_p=1\,914/T-1.178$，催化剂颗粒内外扩散有效因子取$\eta_0=0.8$。按轴向一维模型计算催化剂床层体积。

解　以 100 mol 转化气为基准，反应器出口转化率 x_{CO}，对催化剂床层物料衡算结果如表 5.1 所示。

表 5.1　物料衡算结果　　单位：mol

组分	反应器入口	反应器出口
CO	9.33	$9.33\times(1-x_{CO})$
H_2O	31.03	$31.03-9.33x_{CO}$
CO_2	4.72	$4.72+9.33x_{CO}$
H_2	36.62	$36.62+9.33x_{CO}$
惰性组分	18.29	18.29

反应器出口干基气体总量为 $68.97+9.33x_{CO}$。

反应器出口干基 CO 摩尔分率：

$$\frac{9.33\times(1-x_{CO})}{68.97+9.33x_{CO}}=0.04$$

解得反应器出口转化率 $x_{CO}=67.72\%$。

反应器出口温度：

$$T=(370+273)+105\times0.677\,2=714\ (K)$$

表观反应速率：

$$r_{CO}^{*}=\eta_0\exp\left(19.15-\frac{6\,630}{643+105x_{CO}}\right)\left[\begin{array}{l}9.33\times(1-x_{CO})(31.03-9.33x_{CO})\times10^{-4}-\\ \dfrac{(4.72+9.33x_{CO})(36.62+9.33x_{CO})\times10^{-4}}{10^{[1\,914/(643+105x_{CO})-1.178]}}\end{array}\right]/22.4$$

kmol/(m³ 催化剂 · h)

催化剂堆体积依式(5.23)计算：

$$V_r=F_{CO,o}\int_0^{0.677\,2}\frac{dx_A}{r_{CO}^{*}}$$

其中，反应器入口 CO 摩尔流量为：

$$F_{CO,o}=(3.241\times10^5/22.4)\times0.093\,3=1\,350\ (kmol/h)$$

数值积分得出催化剂床层体积：$V_r=145.4$ m³。

5.3.2 多段绝热式固定床反应器优化

以间接换热式多段固定床反应器的设计计算为例，反应体系为可逆放热反应。为使反应器总体积最小，要求反应过程中反应速率最大，因此固定床层的轴向温度分布应贴近最佳温度曲线。如图5.5所示，AB、CO和EF线段分别为第Ⅰ、Ⅱ、Ⅲ段绝热反应器操作线，反映温度和转化率对应变化关系。BC、OE和FG线段分别为Ⅰ、Ⅱ、Ⅲ段间产物气体冷却线，间接换热使温度降低，而组成不变。A、C、E点为各段反应器入口状态点，对应各段反应器的入口温度和组成。B、O、F点为各段反应器出口状态点，反映各段反应器出口温度和组成。G点为最终产品状态点。

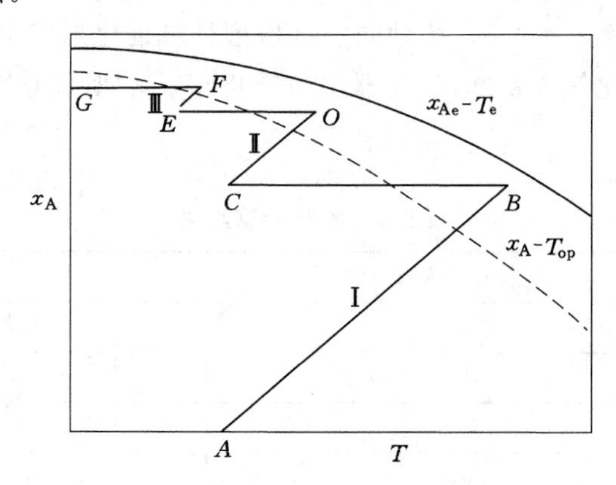

图5.5 三段间接换热式绝热反应器

每段反应器的出口温度和组成与其进口温度及转化率有关。从图5.5看出，反应器的优化设计应使每段反应器的操作线和段间冷却线跨过最佳温度曲线，即每段反应器的进、出口状态点分布在最佳温度曲线两边。催化剂用量优化计算需要确定各段进、出口温度和转化率的值，而后按单段计算方法逐段计算。

对于N段固定床绝热反应器，原料气的组成和最终转化率由工艺确定，优化设计待定变量数和已知变量数列于表5.2。待定变量数共$4N$个，已知变量数$2N+1$。所以，N段反应器设计计算的待定变量数需要$2N-1$个。

表5.2 N段固定床绝热反应器变量数

待定变量	待定变量数	已知变量	已知变量数
入口温度	N	原料气的组成	1
出口温度	N	最终转化率	1
入口组成	N	各段操作线	N
出口组成	N	段间冷却线	N-1

以所需催化剂总体积为目标函数，分别对各段进口组成和温度求导，并令其等于零，即可得出一方程组，求解方程组即可得出各段进、出口组成与温度的优化值。

取任一段反应器，如第p段的进、出口转化率记为$x_{Ao,p}$和x_{Ap}，进、出口物料的温度记为$T_{o,p}$及T_p。第p段反应器的催化剂堆体积为V_{rp}，则总的催化剂体积为：

$$V_r = \sum_{i=1}^{N} V_{rp}$$

基于单位质量催化剂的表观反应速率 $R_A^*(x_A,T) = \eta_o(x_A,T)[-R_A(x_A,T)]$，依轴向一维模型，多段固定床反应器催化剂总体积为：

$$V_r = \frac{F_{Ao}}{\rho_b}\left[\int_{x_{Ao,1}}^{x_{A1}} \frac{dx_A}{R_A^*(x_A,T)} + \int_{x_{Ao,2}}^{x_{A2}} \frac{dx_A}{R_A^*(x_A,T)} + \cdots + \int_{x_{Ao,N}}^{x_{AN}} \frac{dx_A}{R_A^*(x_A,T)}\right] \tag{5.27}$$

对于第 p 段反应器，间接换热式反应器段间转化率关系为：

$$x_{Ap} = x_{Ao,(p+1)}$$

由式(5.27)，令 $\partial V_r/\partial x_{Ap} = 0$，可得：

$$R_A^*(x_{Ao,p},T_{p-1}) = R_A^*(x_{Ao,p},T_{op})(p = 2,3,\cdots,N) \tag{5.28}$$

式(5.28)表明：若使催化剂总用量最少，需使任一段反应器的出口转化率等于下一段进口的转化率。

同理，式(5.27)对 T_p 求偏导数并令其等于零，则有：

$$\frac{\partial}{\partial T_p}\int_{x_{Ao,p}}^{x_{Ao,p+1}} \frac{dx_A}{R_A^*(x_A,T)} = 0(p = 1,2,\cdots,N) \tag{5.29}$$

式(5.29)表明：若使总的催化剂用量最少，在规定进、出口转化率的条件下，任何一段反应器均存在最佳进口温度。

任一段绝热反应器，任一截面处的温度与进口温度 $T_{o,p}$ 呈线性关系，

$$T = T_{o,p} + \lambda(x_A - x_{Ao,p}) \tag{5.30}$$

因此，式(5.29)可改写成：

$$\int_{x_{Ao,p}}^{x_{Ao,p+1}} \left[\frac{\partial(1/R_A^*)}{\partial T}\right]_{x_A} dx_A = 0(p = 1,2,\cdots,N) \tag{5.31}$$

式(5.28)及式(5.31)共包含$(2N-1)$个方程，求解此方程组即可确定各段进、出口转化率和温度的最佳值。

应用数值法求解的一般步骤：

(1) 假定第一段反应器的出口转化率，根据式(5.31)可确定第一段反应器的进口温度，从而由式(5.30)求第一段反应器出口温度，并计算出第一段反应器的出口转化速率；

(2) 由式(5.28)求第二段反应器的进口温度；

(3) 由式(5.31)确定第二段反应器出口转化率，再用式(5.30)求第二段反应器出口温度，并计算出第二段反应器出口的转化速率；

依此类推，直到第 N 段为止。如此可求得第 N 段反应器的出口转化率(即最终转化率)。若计算结果与要求不符，需重新假定第一段反应器的出口转化率，并重复以上各步骤的计算，直到最终转化率符合要求时为止。

应注意，对于可逆反应，受化学平衡的限制，各段反应器的出口转化率应低于出口状态下的平衡转化率。工业应用中，各段的进、出口温度应介于催化剂允许操作温度范围之间。

例 5.3　拟采用两段常压绝热式固定床催化反应器进行水煤气变换反应，段间采用非原料气间接换热。干基原料气中各组分摩尔分率如下：CO：30.41%，CO_2：9.46%，H_2：37.80%，惰性气体：22.34%，原料气中汽气比(水蒸气与干基原料气的摩尔数比)为 1.4。第一段反应器进口温度为 633 K，要求 CO 的最终转化率达到 91.8%。以 p_A、p_B、p_C、p_D 表示 CO、H_2O、CO_2、H_2 的分压，水煤气变换反应的宏观速率方程 $R_A^* = k^* p_A(1-\beta)$，$\beta =$

$p_C p_D/(p_A p_B K_p)$，表观反应速率常数 k^* 与温度的关系$k^* = 2.172\times10^{-4}\exp(-6\,542/T)$，单位 mol/(g·min·Pa)，化学平衡常数与温度的关系为$K_p = 0.016\,5\exp(4\,408/T)$。假定各段的绝热温升均等于 155.2 K。试求：催化剂总用量最少时，第一段出口的转化率 x_{A1} 和第二段的进口温度T_{2o}应如何确定。

解 对于两段反应器，在第一段反应器进口组成及温度，以及出口组成确定的条件下，催化剂用量的优化计算需要 2 个($2N-2=2$)待定变量，求解过程需要应用 2 个独立的关系式(5.25)和式(5.28)。两段反应器中反应过程所符合的基本关系有：

水煤气变换反应：　　$CO+H_2O=CO_2+H_2$

第一段绝热反应器温度与转化率关系：

$$T_1 = T_{o,1}+\lambda(x_{A1}-x_{Ao,1}) = 633+155.2x_{A1} \tag{1}$$

第二段绝热反应器温度与转化率关系：

$$T_2 = T_{o,2}+\lambda(x_{A2}-x_{Ao,2}) = T_{o,2}+155.2\times(0.918-x_{A1}) \tag{2}$$

平衡转化率与温度的关系：

$$K_p = \frac{p_C p_D}{p_A p_B} = \frac{y_C y_D}{y_A y_D} = 0.016\,5\exp(4\,408/T) \tag{3}$$

表观反应速率：

$$R_A^* = 2.172\times10^{-4}\exp(-6\,542/T)p_A[1-p_C p_D/(p_A p_B K_p)]\ \mathrm{mol/(g\cdot min)} \tag{4}$$

以 100 mol 进料为基准，反应过程中转化率为 x_A时，对应各组分的组成y_i与分压p_i列于表 5.3。

表 5.3　计算结果

组分	输入量n_{io}/mol	输出量n_i/mol	组成y_i/mol%	分压p_i/Pa
CO(A)	12.67	$12.67\times(1-x_A)$	$[12.67\times(1-x_A)]/100$	$p[12.67\times(1-x_A)]/100$
H_2O(B)	58.33	$58.33-12.67x_A$	$(58.33-12.67x_A)/100$	$p(58.33-12.67x_A)/100$
CO_2(C)	3.94	$3.94+12.67x_A$	$(3.94+12.67x_A)/100$	$p(3.94+12.67x_A)/100$
H_2(D)	15.75	$15.75+12.67x_A$	$(15.75+12.67x_A)/100$	$p(15.75+12.67x_A)/100$
惰性气体	9.31	9.31	0.093 1	$0.093\,1p$
总计	100	100		

当反应过程达到平衡态时，表中各组分的组成和分压应是平衡态的值。第一段反应器出口平衡转化率记为 $x_{Ae,1}$。

假设第一段出口转化率 $x_{A1}=0.85$。

依式(1)，第一段反应器的出口温度为：

$$T_1=633+155.2\times0.85=765\ (\mathrm{K})$$

将表中数据代入式(3)，在第一段反应器入口温度取$T_{o,1}=633$ K，出口转化率取 $x_{A1}=0.85$ 的条件下，解得第一段反应器出口平衡转化率 $x_{Ae,1}=0.872$。平衡转化率是反应过程的极限转化率，实际转化率取值低于平衡转化率合理。

第一段反应器出口状态：$x_{A1}=0.85$，$T_1=765$ K，代入式(4)，计算得出第一段反应器出口对应的反应速率为：

$$R_{A1}^{*}=1.434\times10^{-5}\text{mol/(g}\cdot\text{min)}$$

依多段绝热反应器反应体积优化式(5.28)，第一段反应器出口处反应速率R_{A1}^{*}应等于第二段反应器入口处反应速率$R_{Ao,2}^{*}$，即$R_{A1}^{*}=R_{Ao,2}^{*}$。

两段反应器之间采用间接换热方式，第一段反应器出口组成与第二段反应器入口组成相同，相应的 CO 转化率也相同，即 $x_{A1}=x_{Ao,2}=0.85$。

两段之间经过换热后，第二段反应器的入口温度低于第一段反应器的出口温度，即$T_{o,2}<T_1$。设第二段进口温度$T_{o,2}=663$ K，依式(4)计算出第二段反应器入口的转化速率：$R_{Ao,2}^{*}=1.434\times10^{-5}$mol/(g·min)。说明第二段反应器入口温度取值合理。

依据多段绝热反应器催化剂用量优化式(5.31)，求解第二段反应器出口转化率，由式(2)，第二段绝热反应器温度与转化率关系：

$$T=663+155.2(x_A-0.85)=531+155.2x_A$$

依式(5.31)，对第二段反应器出口转化率计算：

$$\int_{x_{A2o}}^{x_{A2}}\left[\frac{\partial(1/R_A^{*})}{\partial T}\right]_{x_A}\mathrm{d}x_A=0$$

采用试差法，计算得出第二段出口转化率：$x_{A2}=0.918$。

第二段出口转化率计算结果与题设要求一致，可以认定假设的第一段反应器出口转化率 $x_{A1}=0.85$ 和第二段反应器入口温度$T_{o,2}=663$ K 合理。

由第二段反应器出口温度计算得出，$T_2=673$ K。

第二段反应器出口温度下，平衡转化率 $x_{Ae,2}=93.5\%$。第二段反应器出口转化率低于平衡转化率 $x_{A2}<x_{Ae,2}$，计算结果合理。

5.4　换热式固定床反应器

换热式固定床反应器管间冷却或加热介质的温度T_c随管长变化。若列管式反应器壳程流体由于返混程度大、路程短或流量大，进、出口温度变化不大时，设计计算中T_c可视为恒定。

5.4.1　换热式固定床反应器轴向温度分布

定态条件下，应用轴向一维模型描述换热式固定床反应器，将热量衡算式(5.14)与物料衡算式(5.13)相除，整理可得换热式固定床反应器中温度与转化率的关系式：

$$\frac{\mathrm{d}T}{\mathrm{d}x_A}=\frac{w_{Ao}(-\Delta H_r)}{M_A C_{pt}}-\frac{4Uw_{Ao}(T-T_c)}{d_t M_A C_{pt}\eta_o\rho_b(-R_A)}\tag{5.32}$$

或

$$\frac{\mathrm{d}T}{\mathrm{d}x_A}=\lambda-\frac{4Uw_{Ao}(T-T_c)}{d_t M_A\overline{C}_{pt}\eta_o\rho_b(-R_A)}\tag{5.33}$$

式中，$\lambda=\dfrac{w_{Ao}(-\Delta H_r)}{M_A C_{pt}}$为绝热温升。反应热效应$(-\Delta H_r)$随温度变化不大时，可取反应物料入口温度$T_o$对应的值$(-\Delta H_r)_{T_o}$。在反应温度变化的范围内，定压热容值可取定性温度$(T_o+T)/2$下的$C_{pt}$值或平均值$\overline{C}_{pt}$参与计算。

式(5.32)反映了换热式固定床轴向温度随转化率变化 dT/dx_A 的影响因素。影响因素中相关参数可分为:① 反应条件,如反应物料入口温度 T_0 及组成 w_{A0},冷却或加热介质 T_c;② 热力学数据,如反应热效应($-\Delta H_r$),定压热容 C_{pt};③ 反应动力学方程($-R_A$)及内外扩散有效因子 η_0;④ 固定床层结构,如反应管直径 d_t、床层堆密度 ρ_b。冷热流体的总传热系数 U 与反应器结构、处理量以及流体物性有关。当反应体系和反应器结构确定后,影响 dT/dx_A 的主要因素有反应物料入口温度和冷却或加热介质温度。

式(5.32)分析,换热式固定床层轴向温度随转化率变化的斜率值有 $dT/dx_A < 0$,$dT/dx_A > 0$,$dT/dx_A = 0$ 三种计算结果。dT/dx_A 计算值与反应放热或吸热速率,冷却或加热速率的相对性有关。如放热反应,反应放热速率大于冷却移热速率,则 $dT/dx_A > 0$。反应速率快及反应热效应大,则反应放热速率大。若冷却移热速率大于反应放热速率,即使放热反应也会使 $dT/dx_A < 0$。同理,对于吸热反应也如此。从反应管入口到出口沿管长反应速率大多呈现减小的趋势,反应后期表现为 $dT/dx_A < 0$。特别地,当反应过程为绝热反应时,放热反应 $dT/dx_A > 0$,床层反应温度随转化率增加单调增加;吸热反应 $dT/dx_A < 0$,床层反应温度随转化率增加单调减小。

由式(5.33)知,一定条件下,绝热温升 λ 可视为定值,当反应物料入口温度和冷却介质温度改变时,床层轴向温度、反应速率、放热或吸热速率、冷却或加热速率随之改变,由此床层温度与转化率分布随之改变,即 T-x_A 曲线发生变化。由于温度的改变对反应速率影响较大,过低的入口温度使反应速率缓慢,过高的入口温度又易使反应温度超过允许使用温度,因此反应物料入口温度在适宜的范围内变化幅度不宜太大。

对于放热反应体系,由热力学规定反应热 $\Delta H_r < 0$,操作中冷却介质温度大于反应温度 $T > T_c$。由于 $\lambda > 0$,随反应进程在换热式固定床层的某截面处出现 $dT/dZ = 0$,或当转化率达到某一值时 $dT/dx_A = 0$。放热反应体系的该极值点表现为最高温度,称为“热点”。图 5.6 中曲线反映了可逆放热反应体系在换热式固定床层的轴向温度分布。以 ABD 曲线为例,可逆放热反应的反应初期远离平衡,属反应动力学控制,反应速率随反应温度的升高而增加,释放反应热的速率大于冷却介质移热速率,致使 $dT/dx_A > 0$,即温度随转化率的增加而升高。反应后期接近平衡态,属热力学控制,反应温度升高使反应速率下降,此时的移热速率大于放热速率,温度随转化率的增加而降低,$dT/dx_A < 0$。达到某一转化率时温度出现极大值,$dT/dx_A = 0$,此处对应温度即“热点”温度。

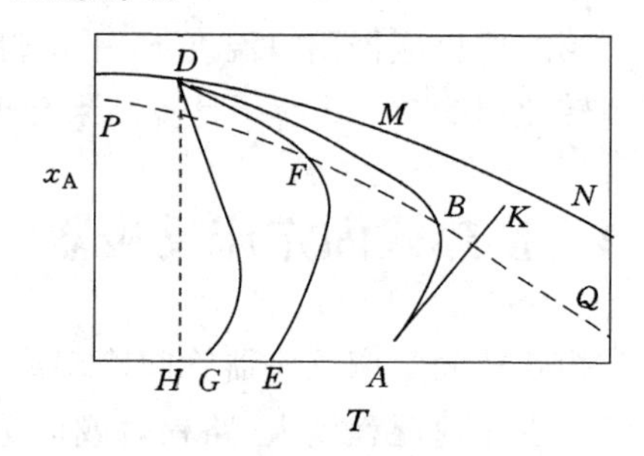

图 5.6 换热式固定床反应器可逆放热反应的 T-x_A 曲线

在实际生产过程中,确定“热点”出现的位置和监控“热点”温度具有重要意义。“热点”温度是反应器床层的最高温度,监测“热点”温度的变化可判断反应器运转的情况。“热点”是控制反应器稳定操作的一个极为重要的依据。

图 5.6 表示换热式反应器不同入口温度可逆放热反应的 T-x_A 曲线和对应“热点”。DMN 为平衡线,PBQ 为最佳温度曲线。A、E、G 点对应的反应物料入口温度逐渐降低,可见当入口温度降低时,T-x_A 曲线整体左移远离平衡线。由于反应初期的反应速率远大于反

应后期，所以评价 T-x_A曲线接近最佳温度曲线的程度主要看反应的中后期。选取合适的反应物料入口温度，使 T-x_A线更接近最佳温度曲线，如入口温度选在 E 点。

较低的反应物料入口温度，反应速率较小，相应的反应放热速率较低，此时移热速率相对较大，使整个反应过程的温度单调下降，床层内不出现“热点”，如入口温度 G 点对应的 T-x_A曲线。反应物料入口温度降低的极限值达到 H 点，H 点所对应的温度为冷却介质的温度。H 点对应的入口温度与冷却介质温度相等，HD 线为对应的 T-x_A线。平行于 x_A轴的直线 HD 与平衡曲线 DMN 的交点 D 所对应的转化率为平衡转化率。平衡转化率是反应过程所能达到的最大转化率，反应器出口转化率总低于此值。若降低冷却介质温度，可使 H 点左移，相应的平衡转化率增大。

AK 线为绝热反应条件下的 T-x_A 曲线，绝热操作具有更大的 $\mathrm{d}T/\mathrm{d}x_A$ 值，因而当达到相同的转化率时，绝热反应器可达更高的反应温度。换言之，维持反应温度相同时，换热式反应器具有更高的转化率。对于可逆放热反应，温度升高使平衡转化率降低。受化学平衡的限制，较高温度下所能达到的转化率也较低。

若催化剂及床层结构，热力学参数和动力学方程，反应体系和反应器处理量，冷却介质及传热系数等一定的条件下，反应器轴向 T-x_A 线及“热点”的位置与反应物料入口温度和冷却介质温度有关。可逆放热反应过程，如果反应温度接近最佳温度下，则整体可逆放热反应速率最大，完成一定的生产任务时所需要的催化剂量最小。因此，使反应温度接近最佳温度曲线，是进行可逆放热反应时换热式固定床反应器优化设计的要求。

对于吸热反应，由热力学规定反应热 $\Delta H_r>0$，绝热温升值 $\lambda<0$。冷却介质温度大于反应温度，即$T_c>T$，可改变温差（T_c-T）调节加热速率。若加热速率大于反应吸热速率，依式(5.33)可使床层 $\mathrm{d}T/\mathrm{d}x_A>0$，即床层温度沿管长升高。若加热速率不足以弥补反应吸热速率，则反应温度随管长下降，即 $\mathrm{d}T/\mathrm{d}x_A<0$。

由于反应温度和转化率随管长变化，反应速率及反应放热速率沿床层轴向变化。而且，冷却介质的温度沿管长也在变化。因此，传热推动力在反应管轴向不同截面处不相等，相应的冷热流体之间的传热速率不同。严格来说，难以做到反应管恒温操作。列管换热式固定床反应器设计计算中，壳程加热或冷却介质温度可近似为恒定，若换热能力足够大反应管可近似为等温操作。对于吸热反应和不可逆放热反应，维持固定床反应器在较高温度下操作有利于加速反应速率，由此较小的反应器体积具有较大的处理能力。实际操作多采用维持催化剂床层温度均匀的操作方式。

由式(5.24)～式(5.26)可知，绝热式固定床反应器温度与转化率呈线性关系。若反应器采用绝热操作方式，反应过程床层任一截面处均表现出 $T=T_c$，绝热条件下式(5.33)表示为：

$$\frac{\mathrm{d}T}{\mathrm{d}x_A}=\lambda$$

对于吸热反应，绝热反应器中 $\mathrm{d}T/\mathrm{d}x_A<0$，最低温度“冷点”出现在反应器出口。对于放热反应，绝热反应器中 $\mathrm{d}T/\mathrm{d}x_A>0$，最高温度“热点”出现在反应器出口。

5.4.2　换热式固定床反应器“热点”与参数敏感性

换热式固定床反应器床层内进行放热反应时存在“热点”，吸热反应时则存在“冷点”。反应温度过高或过低都会造成反应器不能正常操作。因此，应关注反应过程中出现的最高温度点或最低温度点。在反应温度允许的范围内得出各参数对反应温度的敏感程度和敏感范围，研究"热点"温度以及"热点"出现的位置，可作为监测和控制反应器稳定操作的依据。

换热式固定床反应器"热点"温度记为T_m。"热点"处，$dT/dZ=0$。由定态条件下微元床层热量衡算式(5.14)得出：

$$\eta_o \rho_b(-R_A)(-\Delta H_r)-\frac{4U}{d_t}(T_m-T_c)=0$$

由此得出，"热点"所在的反应管截面处，冷热流体温差为：

$$T_m-T_c=\frac{\eta_o \rho_b(-R_A)(-\Delta H_r)d_t}{4U} \tag{5.34}$$

式中，η_o和$(-R_A)$应为"热点"温度T_m对应的值。

影响"热点"温度的参数有：反应速率、反应热效应、反应组分物性参数、反应器进料组成和入口温度、冷却介质入口温度、冷热流体流量、流向及传热系数、反应管直径。较低的冷却介质温度和反应物料入口温度可使"热点"温度降低，但较慢的反应速率使完成一定的转化率指标时反应器体积增大。较小的反应管的管径有利于使"热点"温度保持在规定的操作温度之下，也有利于使径向温度一致，但在一定的处理量时压降增加。在影响"热点"温度的各参数 w_{Ao}、T_c、T_o、U/d_t 中，冷却介质温度T_c、进料温度T_o及浓度w_{Ao}是需要关注的主要参数。

例 5.4 换热式固定床反应器中进行气固相催化一级不可逆放热反应，基于床层堆体积的反应速率方程 $r_A=kc_A$，mol/(m³·s)，反应速率常数 $k=7.4\times10^8\exp(-13\ 600/T)$，1/s，有效因子$\eta_o=1$，反应热 $\Delta H_r=-1\ 300$ kJ/mol，换热系数 $U=100$ W/(m²·K)，$\rho C_{pt}=1\ 300$ J/(m³·K)。试求下列条件下催化剂床层温度与转化率曲线图，确定床层"热点"温度：

(1) 反应物入口浓度$c_{Ao}=0.55$ mol/m³，反应管直径$d_t=0.025$ m，冷却介质温度T_c取630 K、635 K，反应物料入口温度T_o取 635 K、645 K；

(2) T_c取 635 K，T_o取 635 K，$c_{Ao}=0.35$ mol/m³，d_t分别取 0.025 m、0.035 m。

解 依式(5.32)，有

$$\frac{dT}{dx_A}=\frac{c_{Ao}(-\Delta H_r)}{\rho C_{pt}}-\frac{4Uc_{Ao}(T-T_c)}{d_t\rho C_{pt}\ \eta_o r_A}$$

代入数据得：

$$\frac{dT}{dx_A}=550-6.769\times\frac{T-T_c}{kc_{Ao}(1-x_A)}$$

(1) 取冷却介质温度分别为 630 K 和 635 K，反应物料入口温度分别为 635 K，640 K 和 645 K。

(2) 取冷却介质温度与反应物料入口温度分别为630 K 和 635 K，改变反应物料入口组成和反应管径。

轴向床层温度与转化率曲线及"热点"，如图 5.7 所示。反应操作取不同参数对应的"热点"温度列于表 5.4。

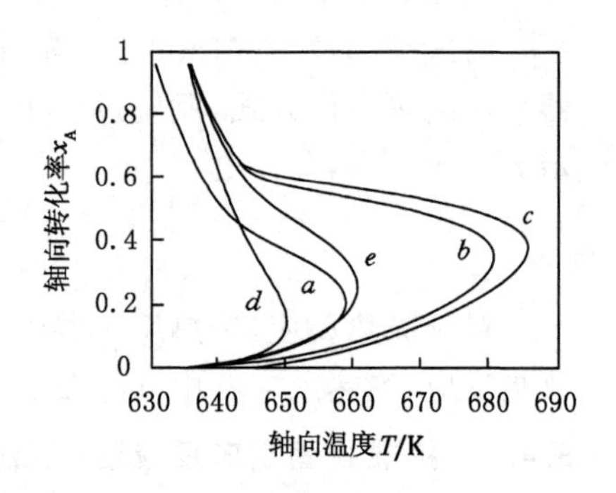

图 5.7 轴向 T-x_A 曲线及热点

表 5.4　反应操作取不同参数对应的“热点”温度

c_{Ao}/(mol/m³)	d_t/m	T_c/K	T_o/K	T_m/K	x_{am}	曲线标识
0.55	0.025	630	635	658.4	0.2	*a*
0.55	0.025	635	635	680.3	0.36	*b*
0.55	0.025	635	645	685.5	0.38	*c*
0.35	0.025	635	635	649.8	0.14	*d*
0.35	0.035	635	635	660.1	0.26	*e*

注：表中 x_{am} 指热点对应的转化率。

冷却介质温度降低，冷却移热速率加大使“热点”温度降低；反应物料入口温度升高，反应放热速率加大使“热点”温度增大；较高的反应物料入口浓度使反应速率加快，反应放热速率加大，“热点”温度升高；较小的反应管径有利于加快冷热流体热交换速率和增大换热面积，使“热点”温度降低。当反应放热速率或移热速率过大时，反应过程中不出现“热点”。过大的反应放热速率使反应温度随转化率的增加而单调增加，过大的移热速率使反应温度随转化率的增加而单调减小。

依据反应过程所要求的最高使用温度，如催化剂的最高使用温度，确定“热点”温度后，可设计反应过程中各操作参数的适宜取值。影响反应放热速率和冷却移热速率的各参数的调整均可能影响到“热点”的温度以及“热点”出现在反应管的位置。根据反应器的设计要求可调整各敏感参数，做出优化设计的结果。

5.4.3　热载体轴向温度分布

换热式反应器内进行吸热反应或放热反应时，反应管外的加热介质或冷却介质称为载热体。换热式固定床反应器载热体与反应管内反应气体换热过程中，两者温度均随反应管长变化，即沿反应轴向存在温度分布。

若载热体的质量流量记为 W_c(kg/s)，反应器内反应气体质量流量为 W(kg/s)。原料气中 i 组分的质量分数为 w_{io}，反应气体中 i 组分的质量分数为 w_i，反应气体的转化率为 x_i，i 组分的摩尔质量为 M_i。反应体积为 V(m³)，基于床层堆体积的反应速率为 $-R_i$ [mol/(m³·s)]。反应热为 ΔH_r，反应气体的平均热容为 $\overline{C}_{pt}$，冷却介质原料气的平均热容为 $\overline{C}_{pc}$ [J/(kg·K)]。冷却介质与反应气体的换热系数为 U，换热面积为 A。

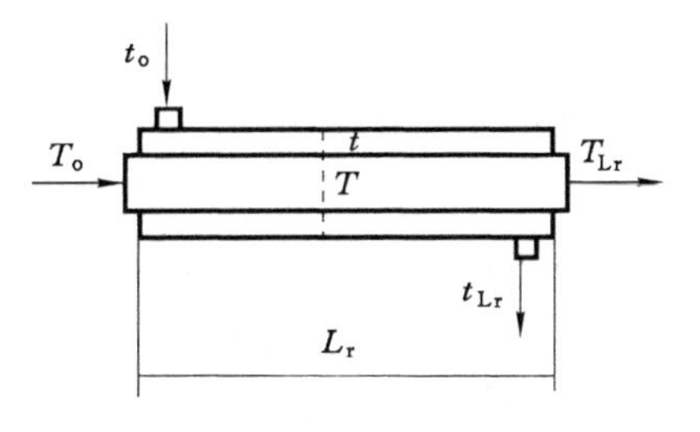

图 5.8　并流换热流程

以反应器入口截面为基准，载热体的温度记为 t_o，反应气体温度记为 T_o；床层任一截面处载热体与反应气体的温度分别为 t、T；反应器出口截面对应的载热体的温度记为 t_{Lr}，反应气体温度记为 T_{Lr}。忽略载热体与环境之间的热损失，在反应器入口与任一截面之间进行热量衡算：

$$\frac{W w_{io}}{M_i}(-\Delta H_r)x_i = W\overline{C}_{pt}(T - T_o) + UA\Delta t_m \tag{5.35}$$

式中，Δt_m 为基于换热面的冷热流体的平均温差，$UA\Delta t_m$ 项表示反应管与冷却介质之间的传热速率。

若载热体与反应气体为并流流动，如图 5.8 所示。沿管长方向反应气体与载热体之间热量传递速率关系：

$$U\Delta t_{m}\mathrm{d}A = W_{c}\,\overline{C}_{pc}\mathrm{d}t \tag{5.36}$$

式(5.36)代入式(5.35)得出并流流动时，反应器入口与任一截面之间的热量衡算式：

$$\frac{W\,w_{io}}{M_i}(-\Delta H_r)x_i = W\,\overline{C}_{pt}(T-T_o)+W_c\,\overline{C}_{pc}(t-t_o) \tag{5.37}$$

由式(5.37)得任一截面上载热体温度与反应气体温度的关系式：

$$t = t_o + \frac{W\,\overline{C}_{pt}}{W_c\,\overline{C}_{pc}}\left[\frac{w_{io}(-\Delta H_r)}{M_i\,\overline{C}_{pt}}x_i - (T-T_o)\right] \tag{5.38}$$

绝热温升表达式：

$$\lambda = \frac{w_{io}(-\Delta H_r)}{M_i\,\overline{C}_{pt}}$$

反应气体与载热体的热容比：

$$\beta = \frac{W\,\overline{C}_{pt}}{W_c\,\overline{C}_{pc}}$$

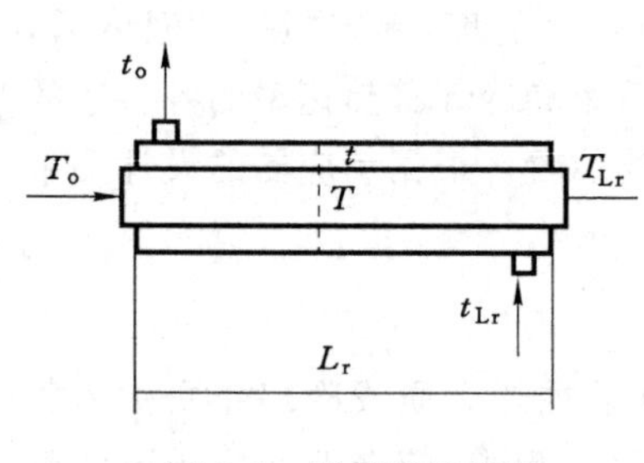

图 5.9　逆流换热流程

所以，整理式(5.38)得出任一截面载热体与反应气体温度之间的关系：

$$t = t_o + \beta[\lambda x_A - (T-T_o)] \tag{5.39}$$

若载热体与反应气体为逆流流动，如图 5.9 所示，沿管长方向反应气体与载热体之间热量传递速率关系如下：

$$U\Delta t_{m}\mathrm{d}A = -W_{c}\,\overline{C}_{pc}\mathrm{d}t \tag{5.40}$$

同理得出，若载热体与反应气体为逆流流动时，任一截面载热体与反应气体温度之间的关系如下：

$$t = t_o - \beta[\lambda x_A - (T-T_o)] \tag{5.41}$$

式(5.39)和式(5.41)是换热式反应器的一般表达式，适用于绝热式反应器、冷却介质温度恒定的换热式反应器、自热式反应器，以 β 值反映不同形式的换热过程。

对于绝热式反应器，可视为反应器任一截面上管内反应气体温度与管间载热体温度相等，即热交换的传热推动力为零，若反应器向外界环境的传热速率为零，由式(5.39)或式(5.41)得出 β 应取足够大的值，即 $\beta\to\infty$。

若换热过程中载热体温度不随管长变化，为一恒定值，即 $t = t_o$。由式(5.39)或式(5.41)得出 β 取值应为 $\beta=0$。

对于自热式反应器，原料经预热后进入反应器，因而有 $W=W_c$，且取 $\overline{C}_{pt}=\overline{C}_{pc}$，所以对应的 $\beta=1$。

5.4.4 复杂反应体系换热式反应器的计算

在换热式固定床反应器内进行复杂反应时，由于在反应器中同时进行多个反应，因此需要多个变量求解浓度分布和温度分布。变量可分为两类，一是涉及浓度的变量，如组分的浓度、转化率、收率；二是温度变量。在反应过程中，各组分浓度变量可能不同，但反应体系的反应温度是一致的。

求解复杂反应体系的浓度和温度变化，首先要确定独立反应数，从而假定变量数；然后依复杂反应体系数学模型式(5.18)和式(5.19)列出方程组。若独立反应数为 K，则可取 K 个关键组分，分别列出物料衡算式以及反应器热量衡算式，而后对所列方程组求解。

例 5.5　钒催化剂上邻二甲苯(A) 氧化生产邻苯二甲酸酐(简称苯酐 B)反应体系中主要的反应整合如下，其中(CO_2，CO)记为 C。

$$A+3O_2 = B+3H_2O \quad (R1)$$

$$B+(11/2)O_2 = 8C+2H_2O \quad (R2)$$

$$A+(17/2)O_2 = 8C+5H_2O \quad (R3)$$

宏观速率方程如下，基于单位质量催化剂的速率单位为 kmol/(kg·h)，压强单位为 Pa。

$$\bar{r}_1 = k_1 p_A p_{O_2},\ k_1 = 4.017\times10^{-2}\exp(-13\ 500/T)$$

$$\bar{r}_2 = k_2 p_B p_{O_2},\ k_2 = 1.175\times10^{-1}\exp(-15\ 500/T)$$

$$\bar{r}_3 = k_3 p_A p_{O_2},\ k_3 = 1.688\times10^{-2}\exp(-14\ 300/T)$$

原料气中邻二甲苯的摩尔分数为 0.843 2%，氧的摩尔分数为 20.33%，其余为惰性气体。原料气的平均摩尔质量M_m=29.29，反应管内径d_t=26 mm，操作压力 $p=1.274\times10^5$ Pa。反应管外用熔盐强制循环冷却，熔盐温度视为恒定。进入床层的原料气温度与熔盐相等$T_o=T_c$。总传热系数 U=508 kJ/(m^2·h·K)。床层内气体的质量速度 G=2.948 kg/(m^2·s)。床层的堆密度ρ_b=1 300 kg/m^3。反应气体热容C_{pt}=1.059 kJ/(kg·K)，反应热效应$(-\Delta H_r)_B$=1 285 kJ/mol，$(-\Delta H_r)_C$=4 561 kJ/mol。试求：床层的轴向温度分布及苯酐收率。

解　由于存在大量的惰性气体，所以反应过程视为恒容过程。反应体系中存在两个独立反应，选择苯酐的收率Y_B，一氧化碳和二氧化碳的总收率Y_C，以及温度 T 为状态变量，轴向一维数学模型方程如下：

$$\frac{Gy_{Ao}}{M_m}\frac{dY_B}{dZ} = \rho_b R_B \quad (1)$$

$$8\frac{Gy_{Ao}}{M_m}\frac{dY_C}{dZ} = \rho_b R_C \quad (2)$$

$$GC_{pt}\frac{dT}{dZ} = \rho_b R_B(-\Delta H_r)_B + \rho_b R_C(-\Delta H_r)_C - \frac{4U}{d_t}(T-T_c) \quad (3)$$

苯酐 B 的生成速率：

$$R_B = \bar{r}_1 - \bar{r}_2 = p_{O_2}(k_1 p_A - k_2 p_B)$$

反应中，将 O_2浓度视为定值，有

$$p_{O_2} = p(y_{O_2})_o = 1.274\times10^5\times0.203\ 3 = 2.590\times10^4\ (Pa)$$

$$p_A = py_{Ao}(1-Y_B-Y_C)$$

$$p_B = py_{Ao}Y_B$$

所以，B 的生成速率：

$$R_B = y_{Ao}(y_{O_2})_o p^2[k_1(1-Y_B-Y_C)-k_2Y_B]$$

同理，C 的生成速率：

$$R_C = 8(\bar{r}_2+\bar{r}_3) = y_{Ao}(y_{O_2})_o p^2[k_3(1-Y_B-Y_C)+k_2Y_B]$$

初值条件为：$Z=0, Y_B=0, Y_C=0, T=T_o$。

代入数据求解得出、进料温度分别为 628 K、633 K、636 K 和 638 K 时，床层的轴向温度分布如图 5.10 所示。由图可见，当T_0＝628～635 K 时，轴向温度分布曲线都存在极大值，即热点。热点温度与进料温度相差达数十度，而且进料温度越高，相差越大，热点位置越向后移。比较T_0＝633 K 和T_0＝635 K 两条温度分布曲线知，进料温度仅相差 2 K，而热点温度相差竟达 20 多度。进料温度为 636 K 时，其热点温度剧烈升高，这种现象称为飞温，以致反应器操作遭到破坏。由此可见，进料温度是一个敏感因素，床层温度特别是热点温度的控制十分重要。

图 5.11 为苯酐收率的轴向分布图。实曲线为苯酐收率Y_B的轴向分布，而虚曲线则为一氧化碳和二氧化碳的收率Y_C的轴向分布。由图可见，无论Y_B还是Y_C均随床层高度的增加而增加。当进料温度提高时，苯酐收率和($CO+CO_2$)的收率都有增加。采用较高的进料温度有利于增加目的产物苯酐的收率。

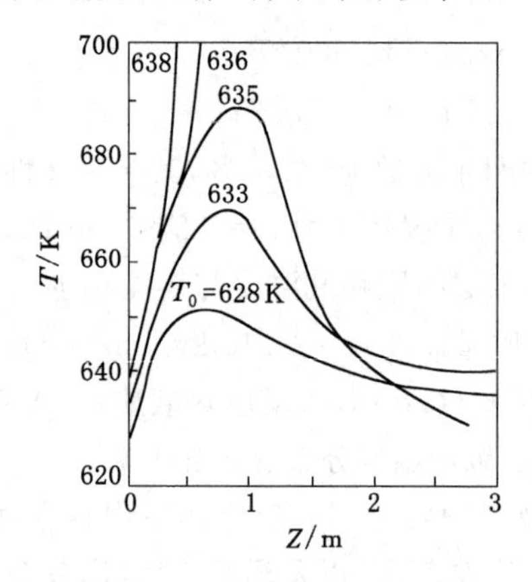

图 5.10　床层的轴向温度分布

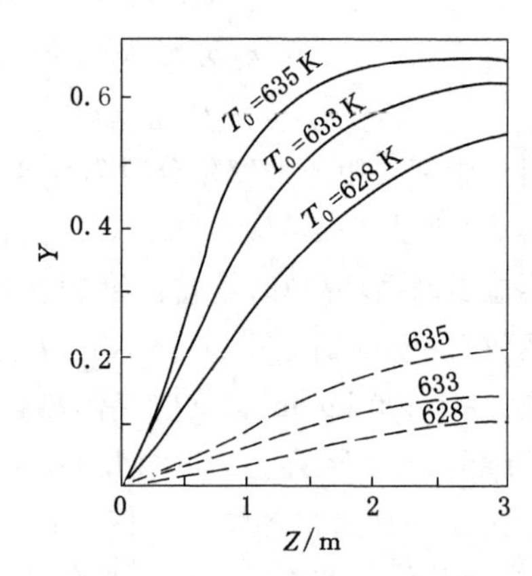

图 5.11　苯酐收率的轴向分布

5.5　自热式固定床反应器

自热式固定床反应器是以原料气作为冷却介质，将其预热至所要求的温度后进入催化床层进行反应的装置。自热式固定床反应器属换热式反应器，只适用于放热反应系统。自热式反应器有以下特点：① 原料气既是冷却介质又是反应物料，在管间和管内的质量流量相同；② 经预热后原料气的出口温度与进入反应管的入口温度相等；③ 反应管内和管间原料气流向可分为逆流流动和并流流动。自热式固定床反应器受到换热和反应两方面的影响。原料气的流量及入口温度、反应管出口温度、反应管的换热面积、冷热流体的流向，都会影响换热过程和反应管内的温度和浓度分布。

图 5.12 表示自热式反应器流向及管内反应温度与管间冷却介质温度分布示意图。反应温度出现“热点”，冷却介质温度单调增加。图 5.12 为逆流流向，“热点”位置靠近反应器入口。图 5.13 为并流流动，“热点”位置靠近反应器出口。

两种流向反应器入口组成均等于原料气组成，但采用逆流流动可达到较高的入口反应温度，因而，一方面，逆流具有更快的反应速率和较高的反应放热速率，另一方面，逆流时反应管入口处原料气冷却介质与反应气体较小的温差使移热速率较慢。所以，采用逆流流动

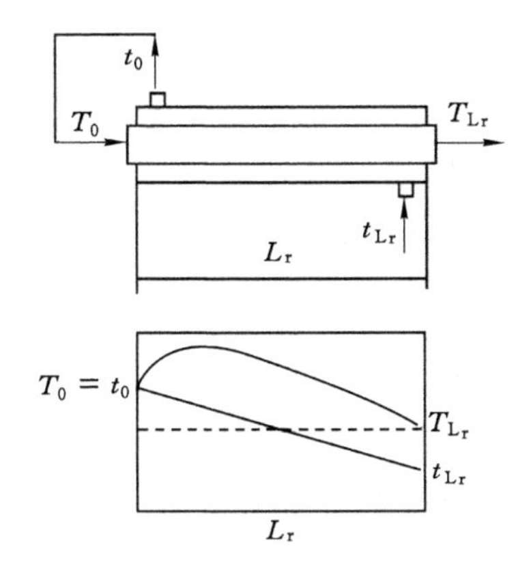

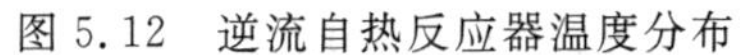
图5.12　逆流自热反应器温度分布

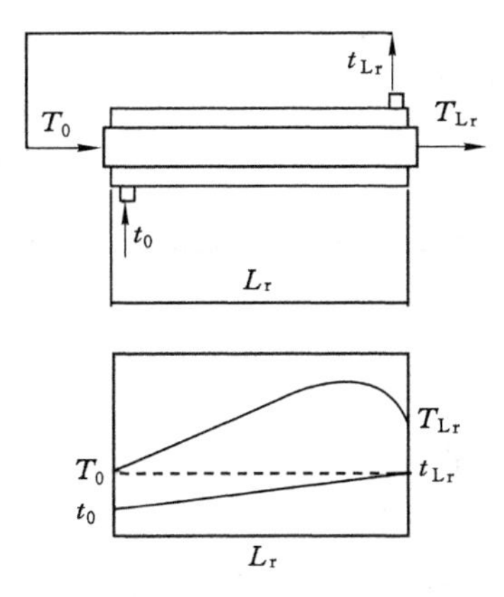

图5.13　并流自热反应器温度分布

时反应初期反应放热速率相对较大，反应温度上升较快。逆流反应温度表现出快速达到“热点”而后缓慢下降的特点。逆流流动时，由于冷却介质入口温度较低，可使反应器出口温度低于入口温度。并流流动反应初期存在较大温差，移热速率相对较大，反应温度上升较慢。并流反应温度表现出慢速达到“热点”而后快速下降的特点。并流流动时，反应器出口温度高于入口温度。

结合逆流流动和并流流动的温度分布特点，根据具体反应对温度的优化要求，反应器设计时可对反应物料的流向做出选择。绝热式反应器与自热式反应器的组合可较好地调控反应温度。如在并流式催化反应器中设置一个绝热床层，经预热后的原料气先进入绝热床层中反应，使反应气体迅速升温，然后再进入自热式反应管中进行反应。这样做既保留并流式后期降温速度慢的优点，又克服了原料气进入床层后升温速度慢的缺点。

5.5.1　自热式固定床反应器轴向浓度分布

定态条件下，视径向浓度一致，按轴向一维模型，取 dV 反应空间，对 i 组分进行物料衡算：

$$\frac{GA\,w_i}{M_i} = \frac{GA\,(w_i + \mathrm{d}w_i)}{M_i} + \eta_o\,\rho_b\,(-R_i)\,\mathrm{d}V \tag{5.42}$$

式中　G——反应气体质量流量，$kg/(m^2 \cdot s)$；

A——反应管截面积，m^2；

w_i——反应气体中 i 组分的质量分数；

M_i——i 组分的摩尔质量；

V——反应体积，m^3；

$(-R_i)$——基于单位质量催化剂的反应速率，$mol/(kg \cdot s)$。

整理式(5.42)得：

$$\frac{\mathrm{d}x_i}{\mathrm{d}Z} = \frac{M_i}{Gw_{io}}\,\eta_o\,\rho_b\,(-R_i) \tag{5.43}$$

式(5.43)表示反应管内 i 组分转化率随管长的变化。

初始条件为：

$$Z = 0,\ w_i = w_{io},\ x_{io} = 0$$

$$Z = L_r, x_i = x_{iLr}$$

积分得出反应管长度：

$$L_r = \frac{Gw_{io}}{M_i \rho_b}\int_0^{x_{iLr}} \frac{dx_i}{[-R_i(x_i,T)]} \tag{5.44}$$

若$(-R_i)$为基于催化剂床层堆体积的反应速率[单位为 mol/(m^3·s)]，反应管长度依下式计算：

$$L_r = \frac{Gw_{io}}{M_i}\int_0^{x_{iLr}} \frac{dx_i}{[-R_i(x_i,T)]}$$

自热式固定床内的反应速率$[-R_i(x_i,T)]$随管长变化，求解反应管长需要求出转化率和温度随管长的分布。对反应器进行热量衡算可求出温度随管长的分布。

5.5.2 自热式固定床反应器轴向温度分布

自热式固定床反应器换热过程中，反应气体温度和原料气冷却介质温度均随反应管长变化，即两者沿反应器轴向存在温度分布。自热式反应器冷却介质原料气与反应气体质量流量相同，$W = W_c$，取 $\overline{C}_{pt} = \overline{C}_{pc}$，则 $\beta = 1$。式(5.39)和式(5.41)可简化为：

$$t = t_o \pm [\lambda x_A - (T - T_o)] \tag{5.45}$$

式(5.45)反映反应管任一截面处冷却介质原料气温度与反应气体温度关系，冷热流体并流时取正号，逆流时取负号。

由式(5.45)可分析自热式反应器反应温度的变化范围。若为并流流动，由式(5.45)写出反应管出口反应温度表达式：

$$T_{Lr} - T_o = [\lambda x_A - (t_{Lr} - t_o)] \tag{5.46}$$

式中，并流流动冷却介质原料气出口温度等于反应管入口反应气体温度，$T_o = t_{Lr}$。代入式(5.46)整理出反应管出口反应温度：

$$T_{Lr} = \lambda x_A + t_o \tag{5.47}$$

若转化率取值 $x_A = 0 \sim 1$，由式(5.47)得出反应器出口温度变化范围为：

$$T_{Lr} = t_o \sim (t_o + \lambda)$$

同理，若为逆流流动，由式(5.45)写出反应管出口温度：

$$T_{Lr} - T_o = \lambda x_A + (t_{Lr} - t_o) \tag{5.48}$$

其中，$T_o = t_o$，t_{Lr} 对应逆流流动冷却介质原料气的入口温度。反应管出口反应温度为：

$$T_{Lr} = \lambda x_A + t_{Lr} \tag{5.49}$$

若转化率取值 $x_A = 0 \sim 1$，由式(5.48)得出反应器出口温度变化范围为：

$$T_{Lr} = t_{Lr} \sim (t_{Lr} + \lambda)$$

综上所述，自热式反应器反应温度的变化范围介于限定的范围。反应温度与冷却介质原料气入口温度、绝热温升和转化率有关。显然，冷却介质原料气的入口温度和反应器出口转化率与反应温度有关联。对一定的反应体系和反应条件，当冷却介质入口温度和反应器出口转化率确定后，相应的反应器出口温度也随之确定。

取自热式反应器微元体积 dV，由热量衡算得出反应器轴向一维温度分布。以 G 表示反应气体质量流量[单位为 W/(m^2·K)]。

将式(5.39)代入式(5.14) 得并流式自热式反应器轴向温度分布：

$$G\overline{C}_{pt}\frac{dT}{dZ} = \eta_o \rho_b(-R_A)(-\Delta H_r) - \frac{4U}{d_t}[2T - \lambda x_A - (t_o + T_o)] \tag{5.50}$$

将式(5.41)代入式(5.14) 得逆流式自热式反应器轴向温度分布：

$$G\overline{C}_{pt}\frac{\mathrm{d}T}{\mathrm{d}Z}=\eta_{o}\rho_{b}(-R_{A})(-\Delta H_{r})-\frac{4U}{d_{t}}[\lambda x_{A}-(t_{o}-T_{o})] \tag{5.51}$$

对于逆流流动，在反应器入口处经预热的原料气进入反应器，反应器入口处冷、热流体的温度相等，有 $t_o = T_o$。所以，式(5.51)可化简成：

$$GC_{pt}\frac{\mathrm{d}T}{\mathrm{d}Z}=\eta_{o}\rho_{b}(-R_{A})(-\Delta H_{r})-\frac{4U\lambda x_{A}}{d_{t}} \tag{5.52}$$

物料衡算和热量衡算关系式是反应器模拟计算的基本关系式。联立式(5.43)、式(5.50)和式(5.51)可求解自热式反应器轴向浓度分布和温度分布，进而表达出沿轴向的反应速率。按轴向一维模型可求解自热式反应器的催化剂用量。若反应器床层压力降太大，应结合动量衡算式(5.17)求出催化剂床层压力分布。

例 5.6　拟采用绝热反应器与外部预热器组合的自热式固定床催化反应器(图 5.14)，进行低浓度甲烷催化燃烧反应，反应器在常压操作。铜基催化剂上甲烷燃烧反应速率方程：

$$r_{A}=1.61\times10^{7}\exp(-12\ 990/T)p_{A}^{0.5}[\mathrm{kmol/(kg\cdot s)}]$$

反应热 $(-\Delta H_r)=890.3$ kJ/mol，原料气和反应气体的热容取 $\overline{C}_{pt}=1\ 003$ J/(kg·K)。低浓度甲烷在常压和 293 K 状态下进入预热器，甲烷和空气混合气的质量流量为 628 kg/h，甲烷在空气中的体积分数为 1%，混合气平均摩尔质量取 29。反应管内、外流体呈逆流流动，绝热反应管直径 $d_t=0.4$ m，换热面积 $A=1$ m^2，总传热系数 $U=17.5$ W/(m^2·K)。催化剂床层堆密度为 1 300 kg/m^3，要求反应器出口甲烷完全转化率 $x_{Af}=0.99$，假定催化剂颗粒内、外扩散无影响，忽略预热器热损失，按轴向一维模型计算。试求催化剂床层长度。

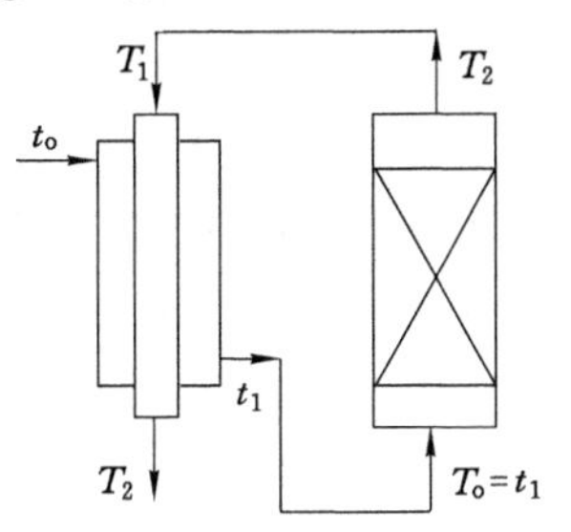

图 5.14　例题 5.6

解　预热器热量衡算：

$$w_{c}C_{pc}(T_{o}-t_{o})=w_{h}C_{ph}(T_{1}-T_{2})=UA\Delta t_{m}$$

近似取 $w_c C_{pc}=w_h C_{ph}$，则：

$$T_{o}-t_{o}=T_{1}-T_{2}$$

反应绝热温升：

$$\lambda=\frac{w_{Ao}(-\Delta H_{r})}{M_{A}\overline{C}_{pt}}=\frac{6.21\times10^{3}\times890.3\times10^{3}}{16\times10^{-3}\times1\ 003}=344\ (\mathrm{K})$$

$$T_{1}-T_{o}=\lambda x_{Af}=344\times0.99=340.6\ (\mathrm{K})$$

预热器内冷热流体逆流流动，平均温差为：

$$\Delta t_{1}=T_{2}-t_{o}=\lambda x_{Af}$$

$$\Delta t_{2}=T_{1}-T_{o}=\lambda x_{Af}$$

$$\Delta t_{m}=\lambda x_{Af}=340.6\ (\mathrm{K})$$

解得：

$$T_{o}=t_{o}+\frac{UA\Delta t_{m}}{w_{c}C_{pc}}=293+\frac{17.5\times1\times340.6}{(628/3\ 600)\times1\ 003}=327\ (\mathrm{K})$$

对反应过程作物料衡算，甲烷组分 A 随转化率变化关系为：

$$p_A = \frac{1-x_A}{100} \times 101\ 330 = 1\ 013.3(1-x_A)$$

反应温度随转化率变化为：

$$T = T_o + 344x_A$$

依反应管长计算式：

$$L_r = \frac{Gw_{io}}{M_i \rho_b}\int_0^{x_{iLr}} \frac{dx_i}{[-R_i(x_i, T)]}$$

代入数据，并积分计算得所需反应管长度为：

$$L_r = 1.18\ \text{m}$$

习题五

5.1　固定床催化反应器床层空隙率 $\varepsilon=0.4$，催化剂颗粒当量直径$d_p=5$ mm，床层高度 $L_r=11$ m，反应混合物质量流速 $G=0.8\ \text{kg}/(\text{m}^2\cdot\text{s})$，平均密度 $\rho=0.577\ \text{kg/m}^3$，气体平均浓度 $\mu=3.726\times10^{-5}\ \text{Pa}\cdot\text{s}$。试求：床层压降 ΔP_f。

5.2　内径为 100 mm 的固定床反应器内填充无规则形状的催化剂颗粒，以与实际颗粒等体积的球体的当量直径为 4 mm，颗粒的形状系数为 0.5，颗粒密度为 2 600 kg/m^3，床层堆密度为 1 450 kg/m^3，常压和 298 K 下通过床层的空气流量为 1 m^3/h，空气黏度为 $1.73\times10^{-5}\ \text{Pa}\cdot\text{s}$，试求：单位床层高度的压降。

5.3　等温操作条件下，由直径 3 mm 的球体催化剂充填的固定床反应器中进行一级不可逆反应 $r_A = kc_A$，基于催化剂颗粒体积的反应速率常数为 0.8 s^{-1}，有效扩散系数为 0.013 cm^2/s，当床层高度为 2 m 时，可达到设计所要求的出口转化率。若为了减小床层的压降，改用直径为 6 mm 的球体催化剂，床层空隙率及其他条件均不变，流体在床层中流动均为层流，反应器符合轴向一维模型，忽略催化剂颗粒外扩散影响。试求：

(1) 两种催化剂颗粒的表观反应速率之比；

(2) 新的催化剂床层高度应为多少；

(3) 床层压力降减小的百分数。

5.4　常压下，在绝热式固定床催化反应器中进行反应：

$$SO_2(A) + 1/2O_2(B) \longrightarrow SO_3(R)$$

基于单位质量催化剂的反应速率方程：

$$r_A = \frac{k_1 p_A p_B - k_2 p_R\ p_B^{1/2}}{p_A^{1/2}}\ \text{kmol}/(\text{kg}\cdot\text{s})$$

反应速率常数：

$$k_1 = 5.41\times10^{-3}\exp(-15\ 611/T)\ \text{kmol}/(\text{kg}\cdot\text{s}\cdot\text{Pa}^{3/2})$$

$$k_2 = 7.49\times10^{4}\exp(-269\ 92/T)\ \text{kmol}/(\text{kg}\cdot\text{s}\cdot\text{Pa})$$

反应热$\Delta H_r = -102.99 + 8.33\times10^{-3}T$(kJ/mol)，反应混合物的平均热容$\overline{C}_{pt}=1\ 047$ J/(kg·K)，原料气摩尔分数：SO_2 8%，O_2 13%，N_2 79%，入口温度 $T_o=643$ K，反应器内径 $d_t=1.83$ m，要求SO_2转化率达 80%，H_2SO_4日产量 36 t。取催化剂颗粒内外扩散有限因子 $\eta_o=1$。试求：按一维轴向模型计算，所需催化剂质量。

5.5　常压下，绝热固定床反应器中进行乙炔水合催化反应：

$$2C_2H_2(A)+3H_2O(W)\longrightarrow CH_3COCH_3(R)+CO_2(C)+2H_2(H)$$

基于床层体积的反应速率方程：

$$r_A=1.961\times10^7\exp(-7\ 413/T)c_A\ \text{mol/(m}^3\text{床层}\cdot\text{s)}$$

反应热$(-\Delta H_r)=1.78\times10^5$ J/mol，反应混合气体平均热容$\overline{C}_{pt}=36.4$ J/(mol·K)。原料气摩尔分数为：C_2H_2 3%，H_2O 97%，平均摩尔质量为0.029 kg/mol，处理量$Q_0=1\ 000$ m³/h。反应器入口温度$T_0=373$ K，忽略催化剂颗粒内、外扩散影响。试求：要求乙炔的转化率$x_A=68\%$时，所需催化剂床层体积。

5.6　采用段间冷却式三段绝热反应器进行乙腈催化合成反应：

$$C_2H_2(A)+NH_3(B)\longrightarrow CH_3CN(R)+H_2(S)$$

基于单位质量催化剂的表观反应速率方程：

$$r_A=3.08\times10^4\exp(-7\ 960/T)(1-x_A)\quad \text{kmol/(kg催化剂}\cdot\text{h)}$$

反应热$(-\Delta H_r)=9.22\times10^4$ J/mol，原料气摩尔比A∶B∶S=1∶2.2∶1，平均热容$\overline{C}_{pt}=128$J/(mol·K)，每段入口温度相同，出口温度均为823 K，要求乙炔最终转化率达$x_A=92\%$，日产乙腈20 t。按轴向一维模型计算，试求：各段出口转化率及所需催化剂用量。

5.7　常压操作条件下，拟用多段绝热式反应器进行气固相催化反应A+B⟶R，反应总压为1 atm。在B过量条件下，反应速率方程为：

$$r_A=\frac{kp_A}{1+K_Rp_R}\ \text{kmol/(kg催化剂}\cdot\text{h)}$$

其中，反应速率常数：$k=3.8\times10^4\exp(-6\ 500/T)$，平衡常数$K_R=2.8\exp(2\ 000/T)$，$p_A$，$p_R$单位为atm。反应热$\Delta H_r=-63.0$ kJ/mol，反应气体平均热容为30 J/(mol·K)。原料气进料量为400 kmol/h，摩尔分数A为12%，B为88%。反应器按轴向一维模型计算，试求：

(1) 若各段进、出口温度相同，限定温度变化范围在573 K～623 K，要求A的转化率达90%时，需要几段反应器；

(2) 若各段转化率增加值相等，且出口温度均为623 K，第一段所需催化剂质量W(kg)。

5.8　拟在常压绝热式催化反应器中进行乙炔水合生产丙酮的反应：

$$2C_2H_2(A)+3H_2O(W)\longrightarrow CH_3COCH_3(R)+CO_2(C)+2H_2(H)$$

以催化剂床层体积计的反应速率方程为：

$$r_A=7.06\times10^7\exp(-7\ 413/T)c_A\ \text{kmol/(m}^3\text{床层}\cdot\text{h)}$$

反应热$\Delta H_r=-178$ kJ/mol，原料气及反应气体平均热容36.4 J/(mol·K)，进入反应器(图5.15)的原料气乙炔摩尔分数为3%，流量为1 000 m³/h，要求反应器出口乙炔转化率达68%。原料气经预热后再进入绝热反应器，冷热气体在预热器中逆流流动，原料气初温为373 K，预热器换热面积为50 m²，总传热系数为17.5 W/(m²·K)。忽略换热器热损失，催化剂颗粒内、外扩散无影响。试求所需催化剂床层体积。

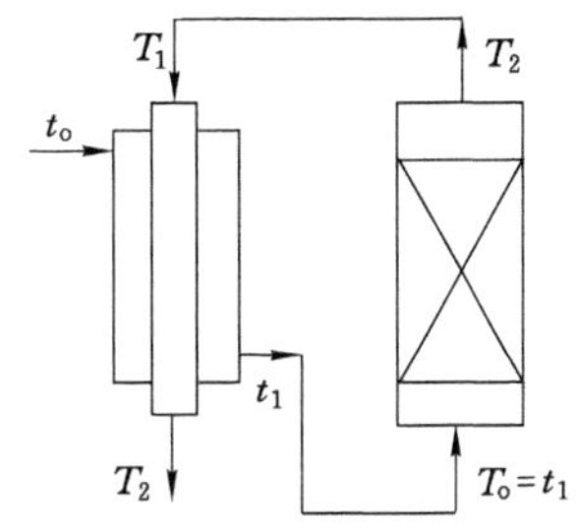

图5.15　习题5.8图

5.9　在操作总压为1.2 bar(0.12 MPa)的换热式固定床

反应器中进行气相反应，乙苯(E)脱氢生成苯乙烯(S)和氢气(H)，$E \rightleftharpoons S+H$，基于单位质量催化剂的反应速率方程如下，其中各组分的分压以 bar 为单位(1 bar=10^5 Pa)。

$$r_E = k\left(p_E - \frac{p_s p_H}{K}\right) \text{ kmol/(kg催化剂·h)}$$

反应速率常数：$k=12\ 600\exp(-11\ 000/T)$，平衡常数：$\ln K=19.67-0.153\ 7\times10^5/T-0.522\ 3\ln T$，反应热 $\Delta H_r=140\ 000$ J/mol，反应混合气平均热容$\overline{C}_p=2.18$ kJ/(kg·K)。进料乙苯与水蒸气摩尔比为 1/10，进料温度为 873 K，进料质量速度为 2 500 kg/(m^2·h)。反应管内径为 0.05 m，催化剂床层堆密度为 1 440 kg/m^3。总传热系数 $U=150$ W/(m^2·K)，载热体温度为 883 K。反应器符合轴向一维模型，忽略催化剂颗粒内、外扩散影响。试求：

(1) 要求转化率 $x_A=70\%$时，所需床层高度；

(2) 床层轴向温度分布及“热点”温度。

5.10 常压操作条件下，在换热式列管固定床反应器中进行邻二甲苯(A)氧化制苯酐(R)反应：

$$A+B \longrightarrow R$$

基于催化剂单位质量的反应速率方程：

$$r_A=0.041\ 7\ p_A\exp(-13\ 636/T) \quad \text{kmol/(kg·h)}$$

其中p_A单位 Pa，反应热效应 $\Delta H_r=-1\ 285$ kJ/mol。原料气摩尔分数为邻二甲苯 0.9%，空气 99.1%，混合气平均摩尔质量为 29.5，组分 A 摩尔质量为 106，反应气体平均热容$\overline{C}_p=1.072$ kJ/(kg·K)，质量流速 9 200 kg/(m^2·h)。床层内径为 25 mm，堆密度为 1 300 kg/m^3，床层入口温度为 643 K。冷却介质恒温 643 K，总传热系数为 69.8 W/(m^2·K)，反应器符合轴向一维模型。试求：

(1) 要求转化率 $x_A=70\%$时，所需床层高度；

(2) 床层轴向温度分布及“热点”。

第 6 章　多相反应过程与反应器

化学反应过程的进行必须同时考虑传递的影响，传递与反应相互影响和制约，因此对反应过程的模拟和描述是一个复杂的工作，在多相反应体系中尤为复杂。工业上常见的多相反应主要有气液相、气液固相、气固相催化反应和气固相非催化反应。

气液相反应是指气相反应组分需进入液相才能进行的反应。反应物组分可以在气相或气液两相。常见的气液相反应可分为两类：一类是由于气体净化或分离的化学吸收过程，如二氧化碳的化学吸收，气相和液相中均有反应物组分生成液相产物。另一类是气相反应物在液相中反应，例如乙烯在氯化钯水溶液中氧化制备乙醛，反应物有气相的乙烯和氧气，催化剂为液相氯化钯溶液，反应生成的产物乙醛也为液相溶液。

气液固三相反应是反应体系中同时存在气相、液相和固相的反应。如油品的加氢脱硫是典型的气液固相催化反应，其中反应物有氢气和液相油品，催化剂为固相。又如液相氨水与气相二氧化碳反应生成固相碳酸氢铵结晶，其中气液固三相分别为反应物或产物。气液固反应中不参与反应的组分称为惰性组分。由于液相的存在使三相反应的温度较为温和，反应器的热稳定性较好，不易出现飞温现象。

气固反应可分为气固催化反应与气固非催化反应。气固非催化反应中，固体反应物参与反应。随着反应的进行固体反应物被逐渐消耗，并在固体反应物表面生成固体产物。气固非催化反应简称为气固反应，如煤炭燃烧与气化反应、金属氧化物的还原反应、氧化锌与硫化氢的脱硫反应等。

6.1　气液反应

6.1.1　气液相平衡

气液两相接触时，气相溶质组分向液相传递，经气液界面进入液相区。在一定的温度和压力下，当液相中溶质达到饱和时，气液两相达到平衡。在平衡状态下，气相溶质的分压称为平衡分压或饱和分压，液相中溶质的浓度为溶解度。气相溶质平衡分压与溶解度的关系曲线为溶解度曲线。气液平衡关系符合亨利定律。

亨利定律描述了在总压不高时(一般不超过 5×10^5 Pa)，恒定温度下，稀溶液中溶质的组成与气相溶质组分的平衡分压之间的关系。亨利定律的表达形式有：

$$p_{ie}=E\cdot x_i \tag{6.1}$$

式中　p_{ie}——气相中溶质组分 i 的平衡分压，kPa；

x_i——液相中溶质组分 i 的摩尔分数；

E——亨利系数，E 的单位与压力的单位一致，其值随物系的特性和温度而异。

对于易溶气体 E 很小，而难溶气体 E 很大。对于难溶气体，当分压超过 1×10^5 Pa 时，E 不仅是温度的函数，而且随溶质的分压而变。同一溶剂，不同气体维持其亨利系数为定值的组成范围不同。亨利系数可由实验测定，常见物系的亨利系数也可从有关手册中查得。

$$p_{ie}=\frac{c_i}{H} \tag{6.2}$$

式中 p_{ie}——气相中溶质组分 i 的平衡分压，kPa；

c_i——液相中溶质组分 i 的体积摩尔浓度，$kmol/m^3$；

H——溶解度系数，$kmol/(m^3\cdot kPa)$。

$$H=\frac{\rho}{EM_s} \tag{6.3}$$

式中 ρ——液相溶液的密度，kg/m^3；

M_s——液相溶剂的摩尔质量。

6.1.2 气液相传质双膜模型

气液两相流动接触时，对于气、液相流体流速不高的传质过程，气液相之间具有固定的相界面。在气液界面两侧分别形成稳定的气相和液相停滞膜层，此膜层厚度可由流体流动的滞流内层厚度决定。在气膜层和液膜层内集中了气液相间传质的阻力。应用双膜理论或双膜模型能较好地描述气、液相际之间的传质规律。双膜模型如图 6.1 所示。

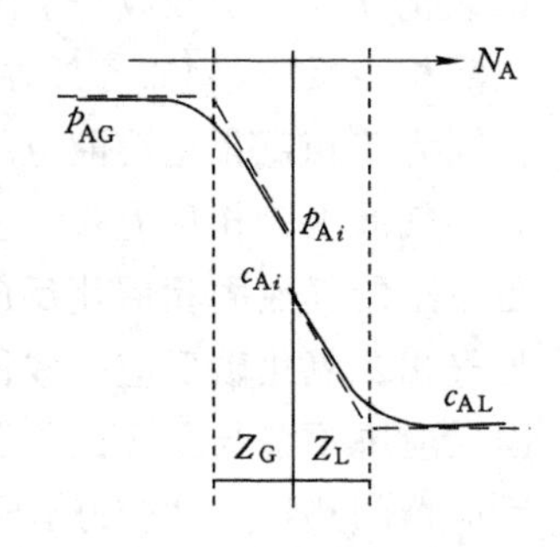

图 6.1 双膜模型示意图

双膜理论的基本假设有：① 气、液流体接触具有稳定的相界面，界面两侧存在停滞薄膜层，气相溶质组分以分子扩散方式通过两膜层，由气相主体进入液相主体。② 在相界面处，气、液两相达到平衡。③ 在气相和液相主体内，由于流体充分湍动，各组分组成均匀。双膜理论将气、液相际之间的传质阻力归结为气液界面两侧的停滞膜层，气相和液相主流区无传质阻力，因此双膜理论也称为双阻力理论。

气液相际传质过程的传质速率取决于传质推动力和传质阻力，表示为：

传质速率＝推动力/阻力

或表示为：

传质速率＝传质系数×推动力

传质过程推动力常用气相或液相主体的实际组成与其平衡组成的差值表示。如以气相组成表示的推动力 $(p_{iG}-p_{ie})$，以液相组成表示的推动力 $(c_{ie}-c_{iL})$，其中 p_{ie} 表示与液相主体组成平衡的气相组成，c_{ie} 表示与气相主体组成平衡的液相组成。传质方向由气相主体到液相主体，随着传质的进行推动力逐渐减小，当传质推动力等于零时，传质过程达到平衡态。

稳态传质条件下，气液相界面两侧的传质速率相等。以气液相主体组成为推动力，传质速率表达为：

$$N_i=K_G(p_{iG}-p_{ie}) \tag{6.4}$$

穿过液膜的传质速率为：

$$N_i=K_L(c_{ie}-c_{iL}) \tag{6.5}$$

其中

$$p_{ie} = c_{iL}/H$$

$$c_{ie} = Hp_{iG}$$

式中　K_G——以气相组成（$p_{iG}-p_{ie}$）为推动力的总传质系数，kmol/(m²·s·kPa)；

K_L——以液相组成（$c_{ie}-c_{iL}$）为推动力的总传质系数，kmol/(m²·s·kmol/m³)或 m/s。

总传质系数由气液膜系数构成，膜系数可由实验测定，或由准数关联式和经验式求出。

$$\frac{1}{K_G} = \frac{1}{k_G} + \frac{1}{Hk_L} \tag{6.6}$$

$$\frac{1}{K_L} = \frac{1}{k_L} + \frac{H}{k_G} \tag{6.7}$$

式中　k_G——气膜传质系数；

k_L——液膜传质系数。

6.1.3　气液相传递与反应

气液相反应过程中同时存在物理传递过程和化学反应过程，这两个过程分别受到相平衡关系和化学平衡关系的制约。反应过程中，气相组分首先从气相向液相传递并溶于液相中，然后在液相中发生反应。

如气液反应：

$$\nu_A A(g) + \nu_B B(L) \longrightarrow \nu_R R(L)$$

首先，气相组分 A 溶解于液相中：

$$A(g) \rightleftharpoons A(L)$$

然后，在液相中反应：

$$\nu_A A(L) + \nu_B B(L) \longrightarrow \nu_R R(L)$$

反应平衡常数表示为：

$$K_c = \frac{c_R^{\nu_R}}{c_A^{\nu_A} c_B^{\nu_B}} \tag{6.8}$$

由式(6.8)气相组分 A 的平衡浓度为：

$$c_A = \left(\frac{c_R^{\nu_R}}{K_c c_B^{\nu_B}}\right)^{1/\nu_A}$$

由气液平衡关系式(6.2)，气相组分 A 的平衡分压表示为：

$$p_{Ae} = \frac{c_A}{H_A} = \frac{1}{H_A}\left(\frac{c_R^{\nu_R}}{K_c c_B^{\nu_B}}\right)^{1/\nu_A} \tag{6.9}$$

化学吸收过程可能达到的程度受液相反应化学平衡关系的影响。若平衡常数K_c值越大时，液相中溶质组分的平衡浓度以及与之平衡的气相平衡分压越小，说明气相溶质可以达到更大程度的吸收。反之，若K_c值越小时，气液反应对气相溶质的平衡分压影响减小。若没有气液反应存在时，则为物理吸收过程。显然，气液反应对气液组分的传质起到了增强作用。

按照双膜理论将气液反应描述为扩散-反应过程：即气相反应组分 A 由气相主流区经气膜传递到气液界面，分压由p_{AG}降至p_{Ae}；A 由气液界面经液膜传递到液相主流区，扩散传递与反应同时进行；A继续在液相主流区扩散并反应；反应产物R扩散。由于主流区内气相和液相流体剧烈的湍动，两主流区无浓度梯度。定态扩散-反应过程中，气相和液相主流区内各组分的浓度为恒定的值。

如图6.2所示，在液膜内距离相界面Z处，取微元液膜厚度dZ，在定态条件下对组分A进行物料衡算：

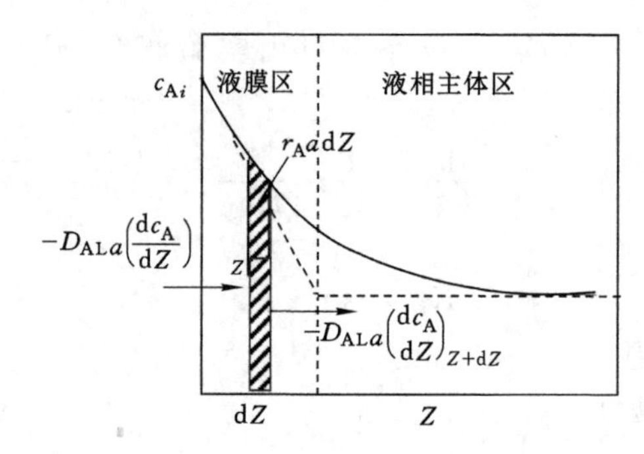

图6.2 液膜内扩散传质物料衡算

A的扩散输入量：$-D_{AL}a\left(\frac{dc_A}{dZ}\right)_Z$

A的扩散输出量：$-D_{AL}a\left(\frac{dc_A}{dZ}\right)_{Z+dZ}=-D_{AL}a\frac{d}{dZ}\left(c_A+\frac{dc_A}{dZ}dZ\right)$

组分A的反应量：$r_A a dZ$

组分A的物料衡算式：

$$-D_{AL}a\left(\frac{dc_A}{dZ}\right)_Z+D_{AL}a\frac{d}{dZ}\left(c_A+\frac{dc_A}{dZ}dZ\right)=r_A a dZ$$

整理得：

$$D_{AL}\frac{d^2c_A}{dZ^2}=r_A \tag{6.10}$$

同理，对组分B进行物料衡算，得：

$$D_{BL}\frac{d^2c_B}{dZ^2}=r_B=\left|\frac{\nu_B}{\nu_A}\right|r_A \tag{6.11}$$

式(6.10)和式(6.11)为气液反应的扩散-反应方程，可解得液膜内组分A和B的浓度分布。

假定液相组分B不挥发，边界条件为：

$$Z=0, c_A=c_{Ai}, dc_B/dZ=0$$

$$Z=\delta_L, c_B=c_{BL}, -D_{AL}a\left(\frac{dc_A}{dZ}\right)_{\delta_L}=r_A(1-a\delta_L)$$

式中 r_A——反应速率，kmol/(m^3·s)；

c_A，c_B——体积摩尔浓度，kmol/m^3；

δ_L——液膜厚度，m；

D_{AL}——液相中组分A的扩散系数，m^2/s；

a——比相界面积，即单位液相体积对应的相界面积，m^2/m^3，$a\delta_L$表示单位液相体积内的液膜体积，$(1-a\delta_L)$表示单位液相体积内液相主体的体积，a 值取决于反应器中气液接触表面。

若气液反应速率方程为：

$$r_A = kc_Ac_B$$

式(6.10)和式(6.11)气液反应的扩散-反应方程表达为：

$$D_{AL}\frac{d^2c_A}{dZ^2} = kc_Ac_B \tag{6.12}$$

$$D_{BL}\frac{d^2c_B}{dZ^2} = bkc_Ac_B \tag{6.13}$$

其中，$b = \left|\frac{\nu_B}{\nu_A}\right|$。

令无量纲变量，$f_A = \frac{c_A}{c_{Ai}}$，$f_B = \frac{c_B}{c_{BL}}$，$y = \frac{Z}{\delta_L}$，则式(6.12)和式(6.13)表达为：

$$\frac{d^2f_A}{dy^2} = \frac{\delta_L^2kc_{BL}}{D_{AL}}f_Af_B \tag{6.14}$$

$$\frac{d^2f_B}{dy^2} = \frac{b\delta_L^2kc_{Ai}}{D_{BL}}f_Af_B \tag{6.15}$$

式(6.14)和式(6.15)的边界条件：

$$y = 0,\quad f_A = 1,\quad \frac{df_B}{dy} = 0$$

$$y = 1,\quad f_B = 1,\quad \left(-\frac{df_A}{dy}\right)_{y=1} = \frac{\delta_Lkc_{BL}}{aD_{AL}}f_A(1-a\delta_L)$$

其中

$$Ha = \delta_L\sqrt{\frac{kc_{BL}}{D_{AL}}}$$

Ha 称为八田(Hatta)数，其意义为在液膜内的化学反应速率与物理传质速率之比。Ha 是一个无量纲数，是化学吸收的重要参数。

依双膜理论物理吸收过程的传质通量表达为：

$$N_A = k_L(c_{Ai} - c_{AL})$$

其中，传质系数 $k_L = D_{AL}/\delta_L$，单位 $mol/(m^2 \cdot s)$。

八田数可表示为：

$$Ha = \frac{\sqrt{kc_{BL}D_{AL}}}{k_L}$$

或

$$Ha^2 = \frac{\delta_Lkc_{Ai}c_{BL}}{k_Lc_{Ai}}$$

液膜内的最大浓度分别为 c_{Ai} 和 c_{BL}。若取 $c_{AL}=0$，液膜内物理传质速率表现为最大传质速率 k_Lc_{Ai}。$kc_{Ai}c_{BL}$ 表示液膜内最大反应速率。因此，Ha^2 表示液膜内可能达到的最大反应速率与液膜内可能达到的最大传质速率之比。

当气液反应速率远大于物理传质速率时，反应区域集中在液膜内，液膜传质速率是气液反应的控制步骤。当反应极快时，反应在气液界面上完成，宏观反应速率受气膜内传质控制。当反应速率小于物理传质速率时，反应区域处于液膜或液相主体内。对于极慢速的反应过程，反应区域集中在液相主体内，此时的反应过程是宏观气液反应的控制步骤。

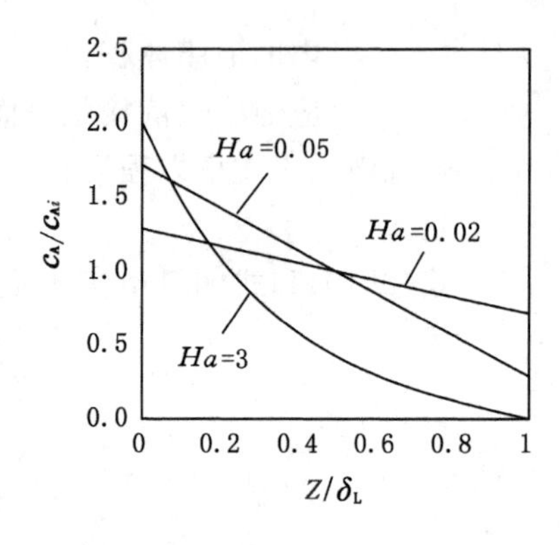

图 6.3　液膜内浓度分布图

对比催化剂颗粒上气固相催化反应过程，描述内扩散影响的系数为梯尔(Thiele)模数，八田数的物理意义与梯尔模数相似。当 $Ha>3$ 时，可视为气液反应进行得很快，即飞速反应或快速反应。当 $Ha<0.02$ 时，可视为气液反应很慢。当 $0.02<Ha<3$ 时，可视为气液反应为中速反应，物理传质和反应对宏观气液反应过程具有影响。一级不可逆气液反应，Ha 不同值对应的液膜内浓度分布如图 6.3 所示。

气液反应过程中，相际间传质对液相化学反应的影响，可用气液反应有效因子表示，其定义是：

$$\eta=\frac{\text{有传质影响时的反应速率}}{\text{传质无影响时的反应速率}}$$

定态条件下，单位液相体积内，通过气液界面的组分 A 的传质量，以 J_A 表示，等于整个液相区组分 A 的反应量。

$$J_A=-D_{AL}a\left(\frac{dc_A}{dZ}\right)_{Z=0}$$

若液膜传质对反应无影响，以单位液相体积计的反应速率为：

$$r_A=kc_{Ai}c_{BL}$$

所以，液相反应有效因子可表示为：

$$\eta=\frac{J_A}{kc_{Ai}c_{BL}} \tag{6.16}$$

气液反应有效因子 η 值也是液相利用程度的一种度量，也称为液相有效利用率。液相有效利用率与气固相催化反应的内扩散有效因子相比较，在概念和应用方面相似。当 $\eta=1$ 时，表示液膜内无传质影响，化学反应在整个液相主体区域中进行。当 $\eta<1$ 时，表示液膜传质对反应有影响，反应区域分布在液膜层和液相主体内，液相主体利用不充分。η 值越低，表示液膜传质影响越大，反应区域更多地集中在气液界面附近的液膜层，液相主体利用率越低。

若气液反应的目的是生产产品，在液相中的反应速率及反应物的转化率更加受到关注。若气液反应的目的是气体吸收，则更大的传质速率是重点。与物理吸收过程相比，伴随有气液反应的化学吸收过程增大了吸收速率。引入化学吸收增强因子，以 E 表示，反映气液反应对吸收的增强程度。

例如，气液反应体系中液相组分 B 过量，在反应过程中 c_{BL} 视为定值，则反应按拟一级反应处理，反应速率方程写为：

$$r_A=k_2c_Ac_{BL}=kc_A$$

由式(6.14)，气液反应扩散-反应基本方程写为：

$$\frac{d^2f_A}{dy^2}=Ha^2f_A \tag{6.17}$$

其中，拟一级反应八田数表示为：

$$Ha = \delta_L \sqrt{\frac{k}{D_{AL}}}$$

式(6.17)的边界条件：

$$y=0, f_A=1$$

$$y=1, \left(-\frac{df_A}{dy}\right)_{y=1} = Ha^2(\alpha-1)f_A$$

其中，$\alpha = \frac{1}{a\delta_L}$，即液相体积与对应的液膜体积之比，$m^3/m^2$。

由式(6.17)求解，得液膜内无量纲浓度分布：

$$f_A = \frac{\cosh[Ha(1-y)] + Ha(\alpha-1)\sinh[Ha(1-y)]}{\cosh(Ha) + Ha(\alpha-1)\sinh(Ha)} \tag{6.18}$$

由式(6.18)，求得气液界面处无量纲浓度梯度：

$$\left(\frac{df_A}{dy}\right)_{y=0} = \frac{Ha[Ha(\alpha-1)+\tanh(Ha)]}{Ha(\alpha-1)\tanh(Ha)+1} \tag{6.19}$$

定态条件下，基于单位液相体积，组分 A 通过气液界面的扩散传质速率即液相内的反应速率。组分 A 扩散通过气液界面的扩散速率为：

$$J_A = -D_{AL}a\left(\frac{dc_A}{dZ}\right)_{Z=0}$$

或

$$J_A = -\frac{aD_{AL}c_{Ai}}{\delta_L}\left(\frac{df_A}{dy}\right)_{y=0} = k_L a c_{Ai}\left(\frac{df_A}{dy}\right)_{y=0}$$

其中，$k_L a$ 为组分 A 扩散传质系数，mol/(s·mol/m^3)或m^3/s。

化学吸收过程中，组分 A 通过气液界面的扩散传质速率为：

$$J_A = k_L a c_{Ai}\frac{Ha[Ha(\alpha-1)+\tanh(Ha)]}{Ha(\alpha-1)\tanh(Ha)+1}$$

其中，拟一级反应化学吸收增强因子表达为：

$$E = \frac{Ha[Ha(\alpha-1)+\tanh(Ha)]}{Ha(\alpha-1)\tanh(Ha)+1} \tag{6.20}$$

所以，液相内反应速率表达为：

$$r_A = Ek_L a c_{Ai}$$

与单纯物理吸收速率($k_L a c_{Ai}$)相比，化学吸收增强因子 E 反映了气液反应使传质速率增加的倍数。E 值与 α 和八田数 Ha 有关。

依式(6.16)，拟一级反应液相有效利用率的定义可表示为：

$$\eta = \frac{Ek_L a c_{Ai}}{kc_{Ai}}$$

整理得：

$$\eta = \frac{Ha(\alpha-1)+\tanh(Ha)}{\alpha Ha[Ha(\alpha-1)\tanh(Ha)+1]} \tag{6.21}$$

式(6.21)表示，η 值与 α 和八田数 Ha 有关。

当气液反应速率远大于液膜传质速率，或 $Ha>3$ 时，由式(6.20)和式(6.21)可得出：

$$E \approx Ha$$

$$\eta \approx \frac{1}{\alpha Ha}$$

当气液反应速率远小于液膜传质速率，或 $Ha<0.02$ 时，由式(6.20)和式(6.21)可得出：

$$E \approx \frac{\alpha Ha^2}{\alpha Ha^2 - Ha^2 + 1}$$

$$\eta \approx \frac{1}{\alpha Ha^2 - Ha^2 + 1}$$

其中

$$\alpha Ha^2 = \frac{1}{a\delta_L}\delta_L^2\frac{k}{D_{AL}} = \frac{kc_A}{ak_L c_A}$$

αHa^2 表示液相反应速率与液膜传质速率之比。

αHa^2 值取决于 α 和 Ha 两个参数的值。如慢速反应体系，Ha 值较小，液膜内反应速率远小于液膜内传质速率，整个气液反应在液相主体区域进行。如果单位液相体积内的液膜体积($a\delta_L$)很小，即 α 值很大时，αHa^2 值也可能远大于1，说明液相反应速率比液膜传质速率要大，或宏观气液反应过程仍受传质过程制约。如填料反应器内，取 $Ha=0.02$，化学吸收增强因子 E、η 利用率随 α 变化的趋势，如图 6.4(a)所示。取 $\alpha=1\ 000$，化学吸收增强因子 E、η 利用率随 Ha 变化的趋势，如图 6.4(b)所示。

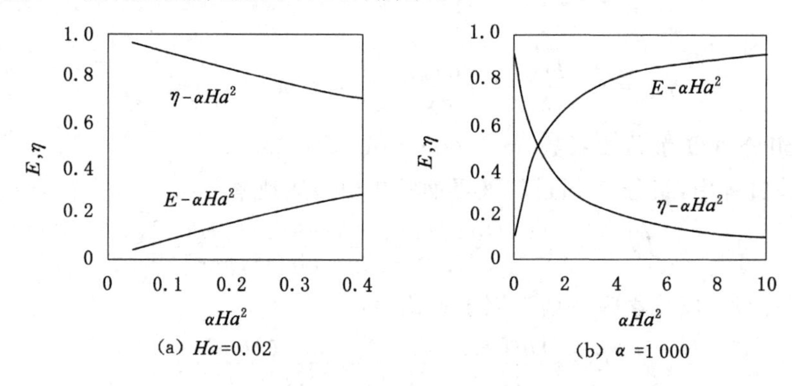

图 6.4　E 和 η 随 αHa 变化趋势图

气液反应过程受反应速率和传质速率两方面的影响。若要提高气液反应的宏观反应速率，有效的措施有：① 提高反应温度。在较高的温度下有利于增大反应速率常数和扩散系数，反应速率和传质速率均有提高。② 降低气膜阻力，可增大气液界面的反应物浓度(c_{Ai})。③ 对于慢速反应，反应区域集中在液相主体，可增大反应器内液相存量和改善液相反应条件。④ 提高液相流体的湍动程度，减小液膜厚度，但此措施效果不明显。

例 6.1　在鼓泡塔反应器内，氢氧化钠(B)水溶液吸收二氧化碳(A) 反应式为：

$$CO_2(g) + 2NaOH(L) \longrightarrow Na_2CO_3(L) + H_2O(L)$$

反应速率方程 $r_A = kc_Ac_B$，反应速率常数 $k=4\ m^3/(mol \cdot s)$，液相中扩散系数 $D_{AL}=D_{BL}=1.778\times10^{-9}\ m^2/s$，组分 A 气膜传质系数 $k_G=4.112\times10^{-7}\ mol/(m^2\cdot s\cdot Pa)$，组分 A 液膜传质系数 $k_L=3.333\times10^{-4}\ m/s$，溶解度系数 $H=0.03\ mol/(m^3\cdot Pa)$，反应器内单位液相体积中气液相界面积 $a=20\ m^2/m^3$。试求：当组分 A 的气相分压 $p_{AG}=50\ 665$ Pa(绝

压)，液相浓度$c_{BL}=400\ mol/m^3$时的气液反应速率。

解　八田数：

$$Ha=\frac{\sqrt{kc_{BL}D_{AL}}}{k_L}=\frac{\sqrt{4\times 400\times 1.778\times 10^{-9}}}{3.333\times 10^{-4}}=5.061$$

因为，$Ha=5.061>3$，所以，判断气液反应在液膜内进行，化学吸收增强因子为：

$$E=Ha=5.061$$

定态条件下，组分 A 通过气膜的传质通量等于组分 A 通过气液界面的扩散传质通量：

$$k_G(p_{AG}-p_{Ai})=Ek_Lc_{Ai}$$

由亨利定律有

$$p_{Ai}=\frac{c_{Ai}}{H}$$

所以，气液界面处组分 A 的浓度为：

$$c_{Ai}=\frac{Hk_Gp_{AG}}{k_G+EHk_L}$$

$$=\frac{0.03\times 4.112\times 10^{-7}\times 50\ 665}{4.112\times 10^{-7}+5.061\times 0.03\times 3.333\times 10^{-4}}=12.25\ (mol/m^3)$$

液膜内反应速率等于组分 A 通过气液界面的扩散传质速率：

$$r_A=N_A=Ek_Lac_{Ai}=5.061\times 3.333\times 10^{-4}\times 20\times 12.25=0.413\ 3\ [mol/(m^3\cdot s)]$$

6.1.4　气液相反应器类型

按气液接触方式，气液反应器可分为三类：① 液膜型，如填料塔和湿壁塔；② 气泡型，如鼓泡塔、板式塔和通气搅拌釜；③ 液滴型，如喷雾塔、喷射反应器、文丘里反应器。

填料塔内液体沿填料表面自上而下流动，气体可呈逆流或并流在填料床层空隙流过。液体在填料表面形成液膜层，液膜层的厚度与填料类型和气液流量有关。填料塔内存液量较少，气体流动阻力小。气相和液相在填料床层内的流动均接近于平推流。受填料床层空隙的限制，填料塔不适用于生成固相产物的反应。

湿壁塔属膜状接触塔设备。在湿壁塔内，液体沿管壁自上而下呈膜状流动，气相与连续流动的液膜逆流接触。由于液体呈膜状下降，湿壁塔又称降膜塔。

鼓泡塔多为空塔，塔内存有一定高度的气液混合物。气体经气体分布器以细小的气泡自下而上通过气液混合物，气泡的搅拌作用可使液相充分混合，气相中的反应物组分溶入液相并进行反应。鼓泡塔内存液量大，但单位液体体积的相界面积小，适合于慢速反应，受反应步骤控制和液相主体为反应区域的反应体系。鼓泡塔结构简单，但气体通过液体层的压降较大。

板式塔内液体自上而下沿塔板逐层下降，气体自下而上逐层穿过塔板，气液流体在塔内呈错流或逆流流动。液体为连续相，气体在塔板上呈分散相，气液在塔板上充分接触反应。用于气液反应的塔板类型主要有筛板、泡罩和浮阀等。板式塔内单位体积液体的气液相界面积、气液传质系数和存液量较大，气液流量在较大的范围内可调。板式塔适合于动力学控制气液反应，或液膜传质及动力学均有影响的气液反应过程。板式塔结构复杂，气体产生的压降较大，不适用于生成固体产物的反应体系。

通气搅拌釜或搅拌釜，高径比约为 1～3。气体自釜底进入并经气体分布器后形成气泡上升，在机械搅拌的作用下形成更加细小的气泡并均匀分布于反应器内。搅拌釜内单位液相体积的气液相界面积较大，存液量大，气液传质系数较大。搅拌釜内气液两相的流动状况均呈全混流。搅拌釜操作方式灵活，气液相可连续操作，也可采用液相间歇进料和气相连续进料的方式。搅拌釜结构复杂，功耗高，高压下操作时存在密封的难题。

喷雾塔或喷洒塔内，液体在空塔的顶部进入经喷雾器被分散形成雾状液滴，气体自下而上与液滴接触，气体为连续相，液体为分散相。虽然喷雾塔内单位液相体积的相界面积较大，但由于持液量较小使单位反应器体积内气液相界面积较小。由于喷雾塔为空塔，因而适用于反应生成固相产物的反应体系。

气液反应器的选型除考虑一般工业用反应器的要求外，如生产能力、操作性能、能耗、设备投资等，还应着重考虑气液反应过程中传递与反应的特点，如气液反应的目的、反应过程的控制步骤等。八田数是一个重要的参数，当 $Ha>3$ 时，属快速反应过程，气液反应受传质控制，反应区域集中在液膜内或界面处，应选择相界面大的反应器，反应内的存液量影响不大。当 $Ha<0.02$ 时，属慢速反应过程，气液反应受反应控制，反应区域集中在液相主体内，应选择存液量较大的反应器，相界面的大小对反应过程影响不大。当 $0.02<Ha<3$ 时，进一步参照 αHa^2 值，若 $\alpha Ha^2\gg1$，应选择相界面积较大的反应器；若 $\alpha Ha^2\ll1$，应选择存液量较大的反应器；若 $\alpha Ha^2\approx1$，反应器的相界面积和存液量都应考虑。

6.1.5 填料塔设计

填料塔反应器内气液逆流流动，液体自上而下、气体自下而上通过填料床层，气液两相浓度随填料床层的高度而变化，因而传质推动力和反应速率也随之变化。如图 6.5 所示，取填料床层某截面处的微元高度，对反应物组分 A 作物料衡算：

如气液反应：

$$\nu_A A(g)+\nu_B B(L)\longrightarrow \nu_R R(L)$$

定态条件下，气相中组分 A 的物料衡算式：

$$VY_A - V(Y_A + dY_A) = r_A A dZ$$

整理得：

$$-V\,dY_A = r_A A dZ \tag{6.22}$$

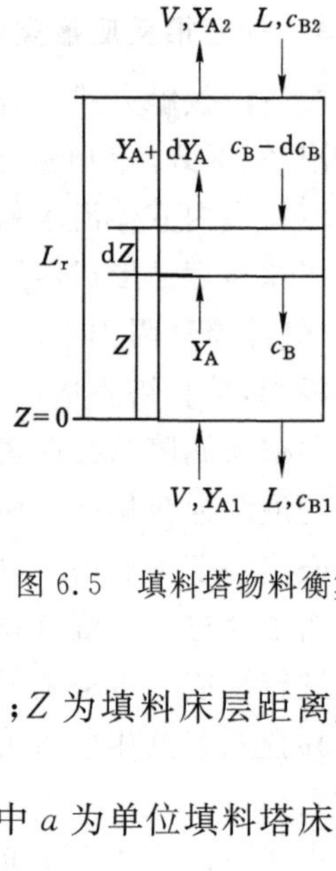

图 6.5　填料塔物料衡算

其中，V 为气相中惰性组分的摩尔流量，mol/s；L 为液相的体积流量，m^3/s；Y_A 为气相中组分 A 与惰性组分的摩尔比；c_B 为液相中组分 B 的体积摩尔浓度，mol/m^3；A 为填料床层的横截面积，m^2；Z 为填料床层距离底面的高度，m；r_A 为表观反应速率，$mol/(m^3\cdot s)$。

如拟一级气液反应的表观反应速率表达为：$r_A = Eak_L c_{Ai}$，其中 a 为单位填料塔床层体积所提供的气液相界面积，m^2/m^3。

式(6.22)边界条件：

$$Z=0,\quad Y_A = Y_{A1}$$
$$Z=L_r,\quad Y_A = Y_{A2}$$

由式(6.22)对气相组成积分，可得填料床层高度计算式：

$$L_r = \frac{V}{A}\int_{Y_{A2}}^{Y_{A1}} \frac{dY_A}{r_A}$$

(6.23)

其中，Y_{A1} 和 Y_{A2} 分别为气相组分 A 进、出反应器的组成(摩尔比)。

同理，对液相组分 B 进行物料衡算：

$$L(c_B - dc_B) - Lc_B = r_B A dZ$$

则

$$-L dc_B = b r_A A dZ$$

边界条件：

$$Z = 0, \quad c_B = c_{B1}$$
$$Z = L_r, \quad c_B = c_{B2}$$

积分得：

$$L_r = \frac{L}{A}\int_{c_{B2}}^{c_{B1}} \frac{dc_B}{r_B}$$

或

$$L_r = \frac{L}{bA}\int_{c_{B2}}^{c_{B1}} \frac{dc_B}{r_A}$$

其中，$b = |\nu_B/\nu_A|$。

例 6.2　拟采用某常压填料塔反应器，用过量的混合碱液脱除变换气中的二氧化碳(A)，其他视为惰性组分。反应视为拟一级反应，$r_A = kc_A$，反应速率常数 $k = 9 \times 10^3\ s^{-1}$，扩散系数 $D_{AL} = 1.78 \times 10^{-9}\ m^2/s$，组分 A 气膜传质系数 $k_G = 4.1 \times 10^{-7} mol/(m^2 \cdot s \cdot Pa)$，组分 A 液膜传质系数 $k_L = 2 \times 10^{-4} m/s$，溶解度系数 $H = 0.03\ mol/(m^3 \cdot Pa)$，反应器内单位填料床层体积中气液相界面积 $a = 100\ m^2/m^3$，进、出塔气相中组分 A 与惰性组分的摩尔比分别为 0.2 和 0.001，惰性组分摩尔流速为 4 mol/(m² · s)。试求填料层高度。

解　八田数：

$$Ha = \frac{\sqrt{kD_{AL}}}{k_L} = \frac{\sqrt{9 \times 10^3 \times 1.78 \times 10^{-9}}}{2 \times 10^{-4}} = 20$$

因为，$Ha > 3$，所以，判断气液反应在液膜内进行，化学吸收增强因子为：

$$E = Ha = 20$$

定态条件下

$$k_G(p_{AG} - p_{Ai}) = Ek_L c_{Ai}$$

由亨利定律

$$p_{Ai} = \frac{c_{Ai}}{H}$$

所以，气液界面处组分 A 的浓度为：

$$c_{Ai} = \frac{Hk_G p_{AG}}{k_G + EHk_L}$$

$$c_{Ai} = \frac{0.03 \times 4.1 \times 10^{-7}}{4.1 \times 10^{-7} + 20 \times 0.03 \times 2 \times 10^{-4}} p_{AG} = 1.022 \times 10^{-4} p_{AG}\ mol/m^3$$

液膜内反应速率等于组分 A 通过气液界面的扩散传质速率：

$$r_A = N_A = Ek_L a c_{Ai}$$

$$r_A = 20 \times 2 \times 10^{-4} \times 100 \times 1.022 \times 10^{-4} p_{AG} = 4.086 \times 10^{-5} p_{AG}\ [mol/(m^3 \cdot s)]$$

以Y_A表示气相中组分 A 与惰性组分的摩尔比，p 表示气相总压(Pa)，则有：

$$p_{AG} = \frac{Y_A}{1+Y_A}p$$

气液反应速率表示为：

$$r_A = 4.086 \times 10^{-5} \times 101\ 330\ \frac{Y_A}{1+Y_A} = \frac{4.14Y_A}{1+Y_A}$$

由式(6.23)有

$$L_r = \frac{V}{A}\int_{Y_{A2}}^{Y_{A1}} \frac{dY_A}{r_A} = 4 \times \int_{0.001}^{0.2} \left(\frac{1+Y_A}{4.14Y_A}\right)dY_A$$

积分，解得填料层高度为：

$$L_r = 4.57\ \text{m}$$

6.1.6 鼓泡塔设计

立式鼓泡塔中液体是连续相，自上而下流动，气体是分散相，与液相呈逆流流动。在给定气液流量和进出塔组成的条件下，反应物的转化率与塔内气液混合物的量有关。气液混合物的量越多，停留时间越长，反应物转化率越高。在塔径一定时，气液混合物的高度就是设计的主要参数。当高径比较大时，鼓泡塔内气相流动状况接近平推流，液相流动接近全混流。因此，塔内液相无浓度梯度，出口液相组成与塔内相同。

气泡经过液相层时，气液反应使气相组成逐渐降低，是一个变化的过程。取塔内气液混合物中微元高度，在微元体积内对组分 A 进行物料衡算，参照图 6.6。

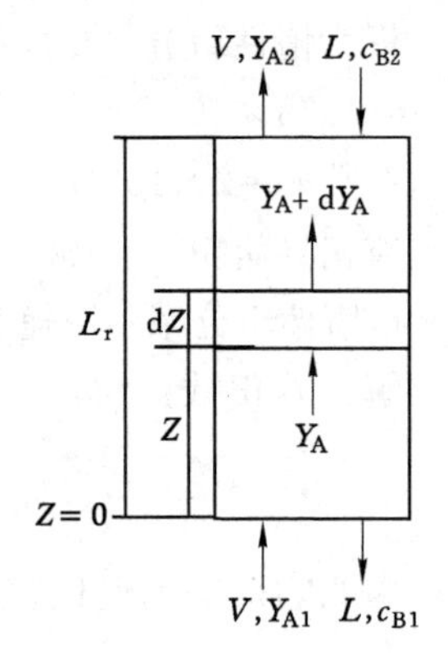

图 6.6　鼓泡塔物料衡算

如鼓泡塔内气液反应为

$$\nu_A A(g) + \nu_B B(L) \longrightarrow \nu_R R(L)$$

定态条件下，物料衡算式为：

$$-VdY_A = r_A AdZ \tag{6.24}$$

式(6.24)边界条件：

$$Z = 0,\quad Y_A = Y_{A1}$$

$$Z = L_r,\quad Y_A = Y_{A2}$$

由式(6.24)对气相组成积分，可得气液混合物高度计算式：

$$L_r = \frac{V}{A}\int_{Y_{A2}}^{Y_{A1}} \frac{dY_A}{r_A} \tag{6.25}$$

式中　V——气相中惰性组分的摩尔流量，mol/s；

Y_A——气相中组分 A 与惰性组分的摩尔比；

A——鼓泡塔横截面积，m^2；

Z——鼓泡塔气液混合物距离底部的高度，m；

Y_{A1}，Y_{A2}——气相组分 A 进、出反应器的组成(摩尔比)。

r_A为表观反应速率，单位 mol/(m^3·s)。如拟一级气液反应的表观反应速率表达为：$r_A = Eak_L c_{Ai}$，其中 a 为单位气液混合物体积所提供的气液相界面积，单位m^2/m^3。

鼓泡塔高径比多取 $L_r/d_t=3\sim12$。对于一定体积的气液混合物，可选择塔内的适宜空塔气速并确定塔径d_t，而后再确定气液混合物的高度L_r。对于计算得出的高度L_r应进行验算，使高径比在适宜的范围内。当操作气速过高时，应设置气液分离器，或加大气液分离空间，避免产生严重的雾沫夹带现象和反应过程中液相的损失。

鼓泡塔内气相压强随塔高的变化以线性关系表达为：

$$p = p_o(1+\gamma H) \tag{6.26}$$

式中，P_o为气液混合物上部液面的压强；H 为距离塔内液面的高度。依静力学原理，液体内部产生的静压强与气液混合物的密度及 H 有关，$\Delta P = \rho g H$。若充气液相产生的最大静压强远小于液面上方的压强，或最大静压强与液面压强的比值小于 0.3 时，可忽略气液混合物内部产生的压强，鼓泡塔内气相压强可视为恒定。

例 6.3　拟在常压鼓泡塔反应器中用碱液吸收空气中的二氧化碳：

$$CO_2(A)+2NaOH(B)\longrightarrow Na_2CO_3+H_2O$$

碱液过量，反应可视为拟一级反应，$r_A = kc_A$，反应速率常数 $k=6\times10^3\ s^{-1}$，扩散系数 $D_{AL}=1.2\times10^{-9}\ m^2/s$，组分 A 气膜传质系数$k_G=1.04\times10^{-8}\ mol/(m^2\cdot s\cdot Pa)$，组分 A 液膜传质系数$k_L=2\times10^{-4}\ m/s$，溶解度系数 $H=0.03\ mol/(m^3\cdot Pa)$，单位体积气液混合物的相界面积 $a=20\ m^2/m^3$，气相进、出鼓泡塔组成为 CO_2与惰性组分的摩尔比，分别为$Y_{A1}=4\times10^{-4}$，$Y_{A2}=4\times10^{-5}$，空气摩尔流量为 6.53 mol/s，忽略气液混合物内部产生的压强。试求鼓泡塔直径和气液混合物高度。

解　八田数为：

$$Ha = \frac{\sqrt{kD_{AL}}}{k_L} = \frac{\sqrt{6\times10^3\times1.2\times10^{-9}}}{2\times10^{-4}} = 13.4$$

因为，$Ha>3$，所以，判断气液反应在液膜内进行，化学吸收增强因子为：

$$E=Ha=13.4$$

定态条件下

$$k_G(p_{AG}-p_{Ai}) = Ek_Lc_{Ai}$$

由亨利定律

$$p_{Ai} = \frac{c_{Ai}}{H}$$

所以，气液界面处组分 A 的浓度为：

$$c_{Ai} = \frac{Hk_Gp_{AG}}{k_G+EHk_L}$$

$$c_{Ai}=\frac{0.03\times1.04\times10^{-8}}{1.04\times10^{-8}+13.4\times0.03\times2\times10^{-4}}p_{AG}=3.88\times10^{-6}p_{AG}(mol/m^3)$$

液膜内反应速率等于组分 A 通过气液界面的扩散传质速率：

$$r_A = N_A = Ek_Lac_{Ai}$$

$$r_A = 13.4\times2\times10^{-4}\times20\times3.88\times10^{-6}p_{AG} = 2.08\times10^{-7}p_{AG}\ mol/(m^3\cdot s)$$

以Y_A表示气相中组分 A 与惰性组分的摩尔比，p 表示气相总压(Pa)，则有：

$$p_{AG} = \frac{Y_A}{1+Y_A}p$$

气液反应速率表示为：

$$r_A = \frac{2.11Y_A}{1+Y_A}$$

由式(6.23),解得气液混合物体积为:

$$V_r = 6.53 \times \int_{0.000\,04}^{0.000\,4} \left(\frac{1+Y_A}{2.11Y_A}\right) dY_A = 6.5\ (m^3)$$

若取气液混合物的密度$\rho_m = 800\ kg/m^3$,鼓泡塔直径d_t、气液混合物高度L_r、塔底最大压强Δp、最大静压与液面压强比$\Delta p/p_o$、高径比L_r/d_t,结果列于表6.1。

表6.1 计算结果

d_t/m	L_r/m	$\Delta p \times 10^4$/Pa	$\Delta p/p_o$	L_r/d_t
1.3	4.9	3.84	0.38	3.8
1.35	4.5	3.56	0.35	3.4
1.4	4.2	3.31	0.33	3.0
1.45	3.9	3.09	0.30	2.7
1.5	3.7	2.88	0.28	2.1

6.1.7 搅拌釜设计

假定搅拌釜内气相和液相流动均符合全混流,分别对气相和液相反应组分进行物料衡算,得出搅拌釜设计方程。若已知进、出搅拌釜的气相和液相流量及组成,要求搅拌釜出口达到规定的气相和液相浓度或转化率,则可由设计方程计算出搅拌釜内所需气液混合物的体积,进一步可确定搅拌釜的体积。

如搅拌釜内气液反应为

$$\nu_A A(g) + \nu_B B(L) \longrightarrow \nu_R R(L)$$

假定进、出搅拌釜的气相和液相流量不变,搅拌釜采用连续操作方式。在定态条件下,以釜内气液混合物作为衡算范围,分别对气相和液相组分进行物料衡算,如图6.7所示。

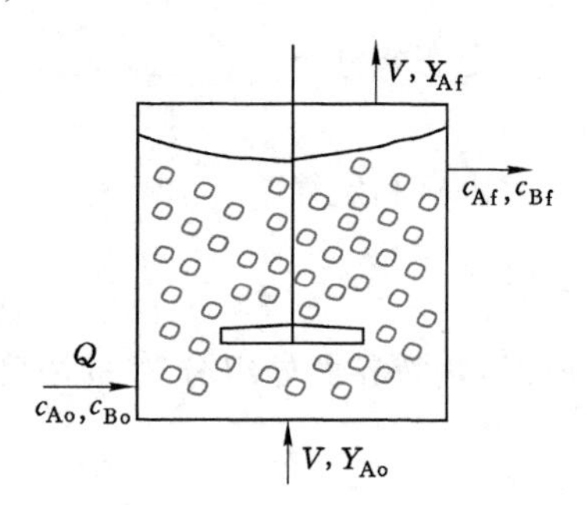

图6.7 搅拌釜反应器示意图

(1) 气相中组分A物料衡算式

$$V(Y_{Ao} - Y_{Af}) = Ek_L a(c_{Ae} - c_{Af})V_r \qquad (6.27)$$

式中 V_r——搅拌釜内气液混合物的体积,m^3;

c_{Ae}——与气相主体组分A的分压成平衡的液相浓度,mol/m^3;

c_{Af}——搅拌釜内气液混合物主体中组分A的浓度,即出口浓度,mol/m^3;

$(c_{Ae} - c_{Af})$——搅拌釜内基于气液两相主体组成的传质总推动力。

即进出搅拌釜的气相中组分A的输入量与输出量之差等于组分A由气相传质进入液相的量。

搅拌釜内,伴随气液反应过程,气相组分A由气相进入液相的传质速率表示为:

$$N_A = Ek_L a(c_{Ae} - c_{Af})$$

式中 a——单位混合物体积中气液两相的相界面积,m^2/m^3。

由亨利定律及式(6.2),有

$$c_{Ae} = Hp_{AG} = Hp\frac{Y_A}{1+Y_A}$$

式中　Y_A——气相中组分 A 与惰性组分的摩尔比；

p——搅拌釜内气相总压，Pa。

(2) 液相中组分 A 物料衡算式

输入气液混合物的组分 A 的量：$Ek_La(c_{Ae}-c_{Af})V_r+Qc_{Ao}$

输出搅拌釜的气液混合物中组分 A 的量：Qc_{Af}

基于液相体积的反应量：$V_r(1-\varepsilon_g)r_A$

组分 A 物料衡算式：

$$Ek_La(c_{Ae}-c_{Af})V_r = Q(c_{Af}-c_{Ao})+V_r(1-\varepsilon_G)r_A \tag{6.28}$$

式中　Q——液相进料流量，m^3/s；

ε_G——气液混合物的气含率，即单位体积的气液混合物中气体的体积，m^3/m^3；

r_A——基于液相体积的表观反应速率，$mol/(m^3 \cdot s)$。

(3) 液相组分 B 的物料衡算式

$$Q(c_{Bo}-c_{Bf}) = V_r(1-\varepsilon_G)r_B$$

或

$$Q(c_{Bo}-c_{Bf}) = V_r(1-\varepsilon_G)br_A \tag{6.29}$$

其中，$b=|\nu_B/\nu_A|$。

搅拌釜中，气相和液相组分的出口组成与气液混合物的体积相关，通过物料衡算式(6.27)、式(6.28)和式(6.29)可解出完成一定生产任务所需气液混合物的体积，或在一定的气液混合物体积内所能达到的出口组成。

例 6.4　拟在通气搅拌釜中进行苯的氯化反应生成一氯化苯，有

$$Cl_2(A)+C_6H_6(B) \longrightarrow C_6H_5Cl(R)+HCl(P)$$

反应速率方程 $r_A=kc_Ac_B$，反应速率常数 $k=2.083\times10^{-7}\ m^3/(mol\cdot s)$，釜内总压 $p=101\ 330\ Pa$，搅拌釜含气率 $\varepsilon_G=0.2$，组分 A 的液相扩散系数 $D_{AL}=7.75\times10^{-9}\ m^2/s$，溶解度系数 $H=0.014\ 3\ mol/(m^3\cdot Pa)$，组分 A 液膜传质系数 $k_L=3.73\times10^{-4}\ m/s$，单位气液混合物体积的相界面积 $a=200\ m^2/m^3$，液相苯的进料量为 4.47 kg/s，苯的密度 $\rho_B=884\ kg/m^3$，氯气进料量 $F_{Ao}=38.7\ mol/s$，苯的转化率控制在 0.45。试求：搅拌釜中气液混合物的体积。

解　假定搅拌釜内气相和液相流动均符合全混流，釜内苯的浓度为：

$$c_{BL} = c_{Bf} = c_{Bo}(1-x_B)$$

即

$$c_{BL} = \frac{884\times1\ 000}{78}\times(1-0.45) = 6\ 233\ (mol/m^3)$$

$$Ha = \frac{\sqrt{kc_{BL}D_{AL}}}{k_L} = \frac{\sqrt{2.083\times10^{-7}\times6\ 233\times7.75\times10^{-9}}}{3.73\times10^{-4}} = 8.504\times10^{-3}$$

因为，$Ha<0.02$，所以，判断气液反应在液相主体内进行，化学吸收增强因子为：

$$E \approx \frac{\alpha Ha^2}{\alpha Ha^2 - Ha^2 + 1}$$

取液相体积与液膜体积之比，$\alpha=\dfrac{1}{a\delta_L}=200$，则：$E=0.017\ 4$。

气相主体组分 A 的分压：$p_{AG}=p$，由亨利定律，有

$$c_{Ae}=Hp_{AG}=0.014\ 3\times 101\ 330=1\ 449\ (mol/m^3)$$

反应速率：

$$r_A=kc_{Af}c_{Bf}=2.083\times 10^{-7}\times 6\ 233c_{Af}=1.3\times 10^{-3}c_{Af}$$

液相苯的进料流量：

$$Q=\frac{4.47}{884}=5.06\times 10^{-3}(m^3/s)$$

其中，$c_{Ao}=0$，则

$$c_{Bo}=\frac{884\times 1\ 000}{78}=1.13\times 10^4(mol/m^3)$$

气相中组分 A 物料衡算式：

$$F_{Ao}-F_A=Ek_La(c_{Ae}-c_{Af})V_r \tag{1}$$

气液混合物中组分 A 物料衡算式：

$$Ek_La(c_{Ae}-c_{Af})V_r=Q(c_{Af}-c_{Ao})+V_r(1-\varepsilon_G)r_A \tag{2}$$

液相组分 B 的物料衡算式：

$$Q(c_{Bo}-c_{Bf})=V_r(1-\varepsilon_G)r_A \tag{3}$$

联立式(1)、式(2)、式(3)，求解得搅拌釜中气液混合物的体积为：

$$V_r=32.7\ m^3$$

搅拌釜出口液相中氯气的浓度c_{Af}和出口气相中氯气流量F_A分别为：

$$c_{Af}=743\ mol/m^3$$

$$F_A=9.24\ mol/s$$

针对不同类型的反应器和反应体系，采用不同的计算基准所得出的气液相界面积不同。水-空气体系在气液反应器中的传质性能列于表 6.2。

表 6.2　气液反应器主要传质性能指标

反应器类型	单位液相体积相界面积 /(m^2/m^3)	单位反应器体积相界面积 /(m^2/m^3)	单位反应器体积中液相体积分数	单位液相体积的液膜体积 $1/(a\delta_L)$	液相传质系数 /($\times 10^{-4}$ m/s)
填料塔	～1 200	60～120	0.05～0.1	40～100	0.3～2
鼓泡塔	～20	～20	0.6～0.98	4 000～10 000	1～4
通气搅拌釜	～200	100～180	0.5～0.9	150～500	1～5

6.2　气液固反应

6.2.1　气液固传递与反应

如气相组分 A 与液相组分 B 在固相催化剂上进行拟一级气液固反应：

$$A(g)+\nu_B B(L)\longrightarrow \nu_R R(L)$$

本征反应速率方程为 $r_A=kc_A$。

在气液固催化反应过程中，传递与反应步骤为：

① 气相反应物组分 A 组分由气相主体通过气液相界面一侧的气膜层扩散传递至气液相界面，在气液相界面处的气相与液相组成符合平衡关系，气相主体内浓度均一；

② 组分 A 再通过气液相界面另一侧的液膜层扩散传递至液相主体，液相主体内组分浓度均一；

③ 液相中组分 A 与组分 B 通过液固相界面一侧的液膜层扩散传递到催化剂外表面；

④ 液相组分 A 与 B 进入催化剂内孔并在内孔中传递和发生表面反应；

⑤ 反应产物 R 通过在催化剂的内孔扩散和表面外扩散传递过程进入液相主体。

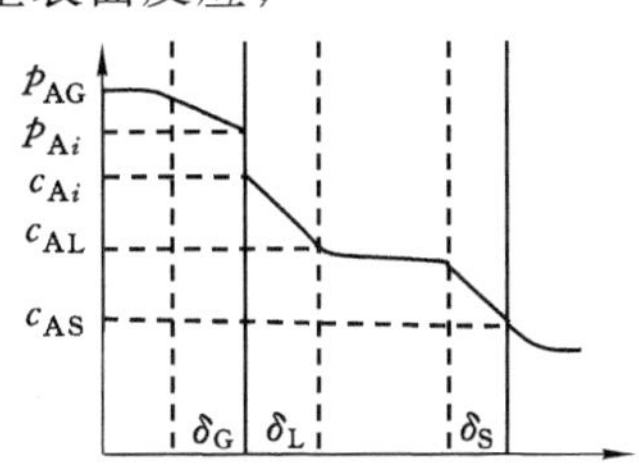

图 6.8　气液固传递与反应浓度分布

反应物组分在气液固相之间的传递过程如图 6.8 所示。反应物组分由气相主体传递到催化剂内孔表面是一个串联的过程，气液相传递阻力集中在气液界面两侧的气膜层和液膜层，液相在催化剂颗粒上的传递阻力集中在催化剂表面的外扩散区和内孔扩散区。

如在滴流床反应器内，反应物组分 A 通过各区域的传质速率分别如下。

组分 A 通过气膜层由气相主体向气液界面的传质速率：

$$N_{AG} = k_G a_L (p_{AG} - p_{Ai}) \tag{6.30}$$

组分 A 通过液膜层由气液界面向液相主体的传质速率：

$$N_{AL} = k_L a_L (c_{Ai} - c_{AL}) \tag{6.31}$$

组分 A 通过固相催化剂表面外扩散区由液相主体向催化剂外表面的传质速率：

$$N_{AS} = k_{LS} a_S (c_{AL} - c_{AS}) \tag{6.32}$$

组分 A 在催化剂表面上的表观反应速率：

$$R_A^* = \eta r_{AS} = \eta k c_{AS} \tag{6.33}$$

式中　p_{AG}，p_{Ai}——气相主体和气液界面处组分 A 的分压，Pa；

c_{AL}，c_{Ai}——液相主体和气液界面处组分 A 的浓度，mol/m^3；

c_{AS}——催化剂表面处组分 A 的浓度，mol/m^3；

k_G——气膜传质系数，$mol/(m^2 \cdot s \cdot Pa)$；

k_L——液膜传质系数，$mol/(m^2 \cdot s \cdot mol/m^3)$；

k_{LS}——催化剂外表面传质系数，$mol/(m^2 \cdot s \cdot mol/m^3)$；

η——催化剂内扩散有效因子；

r_{AS}——本征反应速率，$mol/(m^3 \cdot s)$

k——反应速率常数，s^{-1}；

a_L——单位体积催化剂床层内气液相界面积，m^2/m^3，受气泡大小和分布的影响；

a_S——单位体积催化剂床层内催化剂颗粒的总外表面积，m^2/m^3。

若催化剂床层空隙率为 ε，催化剂颗粒的当量直径为 d_p，则有：

$$a_S = \frac{6(1-\varepsilon)}{d_p}$$

催化剂颗粒密度为 ρ_p，单位质量的催化剂颗粒的比外表面积 $\alpha(m^2/g)$ 为：

$$\alpha = \frac{6}{d_p \rho_p}$$

对于浆态反应器，催化剂分散悬浮于反应器中。若单位液相体积中含催化剂的质量记为 W，则单位液相体积中催化剂颗粒的总外表面积为：

$$a_S = \frac{6W}{d_p \rho_p}$$

依亨利定律，气液相界面处组成表示为：

$$p_{Ai} = \frac{c_{Ai}}{H}$$

$$c_{Ai} = H p_{Ai}$$

联立式(6.30)～式(6.33)，气液固表观反应速率表达为：

$$R_A^* = K_G p_{AG}$$

式中，表观速率常数表示为：

$$K_G = H/\left(\frac{H}{k_G a_L} + \frac{1}{k_L a_L} + \frac{1}{k_S a_S} + \frac{1}{\eta k}\right)$$

以气相浓度c_{AG}(mol/m^3)表示的表观反应速率为：

$$R_A^* = RTK_G c_{AG}$$

气液固表观反应速率受传质和反应的制约，传质与反应阻力包含气液相界面两侧气膜和液膜阻力、液固相界面液相外扩散阻力、催化剂颗粒内部扩散及反应阻力。若气液固催化反应中气体难溶，气膜阻力远小于液膜，则可忽略气膜阻力。若减小催化剂粒度，使内扩散有效因子 $\eta \approx 1$，则可忽略内扩散影响。

6.2.2 气液固反应器类型

气液固三相反应器主要有固体固定型和固体悬浮型两种类型。固体固定型反应器有滴流床反应器和填料鼓泡塔反应器。在滴流床反应器中，气液两相以逆流或并流两种方式流动，在填料鼓泡塔反应器中，气液以并流向上的方式流动。固体悬浮型反应器主要有淤浆反应器和三相流化床反应器。淤浆反应器包括机械搅拌釜、环流反应器和鼓泡塔，借助机械搅拌或鼓泡方式使催化剂颗粒悬浮，催化剂颗粒通常小于 1 mm。三相流化床反应器中液体自底部经分布板进入并使催化剂颗粒处于流化状态，液体流速增大时床层膨胀，床层上部存在一个界面清晰的清液区，催化剂颗粒通常为 1～5 mm。气相的加入使床层高度降低，液速较小时即使增大气速也难以使颗粒流化。

滴流床反应器的结构与气固相固定床反应器相似。液体润湿固体催化剂表面后形成液膜，液膜很薄，气相反应物穿过液膜层阻力小。应用中常采用气液并流向下的操作方式，不易发生液泛现象，气相通过催化剂床层的流动阻力小，能耗低，气相反应物分压均匀。气液流型接近平推流，轴向返混小。催化剂床层中的存液量小，有均相副反应时对催化反应影响不大。但滴流床反应器传热性能差，当热效应大时容易引起催化剂床层局部过热。对于热效应大的放热反应，可采用多段床层的结构，利用层间换热或反应器外液相换热的方式调节温度。液体流速率低时，催化剂表面润湿不均匀。催化剂床层中的沟流与短路现象都会对反应产生不良的影响。滴流床反应器广泛应用于石油、化工和环境保护过程。

机械搅拌釜借助搅拌的作用将气体分散成气泡，并使固体颗粒悬浮于液相中。鼓泡塔通过气泡的作用使固体颗粒悬浮于液相中。淤浆反应器的操作中，气相物料连续进出反应器，液相物料可以连续进出反应器，也可以分批加入反应器。浆态反应器中传热和传质性能良好，反应温度均匀，即使强放热反应也不会发生超温现象。连续操作的液相流型接近全混流。工业上，浆态反应器常用于不饱和烃的加氢、烯烃的氧化、醛的乙炔化反应和聚合反应，也可用于煤的催化液化。

气液固反应器的选型应考虑：① 过程速率控制步骤。如果过程受气膜或液膜的传质控制，应选用气液相界面积大的反应器，如滴流床或带机械搅拌的淤浆反应器。如果过程受液固界面的传质控制，应选用催化剂外表面积大的反应器，或使用颗粒较小的催化剂。如果催化剂颗粒内扩散影响严重，应减小催化剂颗粒尺寸。② 合适的流动形态。流体流动接近平推流时，轴向返混小，反应物浓度和反应速率较高，有利于提高转化率。接近全混流时，返混使反应物浓度降低，不利于反应速率和转化率的提高。③ 催化剂的分离。淤浆反应器操作中催化剂随液相流出，若催化剂颗粒细小则分离难度大。滴流床反应器没有催化剂的分离问题。比较各类型反应器的特点，滴流床操作简便，淤浆反应器具有较高的反应速率，三相流化床居其中。

6.3　气固非催化反应

多相非催化反应是工业生产中常见的一类多相反应，如煤炭气化和燃烧、氧化铁还原、催化剂表面烧炭再生等反应过程，其中以气固非催化反应具有代表性。

气固非催化反应过程中，气相反应物组分穿过固相堆积的床层时，在固相颗粒表面形成滞流内层，即气膜层。气膜层厚度受到气体通过床层空隙时流体湍动程度的影响，与床层空隙率、流通渠道形状、气流速度及流体物性有关。对于一定结构的床层，气流速度越大时气膜层厚度减薄。气膜层内气相组分的传质主要以分子扩散的形式进行，传质速率常以传质形式乘以推动力浓度差表示。随着气固相反应的进行，在固相表层形成灰层或产物层。气相组分需穿过灰层，在未反应的固相内核表面反应。传递与反应是气固相非催化反应的两个相互关联的过程，均会对反应过程产生影响。

气固非催化反应过程中，灰层可以稳定的外观形体存在，也可以不断地被去除。总体来说，随着气固相反应的进行，固相内核区域不断缩小，呈现出“缩核”现象。缩核模型是一种描述气固非催化反应的常用模型。当灰层处于稳定形貌时，灰层的孔道或空隙率可视为定值。与灰层相比，未反应的内核结构紧密，内核内部气相组分的传递速率极慢，内核固相组分以逐层消耗的过程进行，气固相反应的区域为未反应内核的表面。当灰层或产物层及时消除时，灰层内的传递阻力消除，反应气体不经灰层直接与内核固相组分接触，在此基础上提出缩粒模型。

6.3.1　缩核模型

缩核模型也称壳层推进模型，该模型可描述为以下三个步骤的串联过程：① 气相反应组分由气相主流区扩散穿过气膜层到达固相外表面；② 气相反应组分由固相外表面扩散穿过灰层到达未反应的内核表面；③ 在内核表面气固相组分进行反应。缩核模型浓度分布的特征见图 6.9。由扩散传递速率和内核表面反应速率的相对大小，将反应过程区分为扩散传递控制和表面反应控制。

如气固反应，气相 A 与固相 B 反应生成产物 R。

$$\nu_A A(g) + \nu_B B(s) \longrightarrow \nu_R R$$

气相反应组分 A 穿过气膜层的传质速率：

$$-\frac{dn_A}{dt} = 4\pi R^2 k_G (c_{AG} - c_{Ab}) \tag{6.34}$$

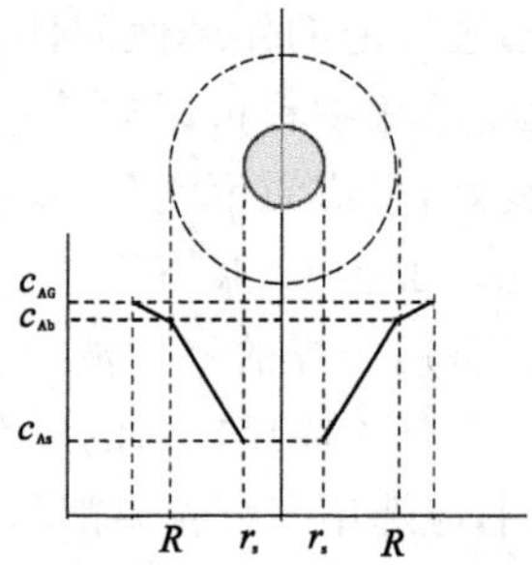

式中 R——反应初始状态固相颗粒的半径；

c_{AG}——气相主体组分 A 的浓度，mol/m^3；

c_{Ab}——灰层表面气相组分 A 的浓度，mol/m^3；

k_G——气膜内以浓度差为推动力的组分 A 的传质系数，$mol/(m^2 \cdot s \cdot mol/m^3)$；

n_A——组分 A 的摩尔数。

图 6.9 气固相反应浓度分布

气相反应组分 A 穿过灰层内的传递速率：

$$-\frac{dn_A}{dt} = -4\pi r^2 D_e \tag{6.35}$$

式中 D_e——灰层内组分 A 的有效扩散系数，m^2/s。

内核气固相表面反应速率：

$$-\frac{dn_A}{dt} = 4\pi r_s^2 k c_{As} \tag{6.36}$$

式中 k——基于气固相反应表面反应速率常数，m/s；

c_{As}——内核表面气相组分 A 的浓度，mol/m^3；

r_s——未反应内核的半径。

内核固相组分 B 随反应消耗的速率：

$$-\frac{dn_B}{dt} = -4\pi r_s^2 \rho_m \frac{dr_s}{dt} \tag{6.37}$$

式中 ρ_m——固相密度，mol/m^3；

n_B——组分 B 的摩尔数。

依反应过程化学计量关系，有：

$$\frac{dn_A}{dn_B} = \frac{\nu_A}{\nu_B} \tag{6.38}$$

6.3.2 气膜扩散控制

在灰层区域的传递阻力很小、内核表面反应速率很快的情况下，反应表现为气膜层传递控制过程。此时，内核表面气相组分 A 的浓度可视为零，即$c_{Ab} = c_{As} = 0$，气固相反应速率取决于气相组分在气膜层内的传递速率。

关联式(6.34)、式(6.35)和式(6.38)，

$$\frac{\nu_A}{\nu_B}(-4\pi r_s^2)\rho_m \frac{dr_s}{dt} = 4\pi R^2 k_G (c_{AG} - c_{Ab}) \tag{6.39}$$

初始条件为：$t=0$，$r_s=R$。

积分式(6.39)得气膜层扩散控制反应时间：

$$t = \frac{(\nu_A/\nu_B)\rho_m R}{3k_G c_{AG}}\left[1 - \left(\frac{r_s}{R}\right)^3\right] \tag{6.40}$$

若$r_s=0$，即固相组分被反应完全消耗。固相全部反应完毕所需要的时间为：

$$t^* = \frac{(\nu_A/\nu_B)\rho_m R}{3k_G c_{AG}} \tag{6.41}$$

定义固相组分的转化率为：

$$x_s = \frac{t}{t^*} = 1 - \left(\frac{r_s}{R}\right)^3 \tag{6.42}$$

反应时间与固相组分转化率的关系为：

$$t = \frac{(\nu_A/\nu_B)\rho_m R}{3k_G c_{AG}} x_s \tag{6.43}$$

6.3.3 灰层扩散控制

若气相组分在气膜层内传递速率和气固表面反应速率远大于灰层内气相传递速率时，可视为灰层扩散控制过程。灰层内扩散速率决定了气固相反应速率。

若灰层结构稳定，在灰层扩散区域内 $\left(-\frac{dn_A}{dt}\right)$ 取定值，结合边界条件：

$$r = R,\quad c_A = c_{Ab}$$

$$r = r_s,\quad c_A = c_{As} = 0$$

由式(6.35)积分得出：

$$-\frac{dn_A}{dt}\left(\frac{1}{r_s} - \frac{1}{R}\right) = 4\pi D_e c_{Ab} \tag{6.44}$$

关联式(6.37)、式(6.38)和式(6.44)，结合边界条件：$t=0, r_s=R$，得出灰层扩散控制反应时间为：

$$t = \frac{(\nu_A/\nu_B)\rho_m R^2}{6D_e c_{Ab}}\left[1 - 3\left(\frac{r_s}{R}\right)^2 + 2\left(\frac{r_s}{R}\right)^3\right] \tag{6.45}$$

反应时间与固相组分转化率的关系为：

$$t = \frac{(\nu_A/\nu_B)\rho_m R^2}{6D_e c_{Ab}}\left[1 - 3(1-x_s)^{2/3} + 2(1-x_s)\right] \tag{6.46}$$

固相被完全反应所需要的时间为：

$$t^* = \frac{(\nu_A/v_B)\rho_m R^2}{6D_e c_{Ab}} \tag{6.47}$$

灰层扩散控制情况下，忽略气膜层阻力，$c_{Ab} = c_{AG}$。

6.3.4 表面反应控制

若气固表面反应很慢，气膜及灰层气相传递阻力可以忽略，表面反应速率远低于传递速率时，可视为气固相表面反应控制过程。气固表面反应速率为固相组分的消耗速率。

关联式(6.35)、式(6.37)和式(6.38)，有

$$4\pi r_s^2 k c_{As} = (\nu_A/\nu_B)(-4\pi r_s^2)\rho_m \frac{dr_s}{dt} \tag{6.48}$$

初始条件：$t=0, r_s=R$。

积分式(6.48)得出固相组分反应时间为：

$$t = \frac{(\nu_A/\nu_B)\rho_m}{k c_{As}}(R - r_s) \tag{6.49}$$

反应时间与固相组分转化率的关系为：

$$t=\frac{(\nu_A/\nu_B)\rho_m R}{kc_{As}}[1-(1-x_s)^{1/3}] \tag{6.50}$$

固相组分完全反应时间表示为：

$$t^*=\frac{(\nu_A/\nu_B)\rho_m R}{kc_{As}} \tag{6.51}$$

表面反应控制，忽略气膜层和灰层阻力，则 $c_{As}=c_{Ab}=c_{AG}$。

气固相反应是一个气膜层、灰层和表面反应串联进行的过程。反应进程受气膜层及灰层传递速率和表面反应速率的影响，与气膜传质系数、灰层有效扩散系数及表面反应速率常数、固相颗粒的密度、颗粒直径等因素直接相关。达到某一转化率所需反应时间应是气相反应组分通过气膜层及灰层时间和气固表面反应时间的叠加。

一般情况下，灰层的传递阻力远大于气膜传递阻力，并且随着反应的进行，灰层厚度及阻力逐渐加大，甚至转为灰层控制过程。因此，若有灰层存在时，气膜阻力可以忽略。

例 6.5 等温条件下，在半径为 2 mm 的球形颗粒上进行气固非催化反应，测得固相组分转化率达到 50%时所需反应时间为 5 min。若反应为灰层扩散控制，现将颗粒直径改为 4 mm，要求固相转化率达到 98%，所需反应时间。

解 由式(6.46)，灰层扩散控制反应时间与颗粒直径、固相组分转化率的比例关系，如下式：

$$\frac{t_{4\ mm}}{t_{2\ mm}}=\frac{4^2[1-3\ (1-0.98)^{2/3}+2(1-0.98)]}{2^2[1-3\ (1-0.5)^{2/3}+2(1-0.5)]}=29.75$$

所以，直径 4 mm 颗粒转化率达 98%所需反应时间为：

$$t_{4\ mm}=t_{2\ mm}\times 5=148.7\ \text{min}$$

例 6.6 等温条件下，直径分别为 2 mm 和 4 mm 的球形颗粒上进行气固非催化反应，测得反应时间为 1 h 时，固相组分的转化率分别为 87.5%和 58%。假定气膜层控制反应时间 t 与颗粒直径$R^{1.4}$成正比。试求：由缩核模型判断气固相反应的控制步骤。

解 仅当颗粒粒径变化时，由式(6.43)、式(6.46)、式(6.50)分析知：反应时间相同，若气膜层扩散控制，固相组分转化率 x_s与 R/k_G 成反比，或 x_s 与$R^{1.4}$成反比；若灰层扩散控制，固相组分转化率$[1-3(1-x_s)^{2/3}+2(1-x_s)]$与$R^2$成反比；若气固表面反应控制，固相组分转化率$[1-(1-x_s)^{1/3}]$与 R 成反比。

将颗粒直径与相应的固相转化率代入式(6.50)，得

$$\frac{[1-(1-x_s)^{1/3}]_{x_s=0.58}}{[1-(1-x_s)^{1/3}]_{x_s=0.875}}=\frac{1-(1-0.58)^{1/3}}{1-(1-0.875)^{1/3}}=0.502\ 2$$

$$\frac{(R)_{2R=2\ mm}}{(R)_{2R=4\ mm}}=\frac{1}{2}=0.5$$

计算验证：固相组分转化率$[1-(1-x_s)^{1/3}]$与 R 成反比，可以判定气固表面反应为控制步骤。依式(6.43)和式(6.46)的计算结果可知气膜层扩散控制和灰层扩散控制不符合要求。

习题六

6.1 二级气液反应，A(g)+B(L)⟶R(L)，反应速率方程 $r_A=kc_Ac_B$，反应速率常数 $k=5\times10^{-5}\ m^3/(mol\cdot s)$，液相中 B 的浓度$c_{BL}=6\ mol/m^3$，扩散系数$D_{AL}=2\times10^{-9}\ m^2/s$。试选

择一种合适的气液反应器，并说明理由。

6.2　在常温操作的填料塔反应器内，用氢氧化钠(B) 水溶液吸收二氧化碳(A)，反应如下：

$$CO_2(g)+2NaOH(L)\longrightarrow Na_2CO_3(L)+H_2O(L)$$

反应速率方程 $r_A=kc_Ac_B$，反应速率常数 $k=10\ m^3/(mol\cdot s)$，液相中扩散系数 $D_{AL}=D_{BL}=1.78\times10^{-9}\ m^2/s$，组分 A 气膜传质系数 $k_G=4.11\times10^{-7}\ mol/(m^2\cdot s\cdot Pa)$，组分 A 液膜传质系数 $k_L=1\times10^{-4}\ m/s$，溶解度系数 $H=0.027\ mol/(m^3\cdot Pa)$，反应器内单位填料床层体积中气液相界面积 $a=100\ m^2/m^3$。测得塔内某点 CO_2 分压 $p_{AG}=101\ 330\ Pa$(绝压)，液相 NaOH 浓度 $c_{BL}=500\ mol/m^3$ 时，试求：该点的吸收速率。

6.3　在逆流操作的填料塔中，进行二级气液反应：$A(g)+B(L)\longrightarrow R(L)$，反应速率方程 $r_A=kc_Ac_B$，反应速率常数 $k=2.78\times10^{-6}\ m^3/(mol\cdot s)$，液相中扩散系数 $D_{AL}=D_{BL}=1.78\times10^{-9}\ m^2/s$，组分 A 气膜传质系数 $k_G=4.11\times10^{-7}\ mol/(m^2\cdot s\cdot Pa)$，组分 A 液膜传质系数 $k_L=1\times10^{-4}\ m/s$，溶解度系数 $H=1\times10^{-5}\ mol/(m^3\cdot Pa)$，反应器内单位填料床层体积中气液相界面积 $a=100\ m^2/m^3$，单位体积的填料层含液相体积为 $0.1\ m^2/m^3$。试求：该处的吸收速率。

6.4　拟用常压、逆流操作的填料塔进行气液吸收反应：$A(g)+B(L)\longrightarrow R(L)$，用以脱除气体中的微量杂质 A，该反应可视为快速反应。原料气中组分 A 的体积分数为0.1%，要求气相出塔时组分 A 的脱出率达到 80%。原料气入塔流量为 27.8 mol/s，吸收液入塔流量为 $3.47\times10^{-3}\ m^3/s$。吸收液中组分 B 的浓度 $c_{BL}=32\ mol/m^3$，组分 A 气膜传质系数 $k_G=8.89\times10^{-7}\ mol/(m^2\cdot s\cdot Pa)$，组分 A 和 B 的液膜传质系数 $k_L=2.78\times10^{-5}\ m/s$，溶解度系数 $H=0.08\ mol/(m^3\cdot Pa)$，反应器内单位填料床层体积中气液相界面积 $a=100\ m^2/m^3$。若取填料塔截面积为 $1\ m^2$。试求：填料层高度。

6.5　拟用一直径为 2 m 的鼓泡塔进行空气氧化邻二甲苯生产邻甲基苯甲酸的反应：

$$1.5O_2(A)+C_6H_4(CH_3)_2(B)\longrightarrow C_6H_4(CH_3)COOH+H_2O$$

拟一级反应，$r_A=kc_{AL}$，反应速率常数 $k=3.6\times10^3\ h^{-1}$。塔顶压力 1.378 MPa(绝压)，反应温度 160 ℃。氧气进料流量为 51.5 kmol/h，塔顶出口气相氧分压为 0.057 7 MPa。液相中氧的扩散系数 $D_{AL}=5.2\times10^{-6}\ m^2/h$，氧的溶解度系数 $H=7.88\times10^{-2}\ kmol/(m^3\cdot MPa)$，气膜传质系数 $k_G=360\ kmol/(m^2\cdot h\cdot MPa)$，氧在液膜的传质系数 $k_L=0.53\ m/h$，反应器内单位填料床层体积中气液相界面积 $a=816\ m^2/m^3$，邻二甲苯密度 $\rho_{BL}=750\ kg/m^3$，气液混合物含气率 $\varepsilon_G=0.145$。试求：塔内液相高度。

6.6　拟用一搅拌釜进行空气氧化邻二甲苯生产邻甲基苯甲酸的反应：

$$1.5O_2(A)+C_6H_4(CH_3)_2(B)\longrightarrow C_6H_4(CH_3)COOH(R)+H_2O(W)$$

塔顶压力 1.378 MPa，反应温度 160 ℃，邻二甲苯转化率为 16%，氧气进料流量为理论量的 1.25 倍，拟一级反应，$r_B=2\ 400\ c_{AL}\ kmol/(m^3\cdot h)$，式中 c_{AL} 表示液相中氧的浓度，单位为 $kmol/m^3$。氧在邻二甲苯中的扩散系数为 $D_{AL}=1.44\times10^{-5}\ cm^2/s$，液相传质系数 $k_L=0.077\ cm/s$，氧的溶解度系数 $H=7.875\times10^{-8}\ kmol/(m^3\cdot Pa)$，反应器内单位体积气液混合物中气液相界面积 $a=8.574\ cm^{-1}$，液相密度 $\rho_{BL}=750\ kg/m^3$，气含率 $\varepsilon_G=0.229$。若邻甲基苯甲酸的产量 3 750 kg/h，试求：气液混合物体积。

第7章　新型反应器

近年来，由于人们生活水平的提高和工业化进程的不断加快，一些传统工业技术向安全、清洁、高效，并最终实现生产过程“零排放”的方向发展。上述目标的实现，需要对常规反应器进行优化，并将新技术应用到反应器中来。由此，一些新型结构的反应器被提出。

7.1　膜反应器

由于受化学平衡或者副反应的限制，某些反应过程存在转化率、收率或选择性较低的情况。要使目的产物得到较高的收率，需要将反应器出口产物混合物中的原料和目的产物分离后再循环。这种分离循环的工艺对传统的反应器而言，会增加设备投资和运行成本。膜反应器兼具反应和分离功能，可节省投资、降低能耗和增加收率。膜反应器可实现在同一单元中集成反应和分离两种功能，从而降低设备投资。减少工艺处理步骤是促进膜反应器技术进步的主要驱动力。特定的膜材料和膜反应器组件具有较高的传质选择性和渗透性。膜反应器对不同的膜组件具有较好的兼容性，具有能量要求低、操作简单、易于控制和放大以及操作灵活等优点。在化学、石化工业、生物技术、能源生产和废水处理等领域中，越来越多的企业开始使用膜单元。两个或多个膜单元(如微滤或纳滤)与膜反应器的耦合，进一步促进了膜反应器在更广泛的领域得到应用。

在膜反应器中可以进行的反应很多，如高温催化反应器用于脱氢、甲烷-蒸汽重整、选择性氧化、碳氢化合物氧化脱氢和甲烷部分氧化制合成气等。低温膜反应器常用于精细化学合成。膜反应器中膜除了具有“传统”的分离器的作用外，还可以兼具催化剂的作用。

7.1.1　膜反应器分类

(1) 按膜的功能分类。可将膜反应器分为分离器或提取器、分配器和接触器。具有分离器或“提取器”作用的膜反应器最为常见。

化学反应产生的一种或多种产物，通过膜分离器将产物混合物中某一组分连续除去并在渗透液中回收。对于某些受平衡限制的反应，从反应产物中分离出某一组分可打破原有平衡态，提高反应物的转化率和目的产物的收率。膜反应器作为接触器用于优化反应物与催化剂或非混溶相之间的接触。膜材料为高催化活性的反应提供了反应表面，反应物在膜反应器内的停留时间较短并且可控。相对于传统的固定床，放置在膜孔内的催化剂可得到更高效的利用。

(2) 按催化作用分类。膜材料具有催化活性，称之为催化膜反应器。若膜组件只起到分离作用，本身不参与反应，催化剂填充或分散在膜的一侧，称之为惰性膜反应器。在反应过程中，利用膜对产物的选择透过性，可不断移走产物以达到移动化学平衡和分离产物的目的。根据催化剂的性质可将膜反应器进一步区分，如采用酶催化剂的称为酶膜反应器等。

(3) 按膜材料分类。可将膜反应器分为有机膜反应器、无机膜反应器和有机无机复合膜反应器。聚合物膜在低温下使用较为广泛。与陶瓷或金属制成的无机膜相比,相同的聚合物可制备不同结构的膜,具有价格低和堆积密度高等优点。

(4) 按应用分类。可将膜反应器分为生物膜反应器、气相膜反应器和液相膜反应器等。生物膜反应器已有大规模的应用。生物膜反应器在有机物去除率方面表现出良好的性能,有望成为水处理和有机物回收的替代方案。

7.1.2　膜反应器传递与反应

在膜反应器中,传递和反应过程的组合可以提高膜反应器的效率,如反应蒸馏、反应结晶等。在膜反应器的同一空间位点上需要同时考虑反应动力学、热量传递和膜渗透,因此膜反应器的模拟是一个复杂的问题。在保证模拟准确性的前提下,合理的假设可使复杂问题简化。

以水气变换膜反应器(WGS-MR)系统为例,讨论膜反应器动力学模型建立方法。充填催化剂的反应管被聚合物膜包围构成膜反应器。在膜反应器中,反应和渗透过程同时进行。在反应管内合成气转化为二氧化碳和氢气,聚苯并咪唑(PBI)聚合物膜有选择性地透过氢,而碳化合物留在管内,如图7.1所示。

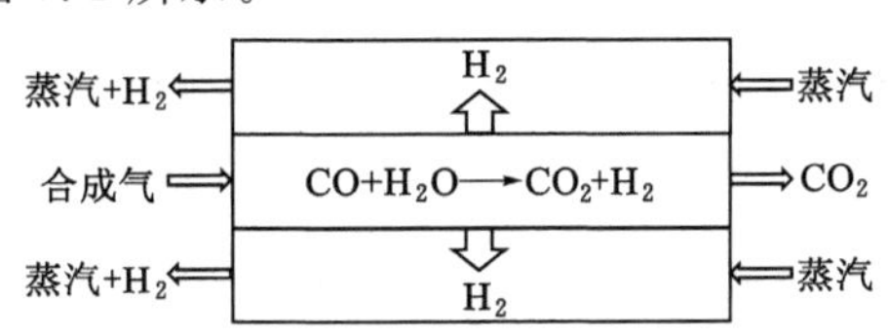

图7.1　氢回收和碳捕集的管壳式WGS-MR示意图

为了简化计算,假设:① 反应与渗透都处于稳态过程;② 反应区和渗透区的流体流动特性符合均相体系;③ 膜只对氢选择性透过,扩散系数恒定;④ 气体符合理想气体假设;⑤ 所有杂质视为惰性组分,不参与反应。

膜反应器系统的反应动力学采用Choi和Stenger提出的动力学模型来描述,反应速率方程为:

$$r_{CO}=k\left(p_{CO}p_{H_2O}-\frac{p_{CO_2}p_{H_2}}{K_p}\right) \tag{7.1}$$

式中　r_{CO}——一氧化碳的消耗速率;

k——反应速率常数;

p_i——组分i的分压;

K_p——CO变换反应的平衡常数。

聚苯并咪唑(PBI)聚合物膜的渗透采用Fickian扩散模型。依据菲克定律,组分i的扩散通量表示为:

$$J_i=-D\frac{dc_i}{dZ}=-\frac{D}{RT}\frac{dp_i}{dZ}$$

式中　J_i——扩散通量,mol/(m^2·s);

D——扩散系数,m^2/s。

以δ表示膜的厚度,p_{i1}和p_{i2}分别是反应管膜内侧和外侧的分压。边界条件为:

$$Z = 0, \quad p_i = p_{i1}$$
$$Z = \delta, \quad p_i = p_{i2}$$

积分得：

$$J_i = \frac{D}{RT\delta}(p_{i1} - p_{i2}) \tag{7.2}$$

以$Q_{i,o}$表示膜渗透率，其指单位时间内，在单位面积上和单位浓度梯度推动下，组分 i 的渗透量，单位为 mol/(m^2 · s · Pa/m)。

$$Q_{i,o} = \frac{D}{RT}$$

则组分 i 透过膜的扩散通量或传质速率表达为：

$$J_i = \frac{Q_{i,o}}{\delta}(p_{i1} - p_{i2}) \tag{7.3}$$

渗透率值列于表 7.1 中。

表 7.1 渗透单元(GPU)中气体渗透率

组分 i	H_2	CO_2	H_2O	CO	N_2
$Q_{i,o}$/[mol/(m^2 · s · Pa/m)]	250.0	8.9	750.0	2.5	2.5

依膜反应器简化假定所有的含碳组分(CO_2和 CO)将保留在膜反应管内侧，透过膜分离所有的 H_2组分。膜反应器系统的性能由氢回收率和碳捕获分数来定量描述。

氢回收率R_{H_2}：

$$R_{H_2} = \frac{\text{渗透出 } H_2 \text{的摩尔量}}{\text{合成气}(H_2 + CO)\text{的摩尔量}} \tag{7.4}$$

碳捕获分数C_{CO_2}：

$$C_{CO_2} = \frac{\text{滞留气体 } CO_2 \text{摩尔量}}{\text{进入系统的 } CO_2 \text{摩尔量}} \tag{7.5}$$

聚合物膜在使用过程中，其他组分也可以渗透到膜中，尤其是用作扫描气体的蒸汽和二氧化碳，这些气体存在竞争吸附关系。

7.2 微反应器

7.2.1 微反应器的特征

微反应器概念广泛，形式多样，既包括传统的微量反应器，也包括反相胶束微反应器、聚合物微反应器、固体模板微反应器、微条纹反应器和微聚合反应器等。微反应器主要是指利用微加工技术制造的用于进行化学反应的三维结构元件或包括换热、混合、分离、分析和控制等各种功能的高度集成的微反应系统，通常含有当量直径数量级介于微米和毫米之间的流体流动通道，化学反应发生在这些通道中。

严格来说，微反应器不同于微混合器、微换热器和微分离器等微通道设备，但由于它们的结构类似，在微通道设备中可以进行非催化反应，因而又将该类型的微通道设备也统称为微反应器。

微反应器一方面通过较小的通道尺寸获得较大的比表面积和较小的传质距离，确保流体之间快速传质和传热，另一方面通过通道的结构设计，能够进一步提高混合效果，增加传质和传热效果。同时，微反应器的持液量较小，与环境的接触面积较大，能够保证反应的安全性、稳定性和选择性。基于上述优点，微反应器被广泛应用于有机化合物/聚合物、纳米颗粒、能源物质、生物医药等的合成。近年来，随着化工安全重要性的提升，微反应器的应用得到了进一步的推广。

7.2.2　微反应器传递与反应

微反应器类型众多，以常规微型管式反应器中的甲醇-水蒸气重整制氢（MSR）为例，说明微反应器动力学模型的建立与应用。

甲醇-水蒸气重整制氢反应体系一般涉及甲醇-水蒸气重整（SR）、甲醇分解（DE）、水汽置换（WGS）三个反应。

甲醇-水蒸气重整反应为主反应，其反应式为：

$$CH_3OH + H_2O \longrightarrow 3H_2 + CO_2$$

甲醇分解反应：

$$CH_3OH \longrightarrow 2H_2 + CO$$

CO 与水蒸气在催化剂的作用下发生逆变换反应：

$$H_2 + CO_2 \longrightarrow H_2O + CO$$

甲醇-水蒸气转化反应为吸热反应，其热量由相邻通道内甲醇催化燃烧反应提供。

铜基催化剂上，甲醇-水蒸气重整制氢反应产物中 CO 含量较低，忽略甲醇分解反应和 CO 与水蒸气逆变换反应不会明显降低数值模拟所预测的精度。因此，在重整通道内仅考虑甲醇-水蒸气重整反应。甲醇-水蒸气重整制氢（MSR）动力学模型采用单一反应速率模型。以甲醇为关键组分，甲醇-水蒸气重整（SR）反应的反应速率简化幂函数模型方程来关联：

$$r_A = k_o \exp\left(\frac{-E_a}{RT}\right) p_{CH_3OH}^a p_{H_2O}^b \left(1 - \frac{p_{CO_2} p_{H_2}^3}{K_{p,SR} p_{CH_3OH} p_{H_2O}}\right) \tag{7.6}$$

式中　r_A——重整反应（SR）甲醇的反应速率，mol/(g·h)；

k_o——指前因子，$mol/(h \cdot g \cdot kPa^{a+b})$；

E_a——反应活化能，J/mol；

T——反应温度，K；

a, b——甲醇和水的反应级数；

$K_{p,SR}$——反应（SR）的平衡常数。

对于吸热的甲醇-水蒸气重整（SR）反应，平衡常数随温度的升高而增加，在 450～550 K 范围内其平衡常数很大。SR 反应的幂函数模型可进一步简化为：

$$r_A = k_o \exp\left(\frac{-E_a}{RT}\right) p_{CH_3OH}^a p_{H_2O}^b \tag{7.7}$$

以r_A表示单位时间、单位质量催化剂上甲醇的反应速率，单位为 $mol/(kg_{cat.} \cdot s)$，F_{Ao}表示反应器入口甲醇的摩尔流量，W 表示催化剂质量，则有：

$$r_A dW = F_{Ao} dx_A$$

忽略轴向扩散，则反应通道中的反应气体流动接近平推流，其积分形式为：

$$W = F_{Ao}\int_{0}^{x_{Af}} \frac{dx_A}{r_A} \tag{7.8}$$

由于甲醇-水蒸气重整制氢(MSR)反应体系中CO生成量非常少，可忽略生成CO的反应。甲醇-水蒸气重整(SR)单一反应中，甲醇转化率与CO_2的收率相等，甲醇转化速率与CO_2的生成速率相等。CO_2的生成速率指单位时间和单位催化剂质量上CO_2的生成量。CO_2的收率以组分分压表示为：

$$Y_{CO_2} = p_{CO_2}/(p_{CH_3OH}) \tag{7.9}$$

在450～550 K温度范围内进行动力学方程测定实验。在积分反应器中，恒温条件下，实验测定CO_2的收率随变量(W/F_{Ao})的变化曲线，则依曲线上任意一点的斜率可计算出该条件下的甲醇-水蒸气重整制氢反应速率。

对式(7.7)取对数：

$$\lg r_A = \lg k + a\lg p_a + b\lg p_b \tag{7.10}$$

其中，p_a和p_b分别表示甲醇和水的分压p_{CH_3OH}、p_{H_2O}。

依式(7.10)安排实验，分别用$\lg r_A$-$\lg p_a$和$\lg r_A$-$\lg p_b$线性关系的斜率和截距，求得幂函数型反应速率方程中的反应级数a、b，以及实验温度下的反应速率常数k。

在积分反应器中，变换温度条件，同上方法测定甲醇-水蒸气重整制氢反应速率，并求取该实验温度下的反应速率常数k。依阿伦尼乌斯方程，取对数得：

$$\ln k = \ln k_o - \frac{E_a}{RT} \tag{7.11}$$

依据$\ln k$-$1/T$线性关系的斜率和截距的值，分别求取活化能E_a和指前因子k_o。

甲醇-水蒸气重整制氢反应动力学参数的实验结果列于表7.2中。

表7.2　甲醇-水蒸气重整制氢反应的动力学参数

$k_o/[\text{mol/h·g·(kPa)}^{1.0437}]$	$E_a/(\text{J/mol})$	a	b
3.72×10^{10}	106 976	0.673	0.370 7

反应速率方程为：

$$r_A = 3.72\times10^{10}\exp\left(\frac{-106\ 976.2}{RT}\right)p_{CH_3OH}^{0.673\ 0}p_{H_2O}^{0.370\ 7} \tag{7.12}$$

7.3　超临界反应器

超临界是指物质的一种特殊状态。当把处于气液平衡状态的物质升温增压时，热膨胀引起的液体密度减小，而压力升高使得气相密度增大，当温度和压力达到某一点时，气液两相界面消失，成为一个均相体系，这一点就是临界点。临界点指气液两相共存线的终结点，此时气液两相的相对密度一致。

当温度和压力均高于临界温度和临界压力时就处于超临界状态。超临界流体也就是处于超临界状态下的流体。处于超临界状态下的物质可实现气态到液态的连续过渡，两相界面消失，汽化热为零。超过临界点的物质不论压力多大都不会使其液化，压力的变化只能引起流体密度的变化。所以，超临界流体有别于液体和气体，通常用SCF表示。

表 7.3 比较了超临界流体与气体及液体的某些性质，超临界流体的黏度小、密度大、表面张力小，具有良好的传质性能。

表 7.3　超临界流体与液体和气体物性比较

	流体密度/(kg/m^3)	黏度/(Pa·s)	扩散系数/(m^2/s)
气体	1	10^{-5}	10^{-5}
超临界流体	200～700	10^{-4}	10^{-7}
液体	1 000	10^{-3}	5×10^{-10}

表 7.4 列举了几种常见流体的临界温度和临界压力值。

表 7.4　几种常见流体临界点的参数

流体	临界温度/K	临界压力/MPa	临界密度/(g/cm^3)
CO_2	304.2	7.382	1.016
水	647.1	22.05	0.344
氮	126.2	3.398	0.808
氩	151	4.959	1.393
氧	154	5.13	1.142
甲烷	190	4.6	0.16
甲醇	513.5	7.99	0.272
苯	562	4.89	0.302
甲苯	591	4.11	0.29

反应物处于超临界状态或反应在超临界介质中进行即为超临界化学反应。由于 SCF 的一些特殊性能，超临界反应器中的化学反应还具有一般化学反应所不具备的特点，主要表现在以下几个方面：

① 在超临界状态下，压力对反应速率常数有着强烈的影响，微小的压力变化可使反应速率常数发生几个数量级的变化。

② 在超临界反应器中进行化学反应，可使传统的多相反应转化为均相反应，即将反应物甚至催化剂都溶解在 SCF 中，从而消除了反应物与催化剂之间的扩散限制，增大了反应速率。

③ 在超临界反应器中进行化学反应，可以降低反应温度，使某些高温反应条件更温和。较低的反应温度可抑制或者减轻热解反应中常见的积炭现象，同时显著改善产物的选择性和收率。

④ 利用 SCF 对温度和压力敏感的溶解性能，可以选择适宜的温度和压力条件，使产物不溶于超临界的反应相中而及时移去，也可逐步调节体系的温度和压力，使产物和反应物依次分别从 SCF 中移去，从而简化产物、反应物、催化剂和副产物之间的分离。显然，产物不溶于反应相将使反应向有利于生产目的产物的方向进行。

⑤ SCF 能溶解某些导致固相催化剂失活的物质，从而有可能使 SCF 中的固相催化剂

长时间保持催化活性。同时，通过调节温度和压力使反应混合物处于超临界状态，可使失活的催化剂逐步恢复其催化剂活性。

由于超临界反应器的优异特性，这一新的反应器日益受到国内外化学反应工程研究者的重视，显示了其在超临界化学反应当中潜在的技术优势。

7.3.1 超临界流体的传递

(1) 热量传递

超临界流体管内传热的研究方向主要集中在临界区域内物性的剧烈变化对换热系数及压降等的影响。超临界换热一般可分为三个区：普通换热区、强化换热区和换热恶化区。在赝临界温度区域（在高于临界压力情况下，比热达到最大值时所对应的温度）会出现换热恶化和换热系数的峰值。峰值随着热流密度和压力的增加而下降。在高热流密度和低质量流量的情况下，进口区域发生的换热恶化一般出现在上升流中。

大多数的超临界换热关联式是在传统的管内强制对流换热关联式（如 Dittus-Boelter 关联式和 Gnielinski 关联式）基础上而得到的。

Dittus-Boelter 关联式，介质为水、CO_2：

$$Nu_b = 0.0243\, Re_b^{0.8} Pr_b^{0.4} \tag{7.13}$$

其中，雷诺准数适用范围，$10^4 \leqslant Re_b \leqslant 1.2\times10^5$；普兰特准数适用范围，$0.7 \leqslant Pr_b \leqslant 120$，反应管长径比，$L/D \geqslant 10$。式中，加热时 $n=0.4$，冷却时 $n=0.3$。

Gnielinski 关联式：

$$Nu_b = \frac{f/8(Re_b - 1\,000)Pr_b}{1 + 12.7\sqrt{f/8}\,(Pr_b^{2/3} - 1)}\left[1 + \left(\frac{D}{L}\right)^{2/3}\right]K \tag{7.14}$$

式中，摩擦因子由 Filonenko 关联式计算：

$$f = (1.82\lg Re_b - 1.64)^{-2} \tag{7.15}$$

对于液相流体：

$$K = (Pr_b / Pr_w)^{0.11}$$

其中，$0.05 < Pr_b / Pr_w < 20$。

对于气相流体：

$$K = (T_b / T_w)^{0.45}$$

其中，$0.5 < T_b/T_w < 1.5$；$2\,300 < Re_b < 10^6$；$0.05 < Pr_b/Pr_w < 20$。

(2) 质量传递

物质在气相和液相中的传质规律已有相当多的实验研究。一般认为，传质过程中施伍德准数 Sh 是施密特准数 Sc 和雷诺准数 Re 的函数，即：

$$Sh = f(Sc, Re)$$

$$Sh = kl/D,\quad Sc = \mu/(\rho D) = v/D,\quad Re = lu\rho/\mu$$

式中 k——传质系数，m/s；

l——定性长度，m；

D——扩散系数，m^2/s；

v——运动黏度，m^2/s；

u——流速，m/s；

μ——黏度。

Bradshaw 和 Pfeffer 指出，传质受施密特准数的影响很大，即超临界流体的物性对传质有较大的影响。一般来讲，液相的施密特准数 $Sc \approx 10^7$，气相的施密特准数 $Sc \approx 1$。因此，物质在气相和液相中的传质规律是不同的。传质系数往往只在某一个施密特准数 Sc 的范围内适用。超临界流体的物性具有其特殊性，通过对超临界 CO_2(SCF)与空气、水(H_2O)及金属汞(Hg)的物性比较，可知超临界流体的密度与气相相比要大得多，与液相(H_2O)相近，而黏度 μ 与液相相比却小得多，与气相相近。因此，其运动黏度($v=\mu/\rho$)比气相、液相均小得多。由于超临界流体的黏度小，所以物质在 SCF 中的扩散系数较大，这样超临界流体的施密特准数 Sc 介于气相与液相之间。如超临界 CO_2 的施密特准数 $Sc \approx 10$。所以，物质在超临界流体中的传质规律与液相、气相的均不相同。

(3) 动量传递

动量传递影响流体在流动空间中的速度分布和流动阻力，从而对传热和传质产生影响。动量传递的理论基础是流体力学，其遵循流体力学的基本规律。大多数常态流体物理性质恒定，可应用流体力学原理推导出动量传递过程所遵循的基本规律，如流速分布、压强分布及流动阻力等。动量传递过程与流体的流动形态相关，即动量传递模型可用雷诺准数等关联。在临界点区域内，超临界流体的物性参数与准确预测超临界流体动量传递行为紧密相关，如超临界流体的密度和黏度。超临界流体的密度与液体相近，但两者的密度对温度和压力的依赖性不同。与常态液体相比，由于超临界流体具有可压缩性，因而其密度与温度和压力的相关性较大。超临界流体的黏度与气体相当。高密度的超临界流体的黏度随温度升高减小，低密度的超临界流体的黏度随温度升高增大。温度和密度是影响黏度的两个主要因素。

7.3.2　超临界动力学影响因素

对超临界动力学进行模拟不仅是认识超临界反应规律的需要，也是进行工程设计、过程控制和技术经济评价的基本依据。以超临界水氧化动力学模型的建立为例，介绍超临界动力学影响因素。

(1) 反应温度

温度对反应速度有较大的影响。Thornton 等和 Li 等的研究发现：在其他条件不变的情况下，一方面，温度升高引起反应速率常数增大，加快反应速率；另一方面，温度的升高会引起超临界水溶液密度减小，从而使反应物浓度下降，降低反应速率。在不同的温度、压力区域，这两种效应对反应速率的影响程度不同。在远离临界点的区域，升温使反应速率常数增大及反应速率增大，比反应物密度减少而引起的反应速率减少的程度大，所以升温可加快反应速度。但在临界点附近，情形刚好相反。所以在临界点附近，升温不利于反应速率的提高。在压力一定时，反应速率常数与温度的关系符合阿伦尼乌斯方程，即：

$$k=k_0\exp\left(-\frac{E}{RT}\right)$$

(2) 反应压力

超临界水氧化反应，当温度和反应停留时间不变时，增大反应压力可提高反应速率。实验证明，温度不同时，压力的变化对反应的影响程度有所不同。在较低温度下，压力变化对反应的影响较大，而在高温下影响则较小。压力的影响来自三个方面：因为超临界水是可压缩流体，压力升高时，水密度增大，使反应物浓度升高，从而使反应速率加快；水作为反应物参与反应，若水的反应级数不为零，则压力升高导致的水浓度升高，同样使反应速率加快；压力可以直接影响反应速率常数，通过增大反应速率常数使反应速率加快。

(3) 停留时间

停留时间较长时，有机物的转化率升高，而中间产物的含量降低，从而使最终产物的产率增大。大部分的超临界水氧化技术指出停留时间对有机物去除率的影响最为显著。当停留时间足够长时，随着反应的进行反应物的浓度逐渐降低，使得反应速率降低，有机物转化率的增加随停留时间的增加也将变得缓慢。

(4) 氧化剂浓度

大多数超临界水氧化反应是采用氧气或空气作为氧化剂的，也有采用过氧化氢、高锰酸钾或混合氧化剂的。氧化剂在有机物氧化反应速率方程中的反应级数一般为正值，所以增大氧化剂浓度，有机物的转化率增大。但对不同的有机物其影响是不同的。Dioxin 在甲烷催化超临界水氧化转化为甲醇的实验中发现随氧气浓度增加，甲烷转化率先增大后减少。

在多数情况下，增大氧化剂的浓度可使有机物的转化率提高，当氧化剂过量至一定程度时，再增加氧化剂的量对有机物转化率的提高作用就很小了。过量的氧化剂增加了氧化剂的消耗量，同时也增加了后续处理的负担。所以，在工业应用中应使用适宜的氧化剂量。

(5) 催化剂

催化和非催化超临界水氧化是超临界水氧化技术的两大类，而催化反应可分为两类，一类是均相催化，常用溶解在超临界水中的金属离子充当催化剂。另一类是多相催化，通常采用固定在反应器中的催化剂床层来达到催化反应的目的。

7.3.3 超临界动力学模型

(1) 机理模型

机理模型多是以单一物质为处理对象。由实验现象设想反应历程，再在一定的简化假定下导出动力学模型。当模型预测和实验结果一致时，可从理论上阐释氧化机理，从而对氧化过程提供指导。

由于反应机理的复杂性，根据基元反应推导动力学模型是非常困难的。由基元反应导出的动力学有助于认识反应本质，调控反应路径和产物，以及指导设计催化剂等。但是，速率公式形式复杂、参数多，且大多涉及中间产物反应的参数都难以用实验方法确定。从一个反应体系取得的机理模型不能应用于其他体系，这使得机理模型的应用受到很大限制。

(2) 经验模型

大多数模型采用幂函数模型。在动力学方程式中不涉及中间产物，拟合动力学方程表达为：

$$-\frac{d[C]}{dt}=k_o\exp\left(-\frac{E_a}{RT}\right)[C]^m[O]^n[H_2O]^p \tag{7.16}$$

式中，k_o为指前因子；E_a为反应活化能；T 为反应温度，K；m、n、p 为反应级数；[C]、[O]、$[H_2O]$为反应物的浓度，mol/L 或 g/L。

超临界水氧化反应中，由于反应系统中有大量水存在，所以在反应过程中水的浓度视为常数，合并到 k_o中。当反应时温度和压力一定时，k_o、E_a和 T 均为定值，故反应速率常数表达为：

$$k=k_{0}\exp(-\frac{E_{a}}{RT})$$

则式(7.16)改写为：

$$-\frac{d[C]}{dt}=k[C]^{m}[O]^{n} \tag{7.17}$$

把式(7.17)整理后得：

当 $m\neq1$ 时，

$$C=[C_{0}^{1-m}-(1-m)kt[O]^{n}]^{1/(1-m)}$$

当 $m=1$ 时，

$$C=C_{0}\exp(-kt[O]^{n})$$

有研究表明在超临界水氧化醇类废水动力学模型中，$m=1,n=0$。在超临界水氧化ε-酸的动力学模型中，$m=1.06,n=0.163$。

(3) 半经验模型

由于超临界反应过程的复杂性，根据基元反应推导精确的反应速率表达式非常困难。而经验模型又不能解释主要的反应历程。因此，常用简化的反应网络推导动力学模型，称之为半经验模型。反应网络包括中间控制产物生成和分解步骤。初始反应物一般经过以下三种途径进行转换：① 直接氧化为最终产物；② 先生成不稳定的中间产物，再转化为最终产物；③ 先生成相对稳定的中间产物，再转化为最终产物。从中间产物到最终产物的过程可以包括众多的平行反应、串联反应等。在反应网络法中，确定中间产物是很重要的。这种模型是介于机理模型和经验模型之间的一种模型，其通用性较机理模型好。在半经验模型的研究中，比较典型的是 Li 等在湿式氧化基础上提出的模型。他认为在 SCWO 反应中，有机物的反应途径如图 7.2 所示。

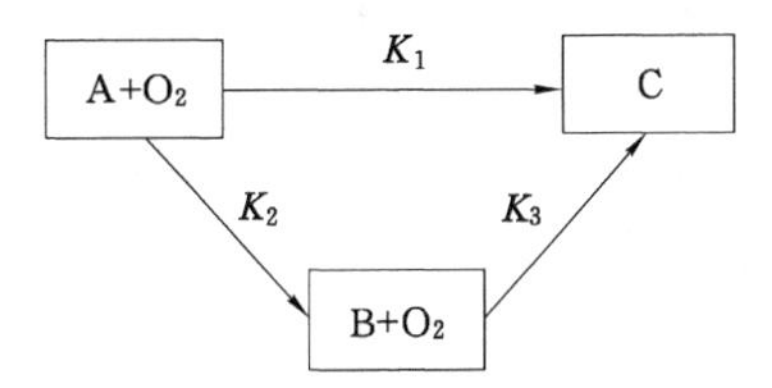

图 7.2　有机物反应途径

其中，A 为初始反应物及不用于 B 的其他中间产物；B 为中间控制产物；C 为氧化最终产物。

用半经验模型研究超临界水氧化的反应动力学，确定中间产物是非常重要的，而实验中很难精确测量出中间产物，使其在应用方面也受到很大的限制。

7.4　规整结构反应器

在化工生产过程中，大多数反应在催化剂作用下进行。反应器作为催化剂装填和催化反应进行的场所，其结构影响着反应器内反应物料的传递与反应。同样的反应条件下，采用不同的反应器会导致不同的反应结果。

20 世纪中期，具有催化组分的结构陶瓷开始出现，规整结构催化剂用于硝酸的尾气脱色和汽车尾气净化处理受到关注。1975 年汽车尾气净化催化转化器开始应用，如今已有超过 85%的汽车装配有这类尾气净化催化剂。随着规整结构催化剂在气固催化反应体系中的研究与应用，20 世纪 80 年代规整结构催化剂应用在气液固多相催化反应中，如将规整结构催化剂用于蒽醌加氢。20 世纪 90 年代至今，对结构催化剂的数学模型进行了大量研究。

2001年第一届国际结构催化剂及反应器会议提出从宏观尺度上设计催化剂，一个催化剂（如一个规整结构催化剂个体）就是一个化学反应器，由此将催化剂设计和反应器设计结合起来。

传统反应器，如固定床反应器存在分布不均匀，压力降过大，不耐灰尘堵塞，整体效率低，成本高，以及催化剂恢复难和催化剂磨损大等问题。与传统固定床层催化剂颗粒堆积相比，整体式或结构化催化剂载体在空间上呈有序排布，是一种新型催化剂。一方面，这种新型的催化剂有显著的优点，如壁薄、床层比表面积大、催化剂与产物易于分离、机械性能好以及重量轻等。另一方面，整体式催化剂的开放结构，缩短了扩散路径，提高了传递性能，减小了流动阻力。因此，整体式或结构化催化剂在催化活性表面和催化反应器两个尺度上强化了催化反应过程。

基于结构化催化剂的新型反应器，结合了浆态床和固定床反应器的优点，同时摒弃了它们的缺点。尤其是催化剂能够以薄层涂覆在孔道壁上，成为具有浆态催化剂特性的细小粉末固定催化剂，不存在催化剂磨损和分离的问题。较高的几何表面积、较低的压力降和较短的扩散距离，提高了催化剂效率。

规整结构催化剂由活性组分、助催化剂、载体和骨架基体构成。从催化剂活性组分负载的角度来看，规整结构催化剂的第一载体是起骨架基体作用的规整载体，一般是一个整块的陶瓷或金属材质的载体；载体被视作第二载体，一般使用多孔的活性材料，如氧化铝、氧化硅等，起到增加表面积及分散、负载催化剂活性组分的作用。

规整结构催化剂可以采用两种制备方法。假如载体可以做成整体式，活性组分和助催化剂组分可直接负载在整体结构的载体表面。假如载体不能做成整体式，先将载体材料涂覆在骨架基体上，然后再将活性组分和助剂组分负载到载体表面。使用涂覆方法制成的催化剂，可使反应物从流体主流扩散到活性表面的距离很小，因而催化剂作用更高效。涂覆方法主要有胶体涂覆、溶胶涂覆、浆态涂覆和聚合涂覆等。活性组分负载方法可采用传统的方法，如浸渍法、离子交换法、沉积-沉淀法、在载体上涂覆非金属的树脂层等。

随着规整结构催化剂或反应器的发展，其可替代填充床反应器和浆态反应器，但还存在需要解决的问题：① 结构化反应器比固定床反应器承载更少的催化剂，因此需要更稳定的催化剂；② 大多化学反应的反应物分别处于气相和液相，为获得较好的产量和选择性，需要气相和液相有良好的混合。

7.5 旋转填充床反应器

研究表明，传递过程在微重力环境下会被极大弱化。相反地，如果提升重力加速度，传递过程应该可以得到极大强化。由此，开发了超重力反应器——旋转填充床反应器。

旋转填充床主要由电机、转子、填料、液体分布器、气液进出口以及密封等部件组成。转子是其核心部件，由电机驱动转子高速旋转形成强大的离心力场来模拟超重力环境。旋转填充床运行时，气液分别通过不同的入口引入。液体由液体分布器喷淋到转子内边缘，在离心力作用下，液体被不断加速，向转子外边缘运动。气液两相在转子内部进行接触，最后分别由各自的出口排出。转子内部可填充填料，填料在转子的带动下高速旋转产生大的剪切力，将液体切割成微小的液体单元，提升气、液有效界面面积，强化混合及传质效率，并且在很大程度上实现节约能耗，降低设备投资等。

7.6　磁稳流化床反应器

磁流化床(magnetically fluidized bed，MFB)是在传统流化床中引入磁场，以磁性颗粒作为床层介质的流固相处理系统，是一种新型、高效的特殊流化床系统。外加磁场一般为不随时间变化的均匀稳定磁场或随时间呈周期性变化的交变磁场。

磁稳流化床(magnetically stabilized fluidized bed，MSFB)是 MFB 的特殊形式，是磁性载体在均匀稳定的磁场作用下发生定向排列，只有微弱运动的稳定床层。其工作原理是利用外加磁场调节颗粒和流体的运动，当流动相流速高于最小流化速度而未达到磁性载体的带出速度时，床层呈均匀稳定的膨胀状态，此时在磁场作用下磁性载体被磁化并沿着磁场线方向排列有序，形成磁链，磁性载体与流动相的相间接触面积大，有利于传质和传热过程。

磁稳流化床(MSFB)既具有类似固定床的稳定结构，又具有一定的流动性，兼具固定床和流化床的诸多优点：① 既具备流化床的低压降，又避免了传统流化床中因剧烈碰撞导致的颗粒结构易破坏等问题；② 在外加磁场的作用下，可有效控制相间返混；③ 均匀的孔隙度使床层内部不易出现沟流和短路；④ 避免了固定床中可能出现的局部热点，也缓解了流化床操作中常出现的固体颗粒流失问题；⑤ 能在较宽的范围内稳定操作，甚至可以进行逆流操作。

磁稳流化床(MSFB)按流化介质划分，可分为液-固 MSFB、气-固 MSFB 和气-液-固 MSFB。MSFB 作为一种新型反应器，在生物化工、能源和环境工程等领域较传统流化床反应器和固定床反应器显示出很大的优越性，被广泛地研究与应用。在生物化工领域，MSFB 主要用于固定化生物酶反应器、生物分离技术等方面。传统的固定化生物酶反应器大多采用固定床，固定床存在着床层压降大、表面非刚性的载体在操作中易变形或破碎、高黏度底物和含悬浮物的底物易堵塞床层、温度和 pH 值不易于控制等缺点，而将 MSFB 应用于固定化生物酶反应器可有效克服上述缺点。在能源领域，MSFB 主要应用于干法选煤、催化加氢和生物能源制备等方面。MSFB 还可作为反应器应用于废水处理、固体废弃物处理和烟气脱硫、脱硝、除尘以及挥发性有机污染物的处理等方面。

7.7　多功能反应器

多功能反应器是指可将传质、传热和反应等多项功能集成在一起的反应器。最常见的就是将反应与传质分离结合进行设计。将反应与分离耦合在同一设备内，使反应器兼具分离功能。这一反应分离耦合过程具有以下优点：① 对于可逆反应，由于产物离开反应区，破坏了热力学平衡，从而提高了转化率，减少了物料循环的费用；② 对于平行反应，如以中间物为目的产物，由于中间产物通过分离不断地离开反应区，避免了进一步的串行反应，减少了副反应的发生，从而提高了选择性；③ 可以得到纯度很高的产品，降低了产品分离的费用；④ 由于操作条件较为温和，副反应较少，催化剂的失活将减慢，降低了生产成本。目前的反应分离耦合技术主要包括反应精馏、膜反应器和吸附反应。

根据分离方法不同，常见多功能反应器包括：吸附反应器、膜反应器和反应蒸馏塔。

(1) 吸附反应器

吸附反应是通过吸附(物理或化学吸附)作用移走反应产物的耦合过程。在反应器内同时装有催化剂和吸附剂,吸附剂能选择性地吸附某一产物,对于可逆反应则可使反应向正方向移动,从而提高反应物的转化率。对于不可逆反应由于吸附剂的存在而改变了反应物的停留时间,也可能提高反应物的转换率。根据吸附剂的再生方法,这类反应器可分为常规吸附反应器、色谱反应器、变浓度吸附反应器和变压反应器。

(2) 膜反应器

膜反应器的器壁是由有选择透过性的膜构成的,催化剂装填在反应器内或者膜本身即为催化剂。在反应过程中,产物扩散到反应器外,降低逆反应速率,提高了转化率,可得到纯度较高的产品。

(3) 反应蒸馏塔

反应蒸馏塔是把反应与精馏耦合在一起。反应器本身是精馏塔,催化剂以适当方式填充在精馏塔中。若反应物与产物有一定的沸点差异,在反应过程中可同时实现两者的分离。

7.8 微波反应器

微波是频率大约在 300 MHz～300 GHZ,即波长在 1 000～1 mm 范围内的电磁波。微波位于电磁波谱的红外光波和无线电波之间。20 世纪 80 年代初期,微波技术开始应用于化学合成中。如今,微波促进有机合成反应已经越来越受到重视。

关于微波加速有机反应的机理存在着两种观点。一种观点认为,微波通过内加热作用,具有加热速度快、加热均匀、无滞后效应等特点,但微波应用于化学反应仅起着加热作用,这与传统的加热反应并无区别。这种观点认为微波应用于化学反应的频率 2 450 MHz 属于非电离辐射,在与分子的化学键共振时不可能引起化学键断裂,也不能使分子激发到更高的转动或振动能级。由此,将微波对化学反应的加速作用归结为微波对极性有机物的选择性加热所致,即微波的致热效应。另外一种观点认为微波对化学反应的加速作用,一是使反应物分子运动加剧和温度升高,二是微波场对离子和极性分子的洛仑兹力作用使得这些粒子之间的相对运动具有特殊性,且与微波的频率、温度及调制方式密切相关。微波加速化学反应的机理非常复杂,存在致热和非致热两重效应。

微波有机合成反应是在微波的辐射作用下进行的,需要特殊的反应技术,这与常规的有机合成反应不同。微波反应技术大致可以分为三种:微波密闭合成技术、微波常压合成技术和微波连续合成技术。

微波反应器是微波有机合成技术的关键。因为微波对有机反应存在“非热效应”,微波作用的时间越长,化学反应的速率会越大。反应器内构型、功率、能场分布等都会影响反应效果。

7.9 燃料电池反应器

燃料电池是一种绿色高效的能源转换装置,能够直接将燃料中的化学能转换为电能。通过对电池系统的设计可将燃料电池作为电化学反应器,在产电的同时将有毒、低价值的化学品转化成低毒、高附加值的化学品。燃料电池反应器主要应用于高附加值的化学品的制备、水处理、混合气体分离等领域。

与传统化学品制备相比，燃料电池反应器可以通过控制外电路负载方便地控制反应进程，调控反应速率和产物选择性。例如，过氧化氢的制备，工业上主要采用热化学蒽醌自动氧化(AQAO)过程，其纯化过程异常复杂，运输的安全隐患亦不容忽视。利用燃料电池反应器，通过氧气的电化学还原在现场快速制备过氧化氢，可有效缓解这一问题。燃料电池反应器结合了电化学反应的特点大幅度降低了反应的活化能，使反应能够在较为温和的条件下高效进行。

燃料电池反应器也存在许多问题，主要表现在：① 反应物的转化率和产物的选择性不高，反应器长时间运行的稳定性需要提高；② 外加电能的消耗和低功率密度自生电能以及昂贵的系统组件导致的高成本问题，是实现产业化的巨大阻碍；③ 须设计与选择良好催化性能的催化剂(催化剂的活性、选择性、稳定性等)；④ 反应过程和膜的物理化学性能须深入研究，如离子的运输、透过、扩散及在电解质溶液中的稳定性等问题。

7.10　光化学反应器

光化学反应是指在外界光源的照射下发生的化学反应过程。光化学反应过程具有良好的选择性，并且可在常温常压下进行。光化学反应已成功用于生产实际，光催化反应解决环境污染问题受到关注。光化学反应器是光化学生产的关键设备。光源的种类、光化学反应器的几何形状以及反应器与光源间相互位置等，均会对光化学反应过程产生影响。为使光能进入反应器，至少反应器壁有一个面是透光的。光化学反应器的几何形状对最终转化率没有影响，但可直接影响光的传递，从而影响光化学反应过程。

光化学反应器按操作方式可以分为连续式或间歇式，按反应器内流体的相态可以分为均相和非均相光化学反应器，按反应器内流动状况可以分为全混流、部分返混、活塞流等。目前应用的光化学反应体系大多属于均相体系。常见的均相光化学反应器主要有浸没式、环状、椭圆型、多灯式、平壁式及膜式等。常见的多相光化学反应器有浆式、鼓泡式、喷淋式、固定床、流化床等。

光化学反应器模型与传统反应器模型间的最大差别在于需建立辐射能量衡算式，以确定反应器内辐射能量分布。对于光化学反应过程而言，反应速率取决于局部体积能量吸收速率，而局部体积能量吸收速率又取决于反应器内辐射能分布，因此，确定反应器内辐射能分布是建立光化学反应器模型必须解决的关键问题。反应器内存在吸光物质，造成光强度的衰减，因而反应速率是空间位置的函数。因为辐射能的传递取决于吸光物质的浓度，即表征辐射能分布的微分方程中包括浓度项，而浓度项要由相应的质量微分衡算式确定。

为了建立描述光化学反应器的模型，必须引入描述光辐射过程及反应器内光强度分布的方程式，这使得光化学反应器的模型明显比传统反应器复杂。所有这些问题均给光化学反应器的研究和发展带来了困难。迄今为止，光化学反应器的设计计算尚没有较为系统的理论和方法。

参考文献

[1] 陈甘棠.化学反应工程[M].3版.北京:化学工业出版社,2008
[2] 陈诵英,孙彦平.催化反应器工程[M].北京:化学工业出版社,2011.
[3] 丁百全,房鼎业,张海涛.化学反应工程例题与习题[M].北京:化学工业出版社,2001.
[4] 丁富新.化学反应工程例题与习题[M].北京:清华大学出版社,1991.
[5] 李绍芬.反应工程[M].3版.北京:化学工业出版社,2013.
[6] 梁斌.化学反应工程[M].2版.北京:科学出版社,2010.
[7] 廖晖,辛峰,王富民.化学反应工程习题精解[M].北京:科学出版社,2003.
[8] 吴元欣,张珩.反应工程简明教程[M].北京:高等教育出版社,2013.
[9] 吴元欣,朱圣东,陈启明.新型反应器与反应器工程中的新技术[M].北京:化学工业出版社,2007.
[10] 夏清,贾绍义.化工原理[M].2版.天津:天津大学出版社,2012.
[11] 邢卫红,陈日志,姜红.无机膜与膜反应器[M].北京:化学工业出版社,2020.
[12] 许志美,张濂,袁向前.化学反应工程原理例题与习题[M].2版.上海:华东理工大学出版社,2007.
[13] 朱炳辰.化学反应工程[M].4版.北京:化学工业出版社,2007.
[14] 朱开宏,袁渭康.化学反应工程分析[M].北京:高等教育出版社,2002.

参考答案

习题一参考答案

1.1　0.125 mol/(L·h)

1.2　(1) 1.14×10^{-3} mol/(L·min),(2) 1×10^{-3} mol/(kg·min)

1.3　(1) 3.2 s^{-1}; (2) 0.48 MPa/s; 3.2 kmol/s;0.8 s^{-1}

1.4　(1) $(MPa\cdot h)^{-1}$;(2) 12.58 L/(mol·h)

1.5　(1) 0.55 s;(2) 55.4%;(3) 54.8%

1.6　85.7%

1.7　35.9 min,62.4 min,119.3 min,238.6 min

1.8　(a) 33.03 min,76.96 min,297.27 min;

(b) 61.27 min,142.76 min,551.43 min

1.9　$(-R_A)=4.572\times10^{-3}$ mol/(L·min)

1.10　(1) 9.803×10^4 J/mol;(2) 42

1.11　逆反应速率常数为 $1.055\times10^4\ m^3(MPa)^{0.5}/(m^3\cdot h)$;

正反应速率常数为 $33\ m^3\cdot(MPa)^{-1.5}/(m^3\cdot h)$

1.12　(1) $x_{N_2}=14.16\%$;(2) $r=1.796\times10^2\ m^3/(m^3$催化剂$\cdot h)$

1.13　(1) $T_{opt}=\dfrac{123\ 846}{R\left[15+\ln\dfrac{x_A(2-x_A)}{(1-x_A)^2}\right]}$;(2) $T_e=\dfrac{123\ 846}{R\ln\dfrac{x_A(2-x_A)}{7.18\times10^{-7}\times(1-x_A)^2}}$

1.14　$1.052\times10^{-5}\ (Pa^{-2}\cdot s^{-1})$

1.15　(1) 0.403 8 h;(2) 66.12%;(3) 0.988 8 h, 79.60%

1.16　(1) 0.286 2;(2) 0.173 7;(3) 74.24%

1.17　反应级数 $\alpha=1$;反应速率常数 $k=2.64\times10^{-2}\ min^{-1}$

1.18　$k=85.73$;$K_B=1.566\times10^3$

1.19　$E=47\ 020$ J/mol;$A=2.72\times10^7\ min^{-1}$

习题二参考答案

2.1　$V_r=0.157\ m^3$

2.2　(1) 5.4 m^3;(2) 12.1 m^3

2.3　0.09 s^{-1}

2.4 (1) 1.26×10^{-5} m^3/s;(2) $x_A=20\%$

2.5 113 根反应管

2.6 (1) 2.919 m^3;(2) 0.511 8 m^3

2.7 (1) 0.028 m^3;(2) 0.04;(3) 最佳循环比 $\psi=0.41$,反应体积$V_r=0.018$ m^3

2.8 (1) $V_r=0.683\ 3$ m^3;(2) (略)

2.9 (1) 30.64 min;(2) 4.823 m^3;(3) 6.430 m^3

2.10 (1) 7.253 m^3;(2) 76.16 min

2.11 0.282 2 kmol(A)/min;0.161 3 kmol(B)/min

2.12 (1) 0.2 kmol(B)/m^3,1.1 kmol(D)/m^3;(2) $k_1=0.185\ 2\ min^{-1}$,$k_2=0.305\ 6\ min^{-1}$

2.13 0.334 kmol/m^3

2.14 (1) 50%;(2) 0.002 m^3;(3) 38.2%

2.15 $V_P/V_m=0.611$

2.16 (1) 4.511 min;(2) 9.890 min;(3) 先釜后管总空时 3.914 min

2.17 (1) 22.31%;(2) 28.13%;(3) 25.67%

2.18 $x_A=13.3\%$;$Y_R=43.7\%$

2.19 两个定态点温度分别为 238.9 K 和 365.8 K,其中 238.9 K 符合定态点必要条件。

习题三参考答案

3.1 (略)

3.2 (1) 略;(2) $\bar{t}=15$ min,$\sigma_t^2=47.5\ min^2$,$\sigma_\theta^2=0.211$

3.3 $\bar{t}=19.56$ min,$\sigma_t^2=172.3\ min^2$,$\sigma_\theta^2=0.450$

3.4 (1) $\bar{t}=0.5$ min;(2) $\sigma_t^2=0.125\ min^2$,$\sigma_\theta^2=0.5$;(3) 90.84%;(4) 9.16%

3.5 (1) $\tau=1$ min;(2) $\bar{t}=0.667$ min,$\sigma_t^2=0.444\ min^2$;(3) $\bar{t}<\tau$,说明反应器中存在流体流动死区

3.6 (1) 56.73%;(2) 60%;(3) 45.14%

3.7 (1) 95.49%;(2) 94.58%;(3) 93.75%

3.8 $x_A=95.5\%$;$c_A=0.072\ 7$ kmol/m^3

3.9 (1) 86.49%;(2) 86.49%

3.10 (1) 56.6%;(2) 61.3%

3.11 微观流体 $x_A=90\%$;宏观流体 $x_A=60.4\%$

习题四参考答案

4.1 (1) $r=\dfrac{\vec{k}_A\left(p_A-\dfrac{K_R}{K_AK}p_Rp_S\right)}{1+\dfrac{K_R}{K}p_Rp_S+K_Rp_R}$;(2) $r=\dfrac{\vec{k}K_A\left(p_A-\dfrac{K_R}{K}p_Sp_R\right)}{1+K_Ap_A+K_Rp_R}$;

(3) $r=\dfrac{\vec{k}_R K'\left(\dfrac{p_A}{p_S}-\dfrac{p_R}{K'}\right)}{1+K_A p_A+KK_A p_A/p_S}$；其中，$K_A=\dfrac{\vec{k}_A}{\overleftarrow{k}_A}$，$K_R=\dfrac{\vec{k}_R}{\overleftarrow{k}_R}$，$K=\dfrac{\vec{k}}{\overleftarrow{k}}$，$K'=\dfrac{KK_A}{K_R}$

4.2 $r=\dfrac{k(p_A p_B\sqrt{p_C}-p_D p_E/K')}{(1+K_A p_A+\sqrt{K_C p_C}+K_D p_D+K_E p_E)^2}$；其中，$k=\vec{k}K_A\sqrt{K_C}$，$K'=\dfrac{K_D K_E}{K\sqrt{K_C}K_R}$]

4.3 $CO+\sigma \rightleftharpoons CO\sigma$(1)；$CO\sigma+H_2O \rightleftharpoons CO_2\sigma+H_2$(2)；$CO_2\sigma \rightleftharpoons CO_2+\sigma$(3)；反应步骤(2)为控制步骤

4.4 表面温度 1 399 ℃；稀释空气，使氧气体积分率降至 7%

4.5 外部传递影响可以忽略

4.6 床层空隙率为 0.48

4.7 (1) 1.67 s^{-1}；(2) 1.28 s^{-1}

4.8 最大温差 34 K

4.9 $1.579\times10^{-3}\ cm^2/g$

4.10 最大温差 1.203 ℃

4.11 内扩散有效因子 0.133；宏观反应速率常数 66.7 s^{-1}

4.12 内扩散有效因子 0.133；反应速率常数 1.38×10^{-7} m/s

4.13 $\eta=0.95$；$k=28.8\ cm^3/(g\cdot s)$

4.14 梯尔模数 0.447，催化剂的有效系数 1.0

4.15 梯尔模数和内扩散效率因子比值 B/A 分别为(1) 0.5，1.5；(2) 0.5，2；(3) 0.5

4.16 浓度差 22%，外扩散影响严重；内扩散影响存在

4.17 1.31 mol/(g 催化剂·h)

4.18 (略)

习题五参考答案

5.1 $\Delta p_f=5.921\times10^4$ Pa

5.2 90.89 Pa/m

5.3 (1) $r_1^*/r_2^*=1.22$；

(2) 2.434 m；

(3) 床层压力降减小 69%

5.4 $W=3\ 366$ kg

5.5 1.31 m^3

5.6 第一段 $x_{A1}=0.307$，$W_1=5.6$ kg；

第二段 $x_{A2}=0.614$，$W_1=9.0$ kg；

第三段 $x_{A3}=0.0.92$，$W_1=25.2$ kg。

5.7 (1) 五段反应器出口组成：$x_{A1}=0.18$；$x_{An}=0.18n$，$n=1,2,3,4,5$；各段进、出口温度：573～618.4 K；

(2) $W=205.3$ kg

5.8 $5.9\times10^{-3}\ m^3$

5.9 （1）1.46 m；

（2）床层轴向温度分布图（略），“冷点”温度 867 K。

5.10 （1）2.42 m；

（2）“热点”温度 685 K，对应管长 0.9 m

Z/m	0	0.16	0.29	0.41	0.51	0.61	0.71	0.8
T/K	643	654	662.1	668.4	673.6	677.9	681.3	683.7
Z/m	0.9	1.01	1.15	1.32	1.56	1.92	2.42	
T/K	684.8	684.3	681.7	676.4	669	661	654.9	

习题六参考答案

6.1 （略）

6.2 $N_A=3.96\ mol/(m^3\cdot s)$

6.3 $2.78\times10^{-7} mol/(m^3\cdot s)$

6.4 24.4 m

6.5 3 m

6.6 9.1 m^3